中国男士
着装美学集

《中国男士着装美学集》编写委员会 编著

中国纺织出版社有限公司

内 容 提 要

服饰装扮对于男士的重要性，并不亚于女性，甚至更为重要。本书针对男士着装共分四章进行介绍：第一章美学篇，以时间为线，主要介绍从先秦到当代的中国男装美学基本精神和男子服饰的美学追求，以"轻知识"和"小知识点"的方式，向读者展现了传统男装之美；第二章发展篇，梳理了中国男装设计理念、市场格局、国内外男装品牌设计流派、当代中国男装设计师代表、近当代中国男士着装特色、当代男装发展新趋势，从我国男装地域风格、代表性品牌和设计师等角度，为读者提供了丰富翔实的内容；第三章场景篇，介绍了中国男士着装分类、场合穿搭、定制男装发展，将男性着装置于职业、场合、消费力等多种场景之下，提出了适合的服饰搭配与选择，为男士着装提供指导和建议；第四章色彩篇，包括色彩概述、男装流行色、男装色彩搭配、色彩的妙用和场合着装的色彩选择，为读者提供了实用的服饰色彩搭配指南。本书图文并茂、行文风趣轻松，是提升男士着装品位的必备读物。

图书在版编目（CIP）数据

中国男士着装美学集 /《中国男士着装美学集》编写委员会编著 . -- 北京：中国纺织出版社有限公司，2022.12

ISBN 978-7-5180-9239-0

I. ①中… II. ①中… III. ①男性－服饰美学－中国 IV. ① TS976.4

中国版本图书馆 CIP 数据核字（2021）第 259928 号

ZHONGGUO NANSHI ZHUOZHUANG MEIXUEJI

责任编辑：张晓芳 郭 沫 特约编辑：朱 方
责任校对：江思飞 责任印制：王艳丽

中国纺织出版社有限公司出版发行
地址：北京市朝阳区百子湾东里 A407 号楼 邮政编码：100124
销售电话：010 — 67004422 传真：010 — 87155801
http://www.c-textilep.com
中国纺织出版社天猫旗舰店
官方微博 http://weibo.com/2119887771
北京雅昌艺术印刷有限公司印刷 各地新华书店经销
2022 年 12 月第 1 版第 1 次印刷
开本：787×1092 1/16 印张：23.5
字数：326 千字 定价：298.00 元

《中国男士着装美学集》
编写委员会

特别顾问

孙瑞哲　陈大鹏

顾　　问

杨金纯　卞向阳　洪忠信

统稿顾问

蒋衡杰　朱伟明　龚妍奇

总 策 划

洪伯明

发起单位

劲霸男装（上海）有限公司

参与单位（按篇章顺序排序）

东华大学　江南大学　中国服装协会　中国流行色协会　纺织服装周刊

北京服装学院　劲霸男装（上海）有限公司

主　　编（按篇章顺序排序）

马晨曲　李林臻　牟金莹　沈　雷　陈　涵　赵雅彬　贺显伟　刘　嘉

雷　蕾　白玉苓

参　　编（排名不分先后）

唐　颖　张希莹　江润恬　张楚楚　姚函妤　李亚静　董笑妍　徐长杰

王振宇　王　赛　王　涓　常　静　孙　逊　洪锃俊　徐京云　马旭东

王　盼　于文浩　范振毅

目录 CONTENTS

第一章

美学篇

第二章

发展篇

第三章

场景篇

第四章

色彩篇

第一章

美学篇

从"垂衣裳而天下治"到"清风吹我衿。"将我国男装美学的发展史梳理清楚，并通过服装的款式以及性质，将服装与时代、社会的思想发展相结合，鲜明地突出中国各个时代的男士着装美学特色。

为礼以奉之——
第一节 先秦男装美学

先秦时期主要包含了从原始氏族社会到夏商周王朝，再至春秋、战国这一段距今久远的历史岁月，这一时期中国社会历经了从奴隶社会的兴盛到瓦解，至封建制度的逐步建立。服饰文化作为"礼"的重要内容，是社会物质文化与精神文化的集合，赋予了服饰强烈的阶级特征，从而使"别等级""别尊卑"的章服制度逐步确立，衣冠服饰成为昭明等威、社会礼仪的一种重要标志，与此相适应的中国服饰美学思想便在这种社会背景下派生出来。其中，男性服饰的审美更加突出了这一时期的着装规则，无论是帝王服饰的威仪，还是士大夫服饰上所追求的内外兼修，均体现出礼仪至上的服饰美学思想，形成鲜明的时代特点。

一、先秦男装美学的基本精神

先秦时期，按照社会伦理观念进行服饰穿戴是当时服饰审美的基本精神，服饰总是被强调其置于社会中的意义。奴隶主阶级把服饰作为"礼"的内容，将其提升到一个非常突出的地位。自此，服饰的职能除蔽体之外，还被当作"分贵贱，别等威"的工具，所以古代早已对服饰资料的生产、管理、分配、使用各环节极为重视。从夏朝起，王宫里就设有从事蚕事劳动的女奴。商代王室设有典管蚕事的女官——女蚕。到西周，政府设有庞大的官工作坊，从事服饰生活资料的生产。主管纺织的"典妇功"与王公、士大夫、百工、商旅、农夫合称国之六职。周朝政府在各部门设有专门管理王室服饰生活资料的官吏。

其次，随着封建制度的逐渐形成，对不同场合、不同身份人们的穿戴形制都做了严格明确的规定，服饰成为社会礼仪的组成部分。同时，在春秋战国时期百家争鸣的背景下，无论是儒家所讲求的服饰的"宪章文武"，主张一切言行包括衣着装束都必须"约之以礼"，还是荀子从封建制度的要求出发，提出"冠弁衣裳，黼黻文章，雕琢刻镂，皆有等差"，社会服饰审美的讨论依然离不开"礼"的方面。彼时，美的服饰必须与上下等级贵贱相称，不能僭越，这也就是先秦诸子所奉行的"为礼以奉之"思想在服饰领域中的具体表现。按照"礼"来规定人们的穿衣戴帽，这种情况表明了新兴的封建统治阶级为巩固自己的统治，对奴隶社会中后期伴随生活奢侈之风而兴起的服饰混乱状况拨乱反正的决心，使服饰也能符合新兴阶级的伦理道德规范。这在中国古代服饰美学思想的发展过程中是一个历史性的进步。至此，服饰的美丑已经不是仅从功能和形式就能做出评断的简单事情，而是被充实进新的内容——要符合社会伦理道德规范。

虽然社会的整体基调依然以"礼"为主流，但伴随着后期奴隶制度的崩塌，人们的服装意识也有了改变，甚至在统治者之列也出现了"循法之功不足以高世，法古之学不足以制今"的言论，于是以考虑服饰实际功能为目的服装意识开始出现。

二、先秦男子服饰的美学追求

（一）垂衣裳而天下治：帝王冕服的威仪

冕服是古代服饰中礼仪和审美的最高载体，其由冕冠、上衣下裳、腰间束带、蔽膝、足服等组合而成，是古代帝王、诸侯及公卿大夫参加祭祀典礼时穿着的最为贵重的礼仪服饰。中国历史长河中的服饰制度也是以帝王的冕服为中心逐步完备的（图1-1）。

1."玄衣纁裳"的盖取乾坤之义

冕服属于上衣下裳的形制，其衣裳由"玄衣纁裳"组成。"玄"和"纁"分别代表黑色和黄色，黑色代表天空，黄色代表大地，则整体衣裳可取之天地上下而对之意，充分体现了"垂衣裳而天下治，盖取之乾坤"的涵义。上文提到，服饰具备十分重要的社会内涵，"只有在衣服形制确立后，人们才按照这种式样穿着去祀天地，祭鬼神，拜祖先。部族社会的人与人之间的活动得以较有秩序地进行，因而天下治。"这便是所谓的"以礼治天下"。

于是，按照社会伦理观念分等级、分场合地进行服饰穿戴成为当时人们服饰审美的基本精神。例如，《周礼》中就记载了在祭祀、丧葬、交兵、会盟、婚礼等场合下的着装规范，将人们的社会活动分门别类，分为吉礼、凶礼、军礼、宾礼、嘉礼五种礼仪场合，制定与之相适应的制度，并从首服到足服及配伍都进行规范，安排得周详考究。可见穿衣戴帽正在日益被社会化，冠服之制也被纳入了"礼治"的范畴。至此，服饰不仅

图 1-1　冕冠、冕服、足服复原图
图片来源：根据《中国历代服饰》第 44~45 页中复原图绘制

是"见其服而知贵贱，望其章而知其势"的区别等级贵贱的重要标志，也成了社会礼仪的重要组成。

2. "十二章纹样"的王权标志

另外，冕服中的十二章纹样更是象征了王权的标志：日、月、星辰取其照临光明之义，有如三光之耀；龙能变化而取其神意，象征人君的应机而善于变化；山取其稳重的含义，象征王者镇重安详四方；华虫是一种雉鸟，取其文采，表示王者有文章之德；宗彝的解释比较杂，这是一种由虎和长尾猿组成的宗庙祭物，虎显示威猛，猿代表灵智，绣于冕服之上，以显示君王的深浅之智、威猛之德；藻是一种水草，取洁净之意，象征君王的冰清玉洁；火取其光明之义，可以光耀人间；粉米取其洁白且能涵养人民，若聚在一起，可以象征济养之德；黼黻的"黼"与"斧"同音，取其决断之义；"黻"在绘画中作两"已"相背之形，指君臣可相济，去恶改善，同时有取臣民有背恶向善的含义（图 1-2）。

其实，"十二章纹样"的题材，不是奴隶社会才有的。人类在原始社会生存斗争的漫长岁月里，观察到日、月、星辰预示气象的变化，山能提供原始人以生活资源，弓和斧是劳动生产的工具，火改变了人类的生活方式，粉米是农业耕作的果实，虎、蜼（长尾猿）、华

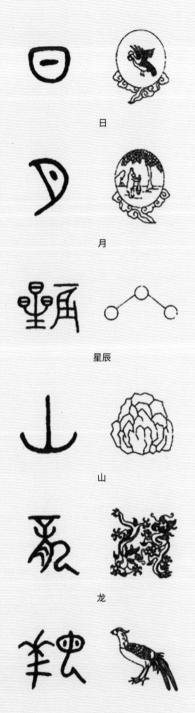

日

月

星辰

山

龙

华虫

宗彝

藻

火

粉米

黼

黻

图 1-2 十二章纹样

虫（雉鸟）是原始人狩猎活动的接触对象，龙是中国许多原始氏族崇拜的图腾对象，黻纹是原始人对于宇宙对立统一规律认识的抽象。所以在中国原始彩陶文化中，日纹、星纹、日月山组合纹、火纹、粮食纹、鸟纹、蟠龙纹、弓形纹、斧纹、水藻纹等早已出现。到了奴隶社会，由于奴隶主阶级支配着物质生产的资料，同时也就支配着精神生产的资料。日、月、星辰、山、龙、华虫（雉鸟）、虎、蜼（长尾猿）、藻、粉米、黼（斧）、黻等题材被统治阶级用作象征统治权威的标志，是不足为奇的现象。虽然中国奴隶制社会到战国时期便瓦解，但"十二章纹样"作为中国儒家学派理论体系的核心，由于在思想意识上具有巩固统治阶级皇权的功能，一直为历代封建王朝所传承。

这样的款式与图案安排，映射出古人的"比德"思维，即是将自然物的某种自然属性或某种自然形态"比"之于人的精神品格和伦理道德。冕服中的"十二章纹样"正是采用了这种比喻、比拟、象征，将图案的引申含义进行了精神形象化的重新解释，其承载的意义成为一种标志性的符号，凝聚着当时人们的最高理想，这样一套服饰横载万物，集合了古代帝王或对应男性穿着者所应具有的沉稳、果敢、机敏、威猛、文才等一系列优良品质，其审美文化体现了君权神授的政治思想，也表明古人在注重服饰纹彩修饰的形式美的同时，更加注意服饰与内在精神的紧密联系，强调通过服饰去彰显君王的威仪以及张扬人的精神风度之美。

（二）文质彬彬：君子深衣的品格

除了华丽高贵的冕服，当时男性的日常服饰同样与君子的内在品格、社会地位建立了联系。深衣是春秋战国特别是战国时期盛行的一种最有代表性的服装。沈从文通过对马山楚墓中的实物观察曾表示，深衣是一种具备智巧设计的服装，是把以前各自独立的上衣下裳合二为一，却又保持一分为二的界线，故上下不通缝、不通幅。最智巧的设计，是在两腋下腰缝与袖缝交界处各嵌入一片矩形面料，据研究可能就是《礼记》中提到的"续衽钩边"的"衽"。其作用是能使平面剪裁立体化，可以完美地表现人的形体，两袖也获得更大的展转运肘功能。所以古人称道深衣："可以为文，可以为武，可以摈相，可以治军旅"，认为是一种完善服装（图1-3）。

1. 深衣的自然美学

深衣这一经过改良的服装款式在它所体现的意蕴美和形式美中，鲜明而深刻地表现着华夏文明的美学特征。首先体现在深衣的下裳，其被剪裁为十二幅，腰间与上衣相缝缀处较窄，下裳摆处较宽，除了可以解释为有利身的功能之外，还体现了古人的自然观即"十有二幅，以应十有二月。"这便表明"深衣"的"十有二幅"与"天"之"十有二月"相对应。

这种对应实则是一种对立统一的关系，表明了"天"与"人"的对立统一。通过隐喻的方法，更多体现的是以"十有二月"即以"时间"的延续性，作为展开个体生命，在自然界与人类社会发生关系时所产生的方方面面的生存形态和生存观念，给人以更多的哲学、美学方面的深刻启迪。

2.深衣剪裁的其他美学义涵

其次，深衣还反映了美学深意的另一方面，如剪裁中的"袂圆应规""曲袼应方""负绳及踝以应直""下齐如权衡以应平"。简单来说，"袂"是衣袖的意思。"袂圆以应规"即指圆形的衣袖袖口应如和着"规"一般；"袼"是古时交叠于胸前的衣领。"曲袼如矩以应方"即指弯曲的交领如同矩形而应和着"方"；"绳"在此处为由多股纱或丝线捻合而成的束带。"负绳及踝以应直"即指深衣腰际负结腰绳的余端，下垂及踝以应和着"直"；"下"指深衣之下摆边缘齐得如同秤杆那样以应和着"平"。

于是，深衣形制的物质形态具有了"比德"意蕴的"圆""方""直""齐"和"平"的观念形态，体现着君子的品格心志。"圆""方"除了代表"天圆地方"，也对应着"规矩方圆"；而"直"可以代表绝不弯曲、不屈不挠的品质象征，也可取"公正""正

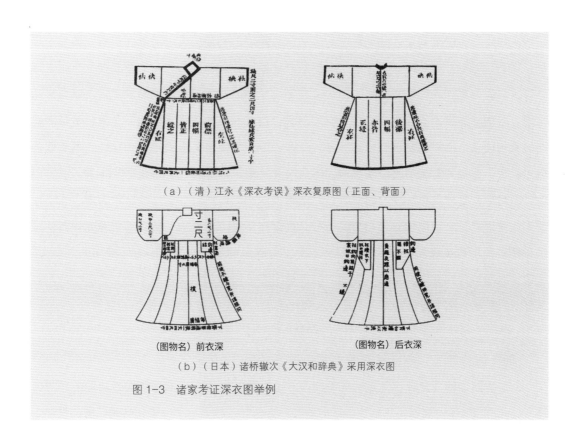

（a）（清）江永《深衣考误》深衣复原图（正面、背面）

（图物名）前衣深　　　　　　　　（图物名）后衣深

（b）（日本）诸桥辙次《大汉和辞典》采用深衣图

图1-3　诸家考证深衣图举例

直""率直"之义;"齐"在孔子的仁学中又有"整齐它,使之齐一"的意义,也有"中正""一致""无偏无颇"的含义;"平"有"调和"之义,是注重情绪心境的价值观念,也有"太平""平均"义。这是深衣之制体现的比德审美意蕴所展示的社会理想和审美理想,也是其所昭示的伦理规范或曰道德准则指向的最终目的。

这些通过服饰的剪裁结构所延伸到社会伦理范畴的审美内涵,同样可以用孔子"文质彬彬"的服饰审美观加以解释。孔子服饰审美文化中的"文"既可以是实体概念(名词),指服饰审美文化的形式本身,又可以是属性概念(形容词),指服饰审美文化中某种形式所具有的性质。而"质"也一样,既可作为实物概念(指事物的本质或内容),也可作为属性概念(指艺术以及服饰审美文化所体现的素朴的风格体貌)。这种"文"实质上便是"朝着形式转变的内容",所谓"质",便是"朝着内容转变的形式"。深衣形制所蕴含的社会意义、伦理规范和品格情操所表现的性质和特征,便是"文"与"质"的对立统一,是服饰审美中内容与形式对立统一的美学原则。

(三)纤纤楚衣:楚人的冠巾衣着

春秋战国时期出现了一批衣裳连属的服装,有些即是由深衣形制发展变化而来。湖南长沙楚墓出土的大量彩绘木俑,展现了春秋战国时期楚人的特色服装和衣着形象。其实,汉代文化各部门都受到楚文化的影响,文学受《楚辞》的影响十分显著。衣着方面也常提及"楚衣""楚冠",从出土的楚俑中可以看到许多比较具体的形象。这些服饰与东周以来齐鲁所习惯的宽袍大袖区别明显。图1-4为湖南长沙战国楚墓出土的彩绘木俑,便有穿着交领、斜襟的曲裾长衣和直襟齐足长衣的款式,瘦长的廓型体现人体的体态美,这是深衣制的变化形式。所谓区别便在于这些楚人所穿的服饰整体看上去更加修长纤细,且衣服的缘边较宽,曲裾的款式更是绕襟裹缠而下。另外,楚人的服饰纹样也是极尽华美,纹样满地,无论男女服装上极尽绘、绣等工艺,边缘为织锦,即对应"衣作绣,锦为缘"之华丽。楚人的冠饰更是有不同于其他地方的特征,如制作华美,材料上,精致的用薄如蝉翼的轻纱,贵重的用黄金珠玉;形状有如覆杯上耸,故屈原的《楚辞》中还有"冠切云之崔嵬"之语,以形容冠帽之高,丰富奇异的头饰可见图1-5所示的河南信阳长台关楚墓中的彩绘漆瑟上的图案,图中包含猎人、乐师、巫师和贵族,有尖锥形冠饰、高顶的冠饰等。

(四)服饰改革:赵武灵王的胡服骑射

上文提到,即便是在以礼教为先的先秦社会,也依然存在考虑服装实际功能的思想先锋。公元前307年,赵武灵王作为战国时期的一方国君,便开启了一项在当时颇受非议却十

图 1-4 湖南长沙战国楚墓出土的彩绘木俑

分大胆的服饰改革。他颁胡服令，推行胡服骑射。胡服，指当时"胡人"的服饰，与中原地区宽衣博带的服装有较大差异，特征是衣长仅齐膝，腰束郭洛带，用带钩，穿靴，便于骑射活动。由于中原上层人物惯于坐而论道，穿长衣视为特权，一旦弃长就短，不法古、不循礼，便成为改革大事。

赵武灵王是一个军事家，同时又是一个社会改革家。他看到赵国军队的武器虽然比胡人优良，但大多数是步兵与兵车混合编制的队伍，加上官兵都是身穿长袍，甲靠笨重，结扎烦琐，人数动辄便是几万、几十万甚至上百万，而灵活迅速的骑兵却很少，于是想用胡服，学骑射。《史记·赵世家》记，赵武灵王与大臣商议："今吾将胡服骑射以教百姓，而世必议寡人，奈何？"肥义曰："王既定负遗俗之虑，殆无顾天下之议矣。"赵武灵王遂下令："世有顺我者，胡服之功未可知也，虽驱世以笑我，胡地中山吾必有之。"后仍有反对者，王斥之："先王不同俗，何古之法？帝王不相袭，何礼之循？"于是坚持"法度制令各顺其宜，衣服器械各便其用。"果然，赵国很快强大起来。随之，胡服的款式及穿着方式对汉族兵服产生了巨大的影响。

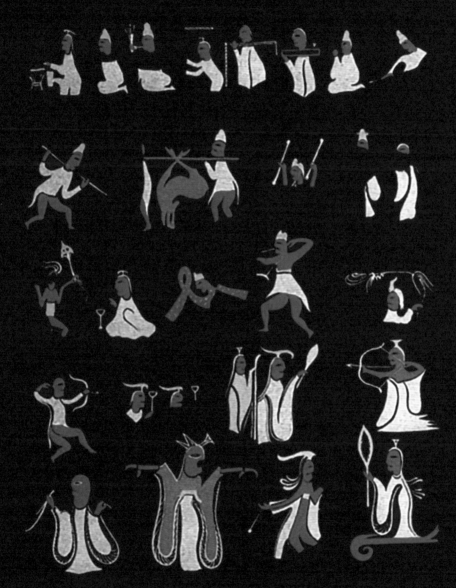

图 1-5　河南信阳春秋战国楚墓中的彩绘漆瑟上的人物

自然之道——
第二节 秦汉男装美学

　　"六王毕，四海一"，秦王嬴政征战连年，结束了长期诸侯纷争的割裂局面，建立了我国历史上第一个统一的多民族封建帝国。后因秦王朝无休止地加重赋役，导致秦室二世而亡。然而，短短十五年的秦王朝，推行了"书同文，车同轨"，并"兼收六国车旗服御"，统一了之前诸侯割据时期的文字异形、律令异法和衣冠异制等一系列杂乱的制度法章，创立了对汉代影响很大的衣冠服饰制度。公元前206年，刘邦建立汉王朝，定都长安，史称西汉，并实行仁政，以休养生息为治国政策，注重恢复经济和发展生产。服饰方面，"汉承秦后，多因其旧"，大部分保留了秦代的服饰遗制。伴随着汉王朝经济的日益强盛，内外文化交流的日益活跃，当时人们在服饰美学思想上有了新的突破，尤其体现在人们对服饰美丑的判断标准上，汉代开始逐渐讲求服饰功能、美化修饰的实际意义。其中，秦朝横扫千军的军戎甲胄和汉代男子的飘逸袍服是当时体现男装服饰审美的典型。

一、秦汉男装美学的基本精神

秦汉服饰美学的精神基本建立在美与自然的联系之上。秦按阴阳五行的思想选定服色就反映出他们对美源于自然这一规律的坚信不疑。阴阳五行说积淀着古人认识自然规律的大量经验，囊括了我国古代劳动人民在漫长的社会历史时期对自然万物运行规律的朦胧认识。之后，汉代的服饰时尚基本上也是在保持秦代旧貌的基础上起步的，以自然为依据的审美倾向在汉代服饰中也有体现。所不同的是，秦代以自然为美的思想主要侧重于自然界对立统一、相生相克规律中"对立"和"相克"的一面，将服饰的美丑问题与王朝之间的争斗联系起来；汉代则侧重于自然界对立统一、相生相克规律中"统一"和"相生"的一面，把服饰的美丑问题看得比较纯粹，既不像先秦时期那样视服饰为伦理道德的标志，时刻受到礼仪规章的约束，也不像秦代把服饰作为政治斗争的徽章，而是在一个更加宽厚的背景上，承载了伦理道德和政治斗争以外的更加丰富的内容，为服饰更加自觉地朝着为人服务的方向发展，使服饰的美丑标准更趋人性化奠定了坚实的基础。

另外，汉代统治者所奉行的治国中"无为"的态度提供了当时服饰发展更加宽松的社会环境和空间，在社会生产力高度发展的汉代，人们对美与人的关系也有了重新认识。与儒家从内在人格修养、完善中塑造美、看重美不同，汉代则更加看重美的实际意义，认为人不能成为美的奴仆，而是美应服务于人，并因人而存在，强调对客观事物只有抱着一种达观的态度，人们才可能感受到美的存在，以达到"求美则不得美，不求美则美矣。求丑则不得丑，不求丑则有丑矣。不求美又不求丑，则无美无丑矣，是谓玄同。"至此，人们推崇的美学观念是真正的美只能是与人的自由意志相一致，人的独创精神成为服饰美的生命之所在。

二、秦汉男子服饰的美学追求

（一）髹其甲体：战士军戎的严整

秦朝是军戎服饰审美文化独领风骚且绽放绚丽灿烂的历史光辉的时代。秦代保存了迄今为止资料最丰富、最全面的军戎服饰审美文化，这主要归功于秦始皇陵兵马俑的发现和发掘。军装衣甲的装束有等级和兵种类型之别，以冠饰形式和铠甲的色彩区分官兵地位，依兵种作战时运动的实用性能而配备衣甲。

1.秦代军戎服饰的色彩纷呈

秦代军戎服饰色彩丰富，计袍服、铠甲、绳带等便有紫、粉紫、朱红、粉红、绿、粉绿、蓝、粉蓝、黑、赭、白、中黄、橘黄等十余种不同色相和色阶的色彩（图1-6）。除了

（a）胸腹、肩部甲片组合型铠甲

（b）胸腹部分有甲片的铠甲

图 1-6 秦代将士铠甲复原图

图片来源：根据陕西临潼秦始皇陵秦兵俑复原绘制

紫、朱红、绿、蓝、黑、黄、白等浓烈艳丽、对比分明的彩色，在形成战场上如火如荼的盛大军容乃至威慑力量之外，还有若干中间色彩如粉紫、粉红、粉绿、粉蓝、赭、橘黄等杂于其间。这种丰富的中间色彩，当同其他色相纯度高的色彩搭配组合在一起，也许能起到与地域和自然环境相协调、相混杂的保护作用。

2. 秦代军戎服饰的严整划一

秦代军戎服饰充分体现了军队森严的等级观念和分明的兵种观念。军官戴冠，士兵不戴冠。军官又按等级头戴不同的冠，将军俑头戴顶部列双鹖的深紫色鹖冠，即插有鹖毛之武士冠。以鹖性好斗，至死不却，武士冠插鹖毛，以示英勇不挠。中级军官戴双板长冠。另外，衣甲的特征也反映了不同兵种的作战功能。部分在甲片上另加附带，重在增加其强韧与灵活性。甲片较大，式如后来的裲裆，肩部虽加覆膊，式样极短，只能对肩部起保护作用。有的护甲由整体皮革等制成，上嵌金属片或犀皮，四周留阔边，为官员所服。有的护甲由甲片编缀而成，从上套下，再用带或钩扣住，里面衬战袍，为低级将领和普通士兵服（图1-7）。这些样式不仅标志军戎服饰森严的等级制度，也体现了军中各个兵种在其作战时的实际需要。秦王朝以强大的武力歼灭六国，同时也使它的军戎服饰审美文化得以长足发展并具有很高的水平。其等级化、多样化、完备化以及设计配置的严整性、功能性，均表明了秦朝军戎服饰的审美文化及丰富的内涵。

（a）头戴双鹖冠、外披铠甲的将军
（陕西临潼秦始皇陵1号坑出土）

（c）重装战车御手俑（陕西临潼秦始皇陵 2 号坑出土）

（b）头戴双板长冠、外披铠甲的中级军
吏俑（陕西临潼秦始皇陵 1 号坑出土）

（d）重装步兵俑背部特写（陕西临潼秦始
皇陵 1 号坑出土）

图 1-7　秦始皇陵兵马俑组图

（二）褒衣大袑：男子袍服的气概

秦汉时期，男子以袍为贵。《汉书》称："功曹官属多着'褒衣大袑'。所谓'褒衣'即宽袍。"《汉书》所载："褒衣博带，盛服至门上谒。"颜师古注："褒，大裾也。言著褒大之衣，广博之带也。""褒"之本义即为衣襟宽大。"大袑"即为大裤，且裤脚收紧。另说指裤子上半部或谓裤裆者。其中"褒衣博带""褒衣大袑"，较之于窄衣窄袖的衣物，更能显现为官者雍容大度的风貌和气概。图1-8为洛阳出土空心砖画像中的三位侍卫门卒，持戟佩长剑，衣服宽博，着曲裾袍、大口袴、勾履。区别等级在冠服颜色和材料上有一定限制。图1-9为山东沂南汉墓出土石刻中的武士形象，展示了男子头戴冠、着大袖衣、大口袴的潇洒形象。这样一种以袖身比较宽大为特征的男子袍服，袖口收缩，形成一个鼓肚子。袖口紧窄部分叫"祛"，袖身宽大部分叫"袂"，"张袂成阴"的成语可能就是形容汉代男子袍服袖子宽大的。宽大的衣袍给予着装者庄严、气宇轩昂之感，概括了秦汉时期男子穿着袍服的典型形象，传达了男子的肃穆与气概。

图1-8　西汉时期彩绘仪卫俑

（三）三重衣：独具特色的领部细节

汉代男子服装的穿着方式上，衣领部分很有特色，通常用交领，领口很低，以便露出里衣。如穿几件衣服，每层领子必露于外，最多的达三层以上，时称"三重衣"。图1-10为1986年9月江苏省徐州市北洞山楚王陵出土西汉时期彩绘仪卫俑之一。俑头戴有耳的平上帻，身穿交领三重衣，腰束两根红缘带，脚穿岐头履，现被收藏于徐州市博物馆。

图 1-9　着高冠、大袖衣的汉代执剑武士

图 1-10　西汉时期彩绘仪卫俑

（四）简约短小：斗笠短襦的农民形象

汉代在政治上重农轻商，如《管子》"四民"提法为"士农工商"，但事实上农民和手工业者的生活还不如商贾。汉代农民照法律规定，只能穿本色麻布衣，不许穿彩色，董仲舒《春秋繁露》还说"散民不敢服杂彩"，到西汉后期才许用青色、绿色，而在制式上必然简约于士商，各地区差不多都衣着窄小。农民的服饰整体比较简单，均为短衣，束腰。头饰方面，或戴笠帽，或直接椎髻于顶，如图1-11、图1-12所示，四川成都扬子山汉墓出土的陶俑和砖刻画像。

图1-11　扬子山出土着巾（左）、着帻（中）、着帽（右）
　　　　短衣束腰的农民陶俑

图1-12　四川天回山出土东汉说唱陶俑（曾发表于
　　　　《中华人民共和国文物展览图录》）

（五）男子裤装

裤为袍服之内下身所穿，早期多为无裆之管裤，名为"袴"。将士骑马打仗穿全裆的长裤，名为大袴。后来发展为有裆之裤，称为"裈"。合裆短裤，又称犊鼻裈。西汉时期男、女仍穿无裆的袴。汉昭帝时，上官皇后为了阻挠其他宫女与皇帝亲近，就买通医官以爱护汉昭帝身体为名，命宫中女子都穿有裆并在前后用带系住的"穷裤"，穷裤也称"绲裆裤"，以后有裆的裤子就流行开来。汉代男子所穿穷裤，有的裤裆极浅，穿在身上露出肚脐，但没有裤腰，裤管很肥大。图1-13为1957年四川省天回山出土的东汉击鼓说唱陶俑。头上着帢头，穿浅裆裤，右臂戴串珠饰，现被收藏于中国国家博物馆。

图1-13 汉代椎髻、齐腰短衣的农民砖刻画像

自由精神——
魏晋南北朝
第三节 男装美学

作为中国历史上最为动荡的时期，魏晋南北朝战乱不息、政权更迭、民族交流，这段时期服饰在交融改易中也得到了发展。以探索人生价值为主要内容的玄学取代了儒学的地位，至此先秦儒学中"为礼以奉之"的审美精神受到极大的挑战。在秦汉时期自然之道的熏陶下，穿衣戴帽不再只是礼的束缚，而具有独立存在的价值。服饰与人的自由精神之间的关系成为这一时期服饰美学思想的主要内容。宗白华曾总结："汉末魏晋六朝是中国政治上最混乱、社会上最痛苦的时代，然而却是精神史上极自由、极解放、最富于智慧、最浓于热情的一个时代，因此也就是最富有艺术精神的一个时代。"

一、魏晋南北朝男装美学的基本精神

魏晋南北朝时期的服饰美学基本是围绕人本身的精神风貌而展开的。潇洒脱俗的文人士子和衣裙翩翩的窈窕女子都不遗余力地通过富有个性特征的服饰来表现自己的内在精神和气质，着装标准越来越以个体存在的意义和价值为中心，以自由精神为导向。这一时期的服饰美学追求表现出人作为独立个体的自然、自由、自信。

这样一种自由显达的美学态度主要源于魏晋时期玄学的出现。魏晋玄学是由道家思想发展而来的，其核心是对黑暗现实和痛苦人生的激愤与反叛，以及为了摆脱黑暗与痛苦而产生的强烈的个体自由意识。如果说在这之前儒家学说追求的是人对伦理道德和礼仪规范的绝对服从，并以此作为人生价值衡量标准的话，那么魏晋时期的玄学则完全打破了这种束缚，以求得人的各自独立，以获得绝对自由为目的。同是强调人的价值，儒学侧重于"服从"，玄学则侧重于"自由"，所突出的"人的主题"不是人的外在行为节操，而是人内在的精神性（也被看作是潜在的无限可能性）成了最高的标准和原则。

另外，对本时期产生重要影响的还有西北少数民族的迁移。由于长期的战乱，地处偏僻的西北少数民族向中原地区迁移，出现了我国古代历史上继春秋战国以后又一次民族大融合的局面。少数民族的生活习惯与审美风格，启发和促进着中原服饰文化的发展，出现了追求紧身实用的少数民族服饰与宽袍大衫为特征的中原服饰的再度融合。

二、魏晋南北朝男子服饰的美学追求

（一）"清风吹我衿"：文士大衫的爽适

魏晋以来，社会上盛传的玄学和道释两教相结合，酝酿出文士的空谈之风，他们崇尚虚无、蔑视礼法、放浪形骸。备受推崇的以伦理等级为主体的服饰美学思想受到了极大的排挤，出现了一系列围绕人体和精神风貌而展开的服饰风貌。思想的解放和极度自由使得魏晋南北朝时期的服饰美学大放异彩，人们更加看重服饰在人整体上所体现的才情品貌、言谈风度、智慧见识等富有灵性的精神品质，这些见识广博的奇才义士、清淡脱俗的文人隐士、文武兼备的军师武将并不刻意讲究穿戴和修饰，转而追求一种自然天成、随意和谐的仪表风度和内在涵养。

此外，以服饰来表现对社会现实的不满情绪，抒发个人对清净自由、旷达豪爽生活的追求，在魏晋南北朝的文人墨客中表现得也很突出。《晋书·五行志》中就记载："惠帝元康中，贵游子弟相与为散发裸身之饮……希世之士耻不与焉。"《抱朴子·刺骄篇》中也说："世人闻戴叔鸾与阮嗣宗傲俗自放……或乱顶科头，或裸袒蹲夷，或濯脚于稠众。"这里所说的阮嗣宗就是号称"竹林七贤"之一的阮籍。西晋时，他与山涛、嵇康、刘伶、阮咸、向秀、王戎几个朋友情投意合，时常聚会于竹林之中肆意畅饮。尽管七人都属饱学之士，但都不满现实，对儒家礼规制度不屑一顾，更不为世俗所拘，以任性不羁、放浪形骸而闻名。

在服饰方面，他们爱穿宽松的衫子，展现了许多衫领敞开、袒露胸怀的男子形象。衫是魏晋及南朝宋齐梁陈之际，穿着十分普遍的一种服装。上至帝王，下至士庶百姓，都常着衫。衫于古时，本是指短袖的单衣。衫的形制特点，以直襟为主，多为单衫。袖口则十分宽松敞大，衣袖呈垂直型。衫由于采用了对襟，所以在使用上比袍更为方便，尤其在炎热的夏季，衫襟尚可用带子系缚相缀，使两襟并不紧密相连，胸膛部位裸露出宽窄不同的缝隙来，让身体感到舒适凉爽。也可径直不系带子，任其自然敞胸露怀，如此不仅更感凉快，还表现了魏晋时期那种不拘礼法、自在明达的"魏晋风度"。故而在魏晋之时，着衫成为一种男女皆可、老少咸宜的服饰时尚。如图1-14所示，南京西善桥出土的竹林七贤砖刻画便是当时文士服饰的写照，壁画中的竹林七贤穿戴随意，他们着宽大的衣衫，敞胸露怀，或披衫在肩，赤脚散发，形象生动地反映了魏晋时期士大夫不为礼俗所拘、潇洒豁达的品貌，呈现了魏晋时期服饰体现个体生命外化的特点。

美学思想尽管无形，却能够指导人们的审美行动；人们的审美行动看似随意，却是审美意识的外化。总体来说，魏晋男子服饰文化的审美特征将着装体验与人生体验相结合，使服饰成为人精神风貌的一种外化，这是魏晋南北朝时期的着装时尚，也是魏晋南北朝时期萌发出来的一种新的服饰美学思想。晋人的轻裘缓带不仅体现在衣物服饰穿着时爽身适体、柔软滑爽的体验，也包含了清虚寥廓的美感意义。这样的美不是带有明显的功利色彩而显得沉重的肃穆美，而是如同阮籍诗文"薄帷鉴明月，清风吹我衿"中所描写的带有画面感且微妙的美，犹如进入超然境界，这是一种超越形色的自由精神之美，代表个体生命的解放。

（二）"男子二十而冠"：帽冠巾子的丰富

上文所提，深受当时社会上普遍流行的玄学影响，魏晋时期文人士大夫追求服饰个性化的作为，形成特立独行的时代特征。这一点也反映在他们的冠帽装扮上。头饰历来被中国古代男子所看重，头饰作为装束的一个重要组成部分，奠定了"服"与"饰"之间的渊源关系。戴冠已成为成熟男性的一种标志。

1.讲究的冠饰

早在汉代，男子的冠饰式样就已经十分讲究了，体现在装饰多样、质地丰富、形制不一几个方面。有的饰以珠玉，有的以竹皮编造，有的敷以丝帛，有的表以细布，有的以铁丝为柱梁，更有的加黄金挡、貂尾饰……式样可谓丰富。仅从《后汉书·舆服志》里就可以看到

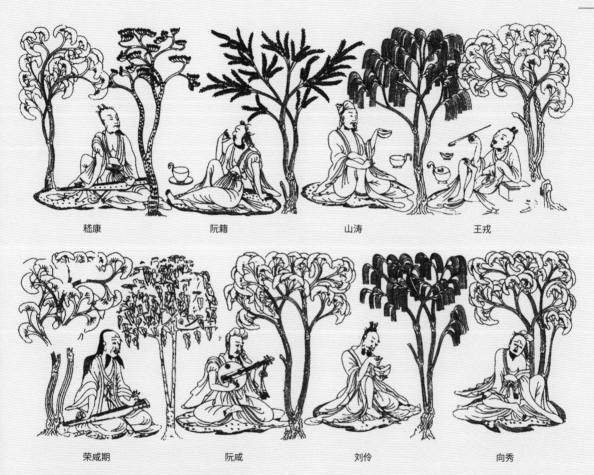

嵇康　　　　　　阮籍　　　　　　　山涛　　　　　　　王戎

荣咸期　　　　　　阮咸　　　　　　　刘伶　　　　　　　向秀

图 1-14　南京西善桥出土竹林七贤砖刻画部分

男冠女笄的不同样式达16种之多。魏晋时期统治阶级的冠冕制度有选择性地承袭汉制,但也有演变。首先是巾帻的后部逐渐加高,中呈平型,体积缩小至顶,称为平巾帻或小冠,小冠非常流行。在小冠上加笼巾,称为笼冠,用黑漆细纱制成,故也称漆纱笼冠(图1-15)。其他汉代诸冠,据《晋书》所载,有通天冠、平冕、远游冠、委貌冠、进贤冠、武弁、大冠、繁冠、建冠、笼冠、高山冠、法冠、楚冠、长冠、刘氏冠、鹊尾冠、建华冠、方山冠、巧士冠、却非冠、却敌冠、樊哙冠、皮弁、爵弁等。

2.潇洒的幅巾

除了汉魏之际式样丰富的冠帽,文人多戴幅巾,指古时男子用一副绢来束发,以表示名士风流。而身为将帅也头着缣巾,是以双丝织的微带黄色的绢束发的幅巾,诸葛亮纶巾羽扇指挥战事的故事遂流传千古。当时还有折角巾、菱角巾、紫纶巾、白纶巾,不一而足(图1-16)。

据《三国志·魏志》记载,诸葛亮出斜谷,屡屡向司马懿挑战。司马懿对诸葛亮的足智多谋早有耳闻,不敢轻易出战,所以避而不出。诸葛亮无奈,派人给司马懿送去了"巾帼妇人之饰",以此来嘲讽对手缺乏男子汉的气概。后来,诸葛亮终于在渭滨与司马懿相遇,不穿甲胄,只以纶巾束首,羽扇当令,在千军万马之中显示出一副泰然自若的样子。此情此景经宋代词人苏东坡的艺术加工,便凝成为《念奴娇·赤壁怀古》中脍炙人口的名句:"羽扇纶巾,谈笑间,樯橹灰飞烟灭"。当然这里赞颂的是年轻有为而又风度超群的周瑜,而"羽扇纶巾"却是三国时所有名士的时尚装束。"羽扇纶巾"这一看似平常的装束,也成为表现成竹在胸、决胜千里的才智与临危不惧、安然若泰的大家风范的一种象征。

图1-15 戴小冠的北魏文臣俑(美国旧金山布伦
　　　 达治收藏中心藏)

图1-16 南朝陈文帝高士服之菱角巾

（三）南北交融：独特的利身式样

由魏晋至南北朝，北方少数民族入主中原，在错居杂处的生存环境下，南北政治、经济、文化和风习都相互渗透，形成了民族大融合的局面，中原地区的服饰受到北方少数民族的影响从而有了改易和发展。其中最突出的表现为服饰开始趋于"利身"设计，更加方便人们的行动生活。传统的深衣制长衣和袍服已不大适应社会的需要，北方民族短衣打扮渐成主流。至此，缚裤、裲裆成为南北民族审美交融下产生的独特的利身服饰式样，两者在穿着时均可变化，十分巧妙。

1.从裤褶到缚裤：功能与礼仪的融合

裤褶原是北方游牧民族的传统服装，其基本组合为上衣下裤，上身穿齐膝紧身衣，下身穿大口裤。为便于骑行，又用锦缎丝带截为三尺（1米）一段，在大口裤管的膝盖处扎紧，仿佛现代的绑腿。和大口裤搭配的上衣通常做得比较紧身，交领窄袖，衣长不过膝下，俗称"褶"。当"大口裤"与"褶"同穿时便称为"裤褶服"（图1-17）。由于这种上俭下丰的装束比原本男子的宽袍大衫要更加便于活动，所以最初在军队中使用。随着南北民族衣冠服饰审美文化的逐步渗透，裤褶服突出的便身利事的实用功能，其飒爽英武的审美价值，逐渐被南朝认同并采用，甚至由"戎服"演进为"朝服"。周锡保指出，当时南朝的冠服，本以原有的冠服如通天冠、进贤冠等及绛纱袍朱衣，下身着裙为礼服为主，而自北族的裤褶服盛行后，南人也采而服之。但毕竟在朝会或礼仪中，这样装束不符合仪表的严肃感，因此南人就将上身的褶衣加大了袖管，下身的裤管也加大了。这样的形式，才有些像上衣下裳之制，也就符合汉族的衣冠制度了。若有急事，就把裤管缚扎，这样又成了急装的形式。如此

图1-17　北魏乐人俑戴小冠或合欢帽、穿褶衣缚裤的形象

一来，在融合之下便派生出新的服饰样式"缚裤"，南人采用这种服饰，既便于行事又适合汉族"广袖朱衣大口裤"的仪表体制。

2.南北通行的多用途式样：裲裆

裲裆也是北方少数民族的服装，由军戎服中的裲裆甲演变而来。这种衣服不用衣袖，只有两片衣襟，其一当胸，其二当背，后来称为"背心"或"坎肩"，可保身躯温度，而不使衣袖增加厚度，以使手臂行动方便。南北朝军戎服饰中流行裲裆，穿在外面，只在前胸后背有两片甲在肩部用带系联，腰上束带。另外，裲裆也可以作为一种内里服饰，主要为女性所着，男性穿着形象在《北齐校书图》中有所展示。画作展现的应是夏季，图中人物的衣服都十分单薄，大榻上的一名男子身着纱帔衫子，内露出有襻带的裲裆。这一独特样式是当时南北通行的穿着，内外皆可穿着，且不同场合所具备的功效也不一，军用制成裲裆铠，套在衬袍之外以作防护。南梁王筠曾在《行路难》："裲裆双心共一袜，祖复两边作八襊……胸前却月两相连，本照君心不照天。"等于又说可穿在贴身之处。这种服式一直沿用至今，南方称马甲，北方称背心或坎肩。如图1-18～图1-20所示。

从社会审美心理的角度看，魏晋南北朝在战乱与纷争中萌发的推崇个性、强调自由的人生主张，对秦汉来说是在批判中继承，对西北和南方少数民族来说又是引进和发展。这无疑会给整个社会带来开放和活力，给服饰美学思想注入许多新鲜的空气和基因，也带来了唯有在推崇个性解放的社会环境中才会出现的色彩纷呈、千变万化、不拘一格的服饰新潮流，形成服装上所谓的"魏晋风度"。

图1-18　裹巾，穿半袖衫，裲裆，或戴肚兜的男子形象

图 1-19　敦煌莫高窟 285 窟南壁得眼林故事中之军官，穿裲裆铠，骑具装马，持长矛（敦煌莫高窟 285 窟南壁得眼林故事）

图 1-20　戴小冠、着褶衣大口裤、裲裆铠、戴执仪剑门吏（河南邓州市南北朝画像砖墓门壁画）

广纳博取——
第四节 隋唐男装美学

公元581年，隋文帝杨坚建立隋朝，南北统一，疆域辽阔。到了唐代，中国社会进入了繁荣昌盛、中外交流的重要历史时期。唐代对各国文化广收博采的开发态度，无疑促进了当时的服饰融合创新与发展，以民族传统服饰文化为主导，兼收胡服文化的滋养，共同构成了大唐全盛时期生趣盎然的服饰文明。

一、隋唐男装美学的基本精神

中国古代历史长河中，尽管隋朝存在的时间不长，却是顺应了当时历史发展的必然趋势，在政治、经济、文化等方面为繁荣的大唐帝国的建立奠定了坚实基础，一方面形成了多元的种族类型和结构，另一方面加速了南北方经济的发展。据《唐六典》记载，当时与唐政府往来的国家曾多达三百多个。在都城长安（今西安）居住的除汉族外，还有回纥族、龟兹族、吐蕃族、南诏族等少数民族。此外，来自世界各地的外交使节、商人也很多，特别是波斯（伊朗）、新罗（朝鲜）、日本、印度、古罗马等地的客商更是长安的常住客，灿烂的华夏文明通过他们也传向世界的四面八方。于是，唐代所形成的多元化的社会人口结构，以及多种族文化氛围下熏养、渗透所产生的文化结构，直接导致了当时社会丰富的审美风尚。唐代服饰兼收并蓄，以广博的态度大量吸收了外来的服饰风尚，对唐代服饰形成独特的美学风格起着至关重要的作用。

唐代最突出的审美心态便是对少数民族狂放不羁、豪爽勇武之气的追求。《唐书·五行志》记有："天宝末，贵族及士民好为胡服胡帽。"这是中国古代美学思想发展中出现的一种颇具特色的现象。唐代社会的审美主体，在中华人民共和国成立后相当长的一段历史中，不仅没有割断与南北朝时期少数民族文化上的渊源关系，反而在很大程度上保存着西北各少数民族特有的审美习惯。唐人对胡服之所以情有独钟，正是在于胡服特有的款式、色彩和穿着习惯等方面，具有某种特殊的东西在吸引着他们，能够唤起他们在潜意识中深藏着的对尚武精神、勇武之美以及对人体的崇尚等许多带有原始野味的美好回忆。

广采博取是唐代面对世界的态度，也是当时社会审美实践与新思想的浓缩概括，体现了唐代社会突破传统、力求创新和求异精神的时代光辉。无论是男女都爱穿着胡服的任性旷达、阳刚勇武之气，还是到美人袒领以露为美的别样风韵，以及女性妆饰的标新立异，都整体反映出唐代社会服饰美学思想发展的空前盛况，体现唐代广采博取、厚今薄古、勇于创造的服饰美学追求。

二、隋唐男子服饰的美学追求

（一）尚武精神：男士套装的刚毅

隋唐时期，虽较之女子衣冠服饰，男子一般场合的着装显得较为单一，但也形成了以圆领袍衫、乌纱幞头、腰系革带和乌皮靴为主的男士日常组合套装，各部分均受北方民族服饰的影响，也出现了大量的胡服装束，且女子也喜爱穿着男装，一时间"男女不通衣裳"在唐代形成了例外。

1.圆领袍衫套装

圆领袍衫，也称团领袍衫，是隋唐时期士庶、官宦男子普遍穿着的服式，一般为圆领、右衽，领、袖及襟处有缘边。袍衫式样几乎一致，差别有颜色、材料及皮带头装饰之分。文官衣略长至足踝或及地，武官衣略短至膝下。袖有宽窄之分，多随时尚而变异，也有加襕、襟者。袍服花纹，初多为暗花，如大科绫罗、小科绫罗、丝布交梭钏绫、龟甲双巨十花绫、丝布杂绫等。至武则天时，曾赐文武官员袍绣对狮、麒麟、对虎、豹、鹰、雁等真实动物或神禽瑞兽纹饰，此举导致了明清官服上补子的风行。幞头有以巾裹头之义，是这一时期男子最为普遍的首服。初期以一幅罗帕裹在头上，较为低矮。后在幞头之下，以桐木、丝葛、藤草、皮革等制成固定型，犹如一个假发髻，以保证裹出的幞头外形可以维持良久。中唐以后，逐渐形成定型帽子。幞头两脚，初似带子，自然垂下，至颈或过肩。后渐渐变短，弯曲朝上插入脑后结内，这一类谓之软脚幞头。中唐以后的幞头之脚，或圆或阔，犹如硬翅且微微上翘，中间似有丝弦，以令其有弹性，谓之硬脚。乌皮靴为这一期间普遍所着履式（图1-21~图1-23）。

图1-21 穿圆领袍衫、戴硬脚幞头的男子

图1-22 穿展翅幞头、圆领袍服、佩鱼袋、持香炉和牙笏文官（陕西西安榆林窟壁画曹义金行香像，范文藻摹）

图 1-23　《唐人游骑图》中着幞头、圆领衫、乌皮六缝靴、骑马文人和随行仆从的男子形象

2.勇武英俊的胡服

幞头、圆领袍衫，下配乌皮六合靴，既洒脱飘逸，又不失英武之气，是汉族与北方相融合产生的一套男子服饰（图1-24）。除了圆领袍衫，翻领的胡服式样在唐代男装中也十分流行，尤其是西北少数民族特有的那种带有边塞烽火和大漠风沙气息的刚毅勇武之气，似乎唤起了汉民族潜意识深藏着的尚武精神。《北史》等史书中对帝王身体的夸张描写，敦煌、云冈石窟中佛像刻意表现的体魄特征，是这种"自豪"心理的形象表现。在这样的审美心理作用下，以显示封建礼仪等级的宽袍大衫，显然不是最佳的服饰选择，以紧身、翻领、革带、皮靴为特征的胡服则在很大程度上适应了人们对体魄之美的欣赏需要。隋炀帝出游时令百官"戎服以从驾"，初唐时朝中百官一度以"夷狄之戎服"为"公服"，乃至曾一度风靡隋唐朝野，受到社会普遍欢迎的"胡服"，可以说都是这种社会审美心理在服饰上的具体表现（图1-25）。

另外，女着男装在唐代风行，即女子全身男子打扮。《新唐书·五行志》载："高宗尝内宴，太平公主紫衫玉带，皂罗折上巾，具纷砺七事，歌舞于帝前，帝与武后笑曰：'女子不可为武官，何为此装束？'"即说明当时在宫廷内公主也穿男装，其所佩戴的"七事"，主要是指唐与辽代武吏佩系在腰间的七种物件，如佩刀、磨刀石等。《中华古今注》也曾记载："至天宝年中，士人之妻，着丈夫靴衫鞭帽，内外一体也"。女子穿着潇洒英气的男装，显得更加秀美俏丽。

（二）章彩绮丽：衣着纹样的活力

隋唐审美文化还充溢着一种风华正茂、蓬勃郁发的青春之美，犹如诗人李白《将进酒》中"五花马，千金裘，呼儿将出换美酒"所传达的在寄情美酒、纵情欢乐中充分享受青春和生命的积极乐观的态度。而章彩绮丽的隋唐服饰纹样便是彰显活力元素的典型，将人们在服

图 1-24 戴幞头、穿翻折领横襕
衫、腰束革带、革靴的
男子形象（陕西章怀太
子李贤墓壁画）

图 1-25 戴幞头、穿翻折领胡服、腰束革带、革靴的男子形象（陕西章
怀太子李贤墓壁画）

饰视觉审美倾向中的创造性、想象力展现得淋漓尽致。

1.鲜丽多彩的唐代织物

虽然总体来说，隋唐时期瑰丽多彩的纹样更多地体现在女性丰富的服装样式上，但男性服饰除了政府官员按制度穿用规定花色的官服之外，一般生活服装一样洋溢着青春闪光，流行的图案花式也十分丰富，尤其是年轻人，同样爱着鲜美华丽的服饰。首先，由于织造技术的进步，唐代织物品种名目众多，且色彩之丰富已经达到前所未有的程度。根据出土织物的色谱分析，单是吐鲁番出土的丝织品，就有二十多种颜色，单红色系有水红、银红、猩红、绛红、绛紫；黄色系有鹅黄、菊黄、杏黄、土黄、金黄、茶褐；青色系有天青、蛋青、赤青、藏青；蓝色系有翠蓝、宝蓝；绿色系有湖绿、豆绿、叶绿、墨绿、果绿等。

2.花样翻新的纹样组合

其次，织物纹样的组织结构也十分多变，综合使用，构图敷彩，花样时常翻新，形成许多具有创造性的艺术效果（图1-26）。例如，唐代典型的宝相花纹，或由盛开的花朵、瓣片，或由含苞欲放的花，花的蓓蕾和叶子等这些自然素材，按放射对称的规律重新组合形成装饰花纹；具有异域风情的联珠团窠纹，纹样的基本骨骼为平排连续的圆形组成作用性骨骼，圆周饰联珠作边饰，圆心饰鸟或兽纹，图案内容有盘龙、麒麟、狮子、天马、虎豹等具备男性魅力的纹样，圆外的空间饰四向放射的宝相纹；流行于盛唐的散点式花纹，取花叶的自然形状做成对称形小簇花，散点排列；再如代表男性潇洒勇武的狩猎主题纹样等（图1-27）。另外，唐代男性袍服还常用暗纹装饰，将同色质料织成纹样，在保持整体色调一致性的基础上显得清新别致。正是唐代活泼张扬的社会氛围、海纳百川的大国气度，以及人们乐于尝新的

图1-26　敦煌壁画所见毡帽民间乐人男子穿
　　　　着鲜丽纹样的服饰形象

图1-27　唐代狩猎纹印花绢

年轻心态使唐代服饰纹样焕发着风华正茂的时代特点和审美风习，成就了唐代服饰和纹样相辅相成下的丰富性。

（三）辛勤的劳动者：唐代船夫、猎户的着装形象

古代的短衣形象大部分都在从事劳力工作的人们身上展现。唐代男子的着装，身份从皇帝到官员，基本都穿上文提到的官服常服中圆领袍衫搭配幞头的套装，式样不变，仅仅是在色彩和材质上区别官阶。普通男子也有一些胡服打扮。而一些从事具体工种的男性，他们的服饰也各有特点。

1. 穿半袖短衣的唐代船夫

和汉代穿短襦小衣的农民一样，一般老百姓和劳动者都穿着窄袖短衣、半臂，服饰色彩不许使用亮丽鲜明之色。甚至有的事实上无衣可着，脚上也只能穿线鞋、蒲鞋或草鞋，以至于赤足。自从隋代修成贯通南北的大运河后，一年五六百万石南粮北运，和其他重要生产生活物资南北对流，长达约12个世纪之久，均为劳动人民无限血汗的贡献。尤其是船夫们，不论严寒酷暑，风霜雨雪，长年累月和恶浪搏斗。据《新唐书食货志》漕运部分的记载，黄河三门峡地区的船夫工作更是比水边驿运的船夫更加惨剧，船夫也有坠崖之险。敦煌三二三窟唐壁画中有两个戴笠子、穿短衣的纤夫，正在拉船上滩，脚穿草鞋或麻鞋（图1-28）。服装

图1-28　唐代穿斗笠、小袖短衣、半臂、束腰带、长裤、草或麻鞋的船夫形象

方面，两人穿着小袖短衣，外加半袖衫。半袖衫是一种短袖式的衣衫。这样一种服饰其实在魏晋时期已经出现，由于其多用浅青色，与汉族传统章服制度相违，曾被斥为"服妖"，魏明帝也曾穿着半袖衫与臣属相见。后来风俗变化到隋朝，内官也常服半臂。

2. 穿开胯衫的臂鹰猎户

古代狩猎和军事农业关系均极为密切，因此设虞人专官主持其事。秦汉以后则成为贵族游侠子弟户外娱乐的活动之一。到唐代随同社会发展，更具普遍性，政府特设有养鹰坊，有专门驯养鹰犬的专职人员。唐代懿德太子李重润墓葬甬道中就有几个臂鹰牵犬的内监形象（图1-29）。图中男子戴幞头，穿圆领开胯衫，即一种侧边开衩的袍衫，以便于狩猎活动。再如敦煌唐代壁画中的猎人，戴尖锥毡帽，穿圆领开缺胯衫子，脚上穿麻练革鞋（图1-30）。

（四）"甲光向日金鳞开"：英雄铠甲的荣耀

军事服装的形制，在秦汉时已经成熟，经魏晋南北朝连年战火的熔炼，至唐代更加完备。《唐六典》中记唐甲有13种，即明光甲（图1-31）、光西甲、细鳞甲、山文甲、乌锤甲、白布甲、皂绢甲、布背甲、步兵甲、皮甲、木甲、锁子甲、马甲。从历史留存的军服形象来看，其中"明光甲"最具艺术特色。这种铠甲在前胸乳部各安一个圆护，有些在腹部再加一个较大的圆护，甲片叠压，光泽耀人。值得一提的是，唐代铠甲的美饰达到了错彩镂金这样一种登峰造极的地步。

1. 鎏金错银的隋唐铠甲

隋唐五代时期特别是盛唐军戎服饰的铠甲，有意让铁、铜等金属材料放射出自身天然的耀眼光辉，这是隋唐五代特别是唐代军戎服饰审美文化尤其是铠甲制造工艺具有创造性的开拓和应用。再后来，不仅将铁甲、铜甲刮垢磨光，使它产生天然的耀眼光亮且光耀日月，而且在铁甲、铜甲之上采用了鎏金错银的特殊工艺，使铠甲产生出更加灿烂辉煌的"金光"和"银光"来。以金、银饰甲，成为唐代军戎服饰特别是铠甲审美文化中一种极为重要或者说极为时髦的具有崇高审美意蕴的特征。唐诗名句便有对其十分形象的描述："黑云压城城欲摧，甲光向日金鳞开。"金银的天然光芒所具有的特殊美学属性也使它们成为满足奢侈、装饰、华丽、炫耀等功能需要的天然材料。由此可见，在一片金光灿烂或银光璀璨的耀眼光芒里，被炫耀的是尊贵、权力、威武等多种崇高审美意蕴，反映的是男性的力量与阳光之美。

2. 威猛的功能性装饰

另外，唐代特别是中、晚唐至五代时期军戎服饰的演进，显现了狩厉威猛的崇高之美的新趋向。《唐六典》载："今之袍皆绣画以武豹、鹰鹘之类，以助兵威。"此唐永徽年间，铠甲的肩部出现了既具狩厉威猛的装饰效果，又具较强防护功能的虎头、龙首护肩。此外，腹

图 1-29 臂鹰图

图 1-30　着尖毡帽、圆领开胯衫、麻鞋的猎人

图 1-31　明光甲

部的圆护也出现了雄鸷威猛的兽头、虎吞之类的雕塑形象。隋唐铠甲上用线条勾勒的猛兽雕饰使铠甲呈现出雄健粗硕、棱角方直等形式美的特征，积淀着当时人们自信睿智的审美经验（图1-32）。

图1-32　具有防护功能的虎头护肩铠甲（根据出土陶俑及彩塑复原绘制）

理性之美——
第五节 宋代男装美学

经历了五代十国的割据和动乱，中国历史上又出现了一个统一的封建王朝。宋代的存在时间比唐代要长，但是其间所发生的内忧外患却比唐代频繁。国家的统一为人民的安居乐业提供了最基本的保证，封建社会的固有矛盾以及周边的军事威胁，又使宋王朝从建国开始到一分为二再到彻底覆灭，始终处于一种危机与屈辱之中。统一的政治局面带来了经济的繁荣和都市的发展，同时也推动着丝织、棉纺等手工业的发展。北宋时期出现的丝织业作坊，南宋时期出现的棉纺技术，不但改变了历史上相传已久的单独作业方式，将纺织生产方式提高到一个新的水平。同时，棉布的大量出现，也为人们提供了新的服装材料，改善了人们的服饰状况。然而，腐朽的封建制度又使得两宋王朝在制定朝纲、对外政策、选用人才等一系列重大问题上目光短浅、急功近利、昏聩无能，误国误民。这一切影响着宋代的社会精神和服饰风尚。

一、宋代男装美学的基本精神

"偃武修文"的基本国策，即停止武事，振兴文教礼乐，强化了赵氏王朝的集权统治，也使宋代成为一个积贫积弱、苟且偷安的朝代。文人学士的社会地位有了很大程度的提高，文艺创作和自然科学活动日益繁荣起来，屡遭战乱破坏的中原文化和社会经济都有了很大恢复。

佛教与道教超世脱俗、飘逸仙隐的处世哲学在民间十分盛行，宋代百姓多轻视封建社会的君臣、父子、夫妇的等级关系，不将君主的权威放在眼里。不仅普通百姓求仙拜佛，文人学士专心于佛的也不在少数。著名的文学家苏洵及其子苏轼、苏辙都是佛教弟子，他们一方面信守于佛，另一方面致力于儒教的传播。

佛教、道教都受宋王朝的推崇，但宋统治者十分重视复兴儒家文化。宋初还专门设立了为皇帝讲解儒教的场所——经筵，自太学士、翰林侍讲学士至崇政殿说书都要充当讲习官，从每年的开春到端午节，从中秋到冬至，逢单日轮流入内讲解。为了增强儒教的官方色彩，宋真宗还亲往曲阜拜谒孔庙，加谥孔子为"玄圣文宣王"（后改为"至圣文宣王"）。后又诏令了一批文人对《周礼》《论语》等儒家经典进行重新校订。实质上，儒教已成为宋代的官方思想。

儒、道、佛三家的思想在宋代社会从僵持不下到相互交融，再从相互交融到相互取长补短，最终形成以儒教为主干，吸收佛、道两教之理论精华，将佛、道两教的本体论、认识论与儒教的伦理思想和政治倾向相结合的理学。理学以传统的儒学理论作为框架，以是否有益于纲常等级作为价值标准和行为准则，同时又对佛、道的思辨哲学进行大量吸收，从而形成了一种新的思想体系。一切封建道德、礼仪、制度，都是"理"在人间社会的展现。

二、宋代男子服饰的美学追求

（一）文质之辨：帝王服饰的古朴美

1.平淡天然的适度中和

前代遗风因过于浮泛而给人华而不实的感觉，成为失败王朝衰朽无力的一种标志。作为一个新政权出现的宋王朝，"偃武修文"更符合社会经济尚待恢复的历史条件。儒家提出"克己复礼"主张，程朱理学也鼓吹"天理存则人欲亡，人欲胜则天理灭"，这种以扼制人的自由创造天性为特征的思想意识，适应了宋代统治阶级强化集权统治的需要，也是"积贫积弱"基本国情的一种反映，不利于社会审美想象能力的培育。

本来是丰富多彩的精神世界和千姿百态的容貌衣冠，在程朱理学的解释下变得单一、死板。理学主张"表里如一"的"表"已经不是唐代社会那富丽堂皇、雕琢华丽的外在效果，"里"也不是唐代社会自由奔放的精神世界。而是一种以封建伦理道德为基本内容，用封建等级制的"模匣子"扼杀和框死人的一切生机勃勃的创造性。和唐代推崇的宏阔刚健之美比较起来，宋代的美学思想则失去了那种博大的气魄和力量，往往不是与偏激和大胆相联系，而是与一种"适我性情"的适度中和相一致。审美所具有的创造意味被降低了，取而代之的是一种与个人日常生活密切相关的平淡天然的美。

2.冕服改制的崇简务实

宋太祖在制作冕服时崇简务实，"无宝锦珠翠之饰"，对宋代服饰审美倾向起到某种导向作用。宋代官阶发生变化后，服制也重新进行了修订。对皇帝冠冕礼服的尺寸、质料、颜色、纹章给予了严格审定，对文武百官的朝服做了调整，从朝中百官到民间习俗都进行监督审定。到政和年间，对衣冠式样、颜色、装饰以及穿着讲究一一进行规划，编纂了《祭服制度》。

宋代的冕服改制，也是历代冕服定制中最为繁文缛节的。追崇恢复周公孔子时期的以《周礼》为典范的冕制，实际上也是对祭祀之"礼"的反复强调，宋代频繁出现的冕服改制也是某些朝臣乃至皇帝以救时除弊为己任，用以改变奢靡之风的，具有深刻政治、思想和文化意义的改革，是程朱理学思想在服饰审美文化改革礼制方面的深入贯彻和具体表现（图1-33～图1-35）。

其更充分体现在冕服审美文化的价值取向上——文质之辨。即删除繁饰，倡导质朴。另外，孔子在祭礼和丧礼中所选取的"宁俭"和"宁戚"，并不是否定仪文和纹饰，而是强调

图 1-33　聂崇义《三礼图》皇帝衮冕

图 1-34　戴直脚幞头、着圆领襕衫宋太祖像

图 1-35　戴展脚幞头，着圆领大袖袍宋理宗像

举行祭礼和丧礼的实际目的以及达到目的的诚挚情感。以程朱理学的伦理本体论为规定内涵的服饰美学思想，和以帝王为首的封建统治阶级传统的以镂金错彩、繁缛富赡为美的服饰美学思想及其统治阶级群体无意识的、自发的强烈审美需求的驱动之间的深刻矛盾，使得有些冕服改制成为表面文章。

尽管宋代服制中的伦理色彩更多地集中在封建等级关系上，但是这种从内容和形式两方面来认识服饰美，使服饰成为礼仪的一部分，而不能只是没有节制的奢侈品的基本思路，从中国古代服饰美学思想发展的历史上看，无疑具有积极的意义。务从简朴，反对奢华，一直是宋朝历代皇帝孜孜以求的服饰审美境界。

（二）美礼之别：身份地位的标志

戴幞头，穿袍衫，是上自天子，下至百官的通常服装，是宋代男子着装最基本的形制。在此基础上，为了进一步突出男性在身份地位上的不同，一些与此相适应的服饰配件也应运而生，成为宋代服饰的固定标志。

依宋代制度，每年必按品级分送"臣僚袄子锦"，共计七等，给所有高级官吏，各有一定花纹。例如，翠毛、宜男、云雁细锦，狮子、练雀、宝照大花锦，宝照中等花锦，另有毬路、柿红龟背、锁子诸锦。这些锦缎中的动物图案继承武则天所赐百官纹绣，但较之更为具体，为明代补子图案确定了较为详细的种类与范围。

1.朝服式样色彩的规章制度

宋代朝服式样基本沿袭汉唐之制，只是颈间多戴方心曲领。这种方心曲领上圆下方，形似璎珞锁片，源于唐，盛于宋，而延至明（图1-36）。色彩方面，有着严格的规章制度。"陈桥兵变，黄袍加身"这一事典讲的就是宋代开国皇帝赵匡胤在陈桥驿发动兵变时是黄袍加身而称帝。"黄袍"之"黄"色的尊崇蕴涵，是与"阴阳五行说"和"中庸之道"联系在一起的。以"黄"为正，以"黄"为尊的理念同时包蕴着治理天下社稷的"大公无私"及"正大光明"之道。"黄"成为皇帝服饰等的专用色或称御用色，已注入了更加丰富深刻的伦理内涵。所以其他臣子一旦私做或私藏黄袍，都会被认为包含"谋逆之心"。

"朝服"，又名"具服"，是朝会时所穿着的服饰。宋代朝服一般上身为朱衣，下身系朱裳，即是穿绯色罗的袍和裙。此种朝服，依官秩高下而呈现不同形制、颜色、佩饰等的等级差异和区别。宋代文武百官的朝服在颜色上也有着明确的规定，不可肆意为之。如下属臣官，三品以上多为紫色，五品以上多为朱色，七品以上多为绿色，九品以上为青色。

2.品官冠服的多样严谨

宋代各类冠帽独具特色，而且每种冠的材料、形制、用途以及和服装的搭配都有着严格

图 1-36 朝服、方心曲领、蔽膝

的规定。通天冠又名卷云冠，用于较大的典礼，有二十四梁（图1-37、图1-38）。戴这种冠要穿织成云龙纹的绛色纱袍，并用黑色缘其领、袖及衣裾，系以绛纱裙（即裳），内衬白纱中单，领间系垂白罗的方心曲领，腰间束以金玉带，前系蔽膝，旁系有佩绶，穿白袜黑舄。远游冠，有十八梁，其余大致相同于通天冠，只不过为皇太子受册封、谒庙及朝会时所用，以青色为主，金涂银的钑花加以装饰。

文武官着朝服时所戴的冠就有三种。一是进贤冠，冠上有银地涂金的冠梁。其中一等是在七梁冠上加貂蝉笼巾，二等不加貂蝉笼巾，这样就分成了七等。第一等为亲王、使相、三师、三公等官所戴；二等为枢密使、太子太保等官所戴；六梁冠为左右仆射至龙图等直学士诸官所戴；五梁冠为左右散骑常侍至殿中少府将作监所戴；其下则各按其梁数依次降差，依职官大小而戴之。二是"貂蝉冠"，又称"笼巾"，是官职最高的如二公、亲王等于侍祠及大朝会时加于进贤冠上而戴之，即第一等的冠饰。三是"獬豸冠"，即进贤冠之类，因说獬豸是一种神羊，如麟而一角，能分别曲直。所以历来就把这种冠给执法者，如御史台中丞、监察御史等官戴之，因而也称为"法冠"。

3.首服式样的等级区分

幞头是宋代男子的主要首服，以藤、竹做成骨架，外面罩上罗纱。幞头的两旁各伸出一脚，以铁丝、琴弦或竹为骨干，形如直尺。最初两脚左右平直，也比较短，后来逐渐加长，据说是为了防止官员们上朝站班时相互交头接耳。宋代的幞头主体部分并无大的差别，主体后面的两只脚或直指、或交叉、或朝天、或弯曲，不一而足。君臣在上朝时戴的是直脚幞头，一般小官吏戴软脚幞头，仪卫戴圆顶无脚幞头，乐舞戏人戴牛耳幞头，卫士戴一脚指天、一脚圈曲幞头……身份不同，所戴幞头的两角式样也有很大区别（图1-39、图1-40）。

图1-37 《历代帝王像》宋宣祖画像，戴通
天冠二十四梁

图1-38 宋代武宗元《朝元仙仗图卷》中通
天冠侧面图

图 1-39　辽人乐部着北宋交脚幞头、宽衫官服的降员

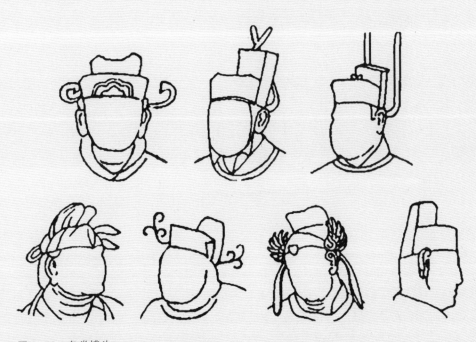

图 1-40　各类幞头

　　宋代另一种称得上男子专用的服饰配件是革带。革带通常由带头、带銙、带鞓、带尾四部分组成，鞓就是皮带，也是整条带子的基础。宋人的革带是区分官阶等级的重要标志，带身用什么颜色要由扎带人的身份地位决定，不能随便而为。革带的名目有"玉带""金带"

等，之所以如此繁多，其关键还是为了区分身份等级。如三品以上服玉带，四品以上服金带，五品六品服银銙镀金。另外，宋代官服沿袭唐代章服的佩鱼制度，有资格穿紫、绯色公服的官员都必须在腰间佩挂"鱼袋"，袋内装有金、银、铜制成的鱼，以区别官品。

　　根据男性身份地位制作出具有等级特点的服装，反映了社会分工以及人们对服装社会功能的认识日益具体化，也反映了社会生产力水平以及宋代人民对服饰美学意义认识的深入与升华。从幞头、革带这些服饰配件的众多讲究中，我们不难看到当时森严的服饰等级，从宋统治者对服饰的上下等级不能僭越的强调中，也反映出他们对美与礼之间关系的重视——美的服饰并不在于多么华丽，还要符合一定的礼仪规范。用礼仪规范来界定服饰美，等于赋予了服饰美以社会伦理道德的内容。

（三）"儒"为风尚：男子服饰的儒雅化

　　宋代统治者提高文臣地位，造成了崇尚文人雅士的社会历史风习。宋代的士人们鉴于儒教哲理思辨的粗疏，广泛开展"授佛入儒"的工作，将传统儒学与佛学相结合，形成了新儒学——理学。理学以男子中心论的观点，激发了男子积极入世，去实现"修身、齐家、治国、平天下"的宏伟人生目的。此外，宋代文臣儒士在文学艺术上创造了卓越的成就，都是服饰审美文化儒雅化具有美学意义的社会审美原因。

1. 宋代文人的品位风尚

　　宋代文人的品位风尚最为鲜明集中地表现在首服上，一般文人、儒生以裹巾为雅，可随意裹成各式。宋代文人平时喜爱戴造型高而方正的巾帽，身穿宽博的衣衫，称为"高装巾子"（图1-41），并且常以著名的文人名字命名，如"东坡巾""程子巾""山谷巾"等（图1-42），也有以含义命名的，如逍遥巾、高士巾等。这类巾帽不仅儒雅，更可以起到抵御风雪、避免日曝的作用。纱布在松紧适宜的系裹之中，自然生出与人肌肤的亲和感，这种令人感到温柔舒适、熨帖的亲和感，与那些以铁丝为骨的帽冠，那种僵直、生硬、不适的疏离感，显然是不同的。

　　两宋时期的男子常服以襕衫为尚，所谓襕衫，即是无袖头的长衫，上为圆领或交领，下摆一横襕，以示上衣下裳之旧制。襕衫本是根据衫的下摆缀加横襕而称为"上服"或"礼服"，使之礼仪化。"襕衫"和"程子衣"的礼仪提高了儒雅化的宋代士庶服饰审美文化，也成为宋代士庶服饰审美文化儒雅化的驱动力。再者，襕衫在宋代成为进士及国子生的"盛服"，成为考取功名的儒士的礼服，更是宋代理学宗师生前常穿的服饰——"程子衣"，这使得"襕衫"完全儒化（图1-43）。

图1-41　高装巾子交领襕衫退职文人（宋李公麟《会昌九老图》局部）

图1-42　从左至右依次为《洛社耆英会图》文彦博像之东坡巾、《三才图会》中之东坡巾、白沙宋墓壁画
　　　　中之胡桃结巾、仙桃巾

图1-43　大袖圆领襕衫示意图

2.士大夫宽而大的服装式样

宋代士大夫阶层平时穿着都是比较宽而大的服式，直裰、道衣（道袍）、鹤氅都是常穿在外边的三种衣服。宋代隐士，文人林和靖身上只披直裰，宋代僧寺行者也穿这种直裰。在宋代，道衣也不是道士穿着的服饰特称，一般文人也会穿。这类服装式样都不便于劳作，使得宋代士大夫举手投足间自带一股飘逸的儒士风范。

鹤氅是三者中更大而袖更宽博且长之曳地的一种衣式，是用鹤羽等鸟类的羽毛捻绒拈织的贵重裘衣。而鹤更是被神化了，使用此等材料制作而成的男子服饰也被赋予了"翩翩于仙凡，不受任何拘束"的寓意。鹤作为一类有"德行"的禽鸟，又赋予了宋代士大夫清高之意（图1-44）。

3."儒将""儒帅"的审美风范

另外，宋代军戎服饰审美文化也存在儒雅化。宋朝军队分禁军和厢军，两种军队的军戎服饰存在一定的差别，皇帝每年按季节的不同赏赐给近侍、文武官员的"时服"，作为一种恩宠和荣耀穿着在身，便形成武官不着戎服的倾向和趋势。再者，宋代服制的特殊之处，便是武官的朝服、公服与文官相同，高级军事指挥官几乎都由文官担任，各州县、地方的厢军指挥权也集中和操纵在地方行政长官手中。宋代武官的政治地位较低，服饰上也大都是武随文服，"儒将"和"儒帅"成为宋代军事将帅的一种审美风范（图1-45）。

宋代军戎服饰审美文化的儒雅化，是与宋代"以文制武"的治国、治军方略和服饰制度等因素紧密联系在一起的，更多体现出宋代社会主流便是以"儒"为风尚。

（四）广泛适应："褙子"流行的独特服饰现象

1.宋代褙子的发展及变化

宋代的褙子、半臂、背心、裲裆四种服饰，在其发生、发展和嬗变、演进的过程中，有着相互因袭的关系，并且是男女皆穿的。

褙子，亦作"背子"，又称"背儿"，简称"背"。作为短袖上衣又称"半臂"的背子，在隋唐之时便已经有了。褙子作为服饰审美文化的现象、形态，在其发生、发展或说嬗变、演进的过程中，汲取了其他诸如襦、褐、禅衣、袷袄及半臂等在形制上的某种特点，故褙子在其形制的某一部位，还保留着其他衣物形制上的特点。

宋代褙子的领型有直领对襟式、斜领交襟式、盘领交襟式三种，变成长袖、腋下开衩的长衣服，腋下开，即衣服前后襟不缝合，而在腋下和背后缀有带子的样式。腋下的双带本来可以把前后两片衣襟系住，可是宋代的褙子并不同它系结，而是垂挂着作装饰用，表示"好古存旧"。穿褙子时，在腰间用勒帛系住（图1-46～图1-48）。

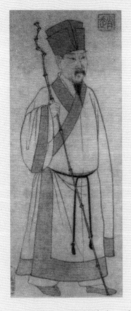

图 1-44　苏轼像，戴东坡巾，穿鹤氅

图 1-45　江西乐平市北宋壁画仪卫武士图，与厢
　　　　　兵兵士服饰相近

图 1-46　明人摹宋本《胡笳十八拍》褙子款式图

图 1-47　宋代各类褙子款式图

图 1-48　明人王圻、王思义撰《三才图会》之"褙子"图样

2.宋代褙子的普遍适应性特征

宋代的褙子，作为一种较为独特的服饰审美文化现象，便是它的普遍适应性或者说广泛可着性特征。这种普遍适应性特征，作为着装主体来说，具体表现为男女、贵贱、朝野、文武等皆可得而着之，这在等级分明的封建时期实属难得。另外，作为着装主体所表现的服饰审美文化现象形态来说，褙子则既作为内衣或说"中单""衬服"，又可作为外衣乃至"礼服"。

那么，为什么宋代的褙子会具有这样的普遍适应性特征呢？一是褙子在形制上与其他服饰不同，左右腋下不加缝合非常"便事"，这也与宋朝当时的社会风习和生活仪俗紧密联系在一起。宋代已经多为椅凳，两脚垂下着地，穿褙子除坐凳椅方便舒适之外，也不会因为衣裾开衩遮护不严有损仪容。除此之外，宋代常以乘轿、乘驴骡代步，穿着褙子上下就便捷多了。再者，也与当时的审美风习和审美取向有关，褙子整体呈现出质朴自然的特点，行走之中，清风袭来，衣裾飘飘欲举，摇曳生姿。这种飘逸之美、自然之美，与上文提到的男子服饰的儒雅化审美取向也是吻合的。

宋代社会已明显表现出封建社会晚期的衰败之势，尽管历届皇帝都做过一些努力，但都没有产生力挽狂澜的作用。内忧外患使这个一直试图恢复汉唐盛世的封建王朝几度中兴又几度衰败，始终没能摆脱"积贫积弱"的不幸境遇。为了巩固统治者政权需要而产生的程朱理学，重新恢复了儒家以伦理道德作为维系社会纲常秩序的古老传统，使一度失之散乱的中原文化又得以归整。但是，"存天理，灭人欲"的主张高扬了社会文化的理性色彩，却也极大地抑制着审美主体的创造能力，使宋代的服饰在总体水平上远没能达到盛唐境界。另外，推崇古风的服饰美学思想，将宋代的服饰文化与先秦汉唐的服饰文化相联结；以自然为美的服饰时尚，更使宋代服饰美学思想与古老的天人合一哲学如出一辙。这些又从不同的角度确立了宋朝服饰在整个华夏文明中的正统地位。不仅明太祖朱元璋和帝后明言要依唐宋之制恢复服饰礼仪，就连一直与宋为敌的辽、金、元时期的最高统治者在入主中原的过程中，也从强迫汉人改服到随其自流。

多元跳跃——
第六节 辽金元男装美学

公元10世纪左右，是我国北方少数民族发展最为活跃的一个时期。从东北山林到西北大漠相贯通的漫长地域里，先后崛起了以契丹族为主的辽国、以女真族为主的金国和以蒙古族为主的奴隶主政权。这些少数民族尽管人种结构及宗教信仰不尽相同，但是以游牧为主体的落后生活方式，荒僻寒冷的地理条件，使他们在改变现状、扩展实力、向往中原文明方面都表现出惊人的相似之处。在相互兼并和向外扩张的征战中，这些少数民族又以惊人的速度，完成了从氏族部落向奴隶制、封建制社会的过渡，由建立辽、金这样具有地区意义的国家，到建立幅员辽阔、多民族共存的元王朝，中国古代社会第一次进入了由少数民族统治、多民族共存的历史时期。于是，在华夏大地上也第一次出现了伴随胜利者而来的少数民族服饰与传统的汉唐服饰相抗衡的局面，使这段历史时期的服饰习俗以及由此产生的服饰美学思想，都呈现出前所未有的新特点。

一、辽金元男装美学的基本精神

汉唐盛世将中原地区的文化推向封建社会巅峰时，少数民族不少还处在刀耕火种、衣羽皮之服的氏族公社阶段。然而，这些地区并没有沿着中原社会的发展进程亦步亦趋，而是以极快的速度，奇迹般地完成了由氏族公社向封建社会的过渡，在极短的时间内，走完了中原地区用了上千年才走完的历史。

首先，历史上与汉族及其发达地区的文化交流，是辽、金、元三个少数民族政权得以迅速确立和发展的直接原因。这三个少数民族的建国时间虽然都比较晚，但是由于地处偏僻以及生存环境恶劣，积极向外扩张以求在扩张中寻求更加适宜的生存条件的意愿却极其一致。可以说，每个少数民族建立政权之前，都经过一个漫长的征战过程。战争打破了安宁的社会环境，也打破了分割文化的地区界线，使这些地处偏远的少数民族得以接触到发达地区的文明，并将这些文明现成地拿来应用。

其次，不失时机地发展生产，是辽、金、元政权得以巩固的物质基础。原始氏族公社时期的游牧业，是以其生产的低效率为特征的。当辽、金、元少数民族接触到中原地区大面积、高效率的农业生产时，都先后实行了转牧为农的经济政策，积极鼓励农耕，同时发展手工业及贸易。

最后，以兵戎起家的北方少数民族，绝没有儒家文化中那些伦理纲常的约束和管制，原始氏族公社时期保留下来的人与人之间平等、自由关系，极有益于人的自由创造能力的发挥。然而，正是北方少数民族的原始遗风，他们那带有野蛮气息的占有欲望和开拓精神，为自身的发展提供着智慧和勇气，成为他们冲出荒漠崇山，到更广阔的天地开疆拓土的精神力量，同时，也为已经衰败了的中原古国注入了新鲜血液。

以汉族为代表的一切先进文化，为西北少数民族的社会转型提供着各种各样可借鉴的现成经验，注重经济发展、务实肯干的基本共识以及由此带来的社会财富的迅速增加，为西北少数民族政权的建立和巩固提供着可靠的物质基础，古朴纯净、宽松自由的原始民主遗风，为西北少数民族的奠基立业创造了一个充分自由的精神环境。所有这一切，既是辽、金、元少数民族政权在历史上迅速得以确立的原因，同时也决定了这一时期社会文化的多元性特点。这在当时男装服饰的质地、花色图案等方面都有所反映。

二、辽金元男子服饰的美学追求

（一）自然去雕饰：随意无束的穿着

以契丹族、女真族、蒙古族为代表的西北少数民族，虽然和汉族之间有着悠久的历史往来，但是，旷日持久的征战以及入主中原后巩固政权、恢复经济等关乎国计民生事务的处理，使这些少数民族在建国前后的很长一段时间里仍保持着本民族的生活习惯，无暇去仔细考虑服饰的全面更新问题。于是，在儒家文化积淀了上千年、"郁郁乎文哉"的中原大地上，又出现了一种边陲少数民族特有的、带有浓厚原始遗风的服饰时尚。存自然、去雕饰也成为这一时期普遍存在的服饰美学特征，和广衣博带、华冠高髻、衣冠楚楚的传统服饰风格形成分庭抗礼之势。

这种情况首先表现在头饰上。对头饰的重视是中原服饰文化的一个显著特征，犯罪之人是绝不能戴冠的，如果其罪当死，不但不能戴冠，甚至连头发也要剃掉。西北少数民族则没有这些讲究，如一般男子的发式，按契丹族的习俗要将头顶中部的头发全部剃光，只在两个鬓角或前额部分留少量余发，此发经年不剃，长可垂肩，各式各样（图1-49）。不管是契丹族的髡发，还是女真族、蒙古族的"婆焦"，都是在中原传统服饰文化中绝无仅有的新式样，可以体味氏族部落时期那种特有的粗犷放达的时代性格，以及与这种性格相适应的、喜欢自然随意的时代审美心理（图1-50）。

女真族多以游牧狩猎为生，常驰骋于鞍马，无论贵贱，多着皮靴。由于女真族原居处于北方寒冷地带，一旦到了冬天，则都穿皮毛服装，衣、裤、袜都用兽皮制成，以挡风寒的侵袭，展现出自然的质感。加之与契丹族一样，有着髡发的习俗，故其头饰除盔甲之外，多戴毛皮制作的鞑帽、貂帽等。鞑帽上有兽毛皮、雉鸡翎，层次分明，黑白相间，富有层次感和节奏感，雉翎翘然挺立，卓尔不群，透着一种凛然不可犯的英风豪气。中原服饰对头饰的重视使之在冠上的规定尤为严格，没有少数民族那样穿着肆意。

在西北少数民族的早期服饰中，没有那森严密集的贵贱等级，也没有繁缛累赘的礼规制度，它不像中原服饰那样追求外在的精装细饰，而是简朴实用、随意无束，有着北方少数民族特有的粗犷、坦直与豪放。因此，在他们的服饰打扮中，绝少拘谨与顾虑，而是在自然随意中所表现出来一种旷达、粗放的美。

（二）水乳交融：多元共存的服饰文明

西北少数民族的服饰文化在进入中原的过程中也经历了一个漫长曲折的过程。出于粗犷豪爽的性格以及占领者急于求成的复杂心理，女真族和蒙古族都曾尝试通过武力的方式强行使汉族改服，但是都没能取得预期的社会效果，最终还是根据当时的民族分布以及政治、经济、文化的不同采取了相应的变革措施。形成了一条从辽至元一以贯之的包括服饰在内的社会审美心理发展过程：从文野共存，到水乳交融。

图 1-49　契丹男人的"髡发"（传宋人《还猎图》局部）

图 1-50　脑后夹带的发饰形象（五代·胡瓖所作《卓歇图》局部）

1.辽代的南官北官两种服制

"会同中，太后、北面臣僚国服；皇帝、南面臣僚汉服。乾亨以后，大礼虽北面三品以上亦用汉服；重熙以后，大礼并汉服矣。常朝仍遵会同之制。"辽代朝服以契丹服和汉服呈"分庭抗礼"之势，武官的契丹服分公服、常服两种。公服称"展裹"，常服称"盘裹"。外表式样没什么明显不同，只是后者比前者更紧身一点。武官的汉服，也分朝服和常服，常服又称"穿执"，早期采用五代时期的服饰，中后期则用宋制。此外，还表现在束衣的腰带上，文武官员穿汉服时多束双带扣单铊尾或双带扣双铊尾腰带，着契丹服时则束鞡鞢带。辽朝"分庭抗礼"的服饰审美文化现象也反映了少数民族服饰审美文化的"汉化"进程（图1-51、图1-52）。

图 1-51　1986 年通辽市奈曼旗青龙山镇辽陈国公主墓出土鞡鞢带
图片来源：《高延青·内蒙古珍宝——内蒙古自治区精品文物图鉴》

2.衣冠服饰的尚文趋势

金代的衣冠服饰审美文化，体现了金代统治阶级"崇尚文治"或曰"尚文"的趋向。金人刚占据燕地的时候，效法辽国，也采用女真族之北官和汉族之南官两种服制。入黄河流域后，衣冠锦绣一改过去的质朴、疏简状态。在祭祀、加尊号、受册等诸典礼中，都遵汉族礼制，着汉族衣冠服饰。

金代衣冠服饰审美文化现象形态中的冕服，对十二章纹的数量，都有各自不同的具体规定，把周之十二章纹中的"宗彝"分为"虎"和"蜼"，将"粉米"分为"粉"和"米"，实质上已经不是"十二章纹"，而是"十四章纹"。章纹所缀饰的位置，也有很大的出入：既有缀饰于"衮衣"正面，也有缀饰在背面的，还有缀饰于"衮裳"和"蔽膝"上的。另外，金

图1-52　1993年河北省宣化下八里10号张匡正墓出土壁画《门吏图》，束双铊尾腰带

人在"衮服"所绘章纹的"五彩间金"里面加入了"金色"。以上对冕服十二章纹所做的变动，都加入了金人自己创制的意向和意志。

再者，在金代百官冠帽的冠饰中，对"簪笔"定制颇详：正一品为"貂鼠立笔"，正二品至正四品皆"银立笔"。另于佩带中，"八品以下……皆佩书袋"。这种"崇尚文治"乃至"崇尚文化"的思想意识，对于马背上得天下的金代贵族来说，不能不说是具有一定的开放意识和进步倾向的。

3.两族文化的交汇融合

一如前述，辽代的皇帝和汉臣着契丹族衣冠服饰的那种"分庭抗礼"式的"汉化"，一开始虽被效法，但在金代已不复存在，金代不仅皇帝和汉臣，连皇后和金臣均着汉服，这种"汉化"显然比辽代的"汉化"深入彻底得多。

以武为尊的少数民族也受到汉族文化的影响，元代贵族服饰上的龙纹图案很普遍，像皇帝祭等重大活动时所穿用的衮服、蔽膝、革带、玉簪上都饰有各种龙纹，仅衮服一件，前后就绘有八条龙，领袖衣边上的小龙还不记在内。除服饰上大量使用龙纹图案，在其他生活器具上也广泛使用，如在门帘上织有"销金云龙"，在旗帜上绣有"升龙"。龙是华夏民族的象征，冕服则属于汉民族历代帝王的标志性服装，这都反映了西北少数民族的服饰审美重心的转移。随着政权的巩固，蒙古统治者对汉文化的政策也日益宽松，为蒙汉两族服饰文化的交汇融合提供了更多的机会。

西北少数民族的服饰与中原汉族的传统服饰在经过一段共存之后，终于在追求服饰美这一点上找到了共识，并迅速地向你中有我、我中有你、水乳交融、唯美是从的方向发展。残余的原始遗风与高度成熟的封建文化相重叠，来自塞外大漠的生活习俗与温文尔雅的儒家思想相渗透，粗放豪爽的美与精雕细刻的美之间的同存与共荣，在人们深层文化心理结构中形成了一种以兼收并蓄为主旨的审美价值标准，并成为元代服饰美学思想的主流。

（三）同心同德：兼备民族性和实用性

1.民族常服的实用性

西北少数民族常年征战讨伐，有着强大的军队作战力量。而少数民族以游牧狩猎为主，男子多善于骑射，惯于征战，戎服也成为男服作为日常穿着，十分注重功能性。例如，蒙古族服饰中，有一种被蒙古语称为"襻子答忽"的"比肩"，又称"搭护"。这是一种皮衣，有表有里而形制较马褂为长，颇类半袖衫。此外还有"比甲"，这是一种前有衣裳无衽，也无领、无袖，后面倍长于前，而用两襻结之的蒙古族服式，便于骑射，元时颇为时兴。

少数民族的服饰包括军戎服饰审美文化，均十分注重着装整体表现出来的实用性、民族性和审美性等特征，以及它们相互联系、渗透和补充的综合特征，大多少数民族服饰既袭汉族制而又兼存其本族制。

所谓实用性是多方面的。例如，"戴交角幞头、凤翅幞头时，身上所服缺胯袍、辫线袄两种袍服外要系纱抱肚、捍腰、足穿靴"这种整体装束，多用于仪卫。因宋时"戴交角幞头、凤翅幞头"这样装饰性较强的幞头，多为仪卫所戴。这类装束并不穿甲胄，不是沙场鏖战所穿着的装束。又如，"穿短后衣时，束抱肚、胫甲和臂甲"等，是临战装束。"戴兜鍪或毡笠时，身穿裲裆甲"有民族性结合的特点，充分表现了元代军戎服饰审美文化所具有的审美性及其审美特征。

2.质孙服的同乐精神

质孙服本为戎服，即便于乘骑活动。在元代，上至天子，下包括武官及仪卫在内的百官，内庭礼宴皆得着之。质孙服汉语译作"一色服""一色衣"，明代称为曳撒的一种衣式。形制为上衣下裳，衣式较紧窄，下裳较短，腰间作无数襞积，肩背间贯以大珠，是元代内廷大宴之礼服。

蒙古族的质孙服是以"同""乐"精神作为基础，作为元朝的天子和臣民，犹如"天下一家人"一般都着"质孙"，作为服饰审美文化现象形态，表现了高度的和谐。"服色"以及

"质孙"与其相配的"帽冠"服色、质料的统一，都体现了高度的和谐之美，包含了少数民族"同心同德"的审美意蕴。而服"质孙"赴"质孙宴"本身便是参加并接受"礼乐"文化，使得元代统治阶级及其最高统治者获得他们在百官之中的无上尊严与威武的同时也获得了他们与百官之间的相互亲善与和顺（图1-53、图1-54）。

辽、金、元三个少数民族政权在中国历史上存在300余年，其服饰风格以及与之相适应的服饰美学思想，都对中原地区的汉族产生了巨大影响。明太祖朱元璋登基伊始，便迫不及待地下诏禁止"胡服"，从一个侧面反映了西北少数民族服饰与汉族服饰交融的普遍与深入人心。

然而，和汉民族几千年的服饰文化比较，西北少数民族的服饰文化不管是从时间上还是从内容上都远没有达到足以和汉族服饰文化相抗衡的程度。所以，即使是在武装占领中原之后，西北少数民族仍然无法抵御博大丰厚的汉族服饰文化对本民族服饰文化产生的巨大消融作用。当江山易主、改朝换代之后，他们的服饰时尚以及与之相适应的服饰美学追求便很快淹没在历史的风烟之中。

图1-53　元世祖忽必烈像着交领一色质孙

图 1-54　拖雷之子与元太宗窝阔台均着质孙

新旧交替——
第七节 明代男装美学

　　明代属于中国古代社会的转型时期。一方面，推翻元朝统治的朱氏政治集团提出了上采周汉，下取唐宋的治国方针，试图将自宋以后日益走下坡路的中国封建社会重新振兴起来，并为达到这一目的采取了一系列巩固政权、促进生产的措施；另一方面，随着生产水平的不断提高，以农业为主体的经济格局逐渐被打破，工商业人口不断增加，新型工业大量涌现，各种类型的手工业作坊越来越多，以出卖手工技术为主的市民阶层，也由无到有，改变着明代社会的阶级结构，开始对封建正统意识，从程朱理学到当时一度盛行的复古主义提出了怀疑和批评，并且在美学领域里提出了与传统审美观念不同的新观点和新思想。新旧两种社会力量、两种审美倾向的矛盾，直接影响人们服饰美学思想的形成与发展，新兴的纺织与手工技术又以其前所未有的工艺水平，创造性地将各种服饰思想加以实践，使宫廷贵族以及平民百姓的服饰在材料质量、工艺技术、装饰花色等方面都有了很大提高，使得以汉族为主体的华夏服饰文化再度呈现辉煌。

一、明代男装美学的基本精神

明代统一中国后，统治者为了显示自己的正统地位，在社会上一洗胡元遗习，恢复一度衰落的儒家文化，提出了在社会上全面复古的主张。由于蒙古族入主中原与宋王朝的软弱无力有着直接关系，因而明王朝把复古效法的目光主要集中在汉、唐两个时期，把复古与兴国紧密联系了起来。

明王朝用了大约30年的时间制定服饰制度，涉及文武官员的祭服、朝服、公服。与此同时，一些服饰忌讳也纷纷出现，如不许官吏庶民服用印有蟒龙、飞鱼、斗牛图案的衣裳，不许用黑色、绯色和紫色等。明代统治者如此精心地修整服饰制度，其根本目的是恢复封建伦理秩序和等级观念，巩固自身的正统地位。然而，如此严格讲究的服饰要求，尽管限定了人们在穿衣戴帽时的选择自由，却也给服饰制作时的选材用料、着色点缀、尺寸搭配等具体的工艺流程提出了要求，对提高明代服饰的整体工艺水平具有举足轻重的促进作用。与此同时，明代的棉织业和丝织业都有很大发展，最突出表现是种植面积的扩大和生产工具的改进。棉纺水平和丝织水平的提高，为满足社会各阶层的服饰需要提供了坚实雄厚的物质基础；提花技术的普遍运用，为明代社会各阶层美化服饰起了锦上添花的作用。

随着商品经济的发展，市民阶层也在不断扩大和活跃，社会生活风尚和爱好也发生着明显变化。这一切反映到服饰领域，便出现了"禁令松弛，鲜艳华丽之服，遍及黎庶"的普遍现象。到了明朝末期，当年官府制定的那些不厌其详且壁垒森严的各种服饰制度，在一些地区早已变得形同虚设。

二、明代男子服饰的美学追求

（一）内外之别：大臣服饰的严格规定

1.文武百官服饰品类

明代对朝服规定十分严格，非重要场合连皇帝也不能穿用冕服，皇太子以下官职不置冕服。文武官朝服在大祀、庆成、正旦、圣节等场合都用梁冠、赤罗衣，以梁冠上的梁数区别品位高低，嘉靖八年时规定百官正旦朝贺时不准穿朱履。在皇帝亲祀郊庙、社稷，文武官陪祭穿祭服，不同品级的官员规定也不同。凡常朝大臣们视事穿常服，明初常服与公服都是乌纱帽、团领衫、束带。

明代文武官还有一种特殊的燕服，品官燕服为忠静冠，是参照古时玄端服的制度而定的。忠静之名勉励百官进思尽忠，退思补过，同时有通过服装来强化意识形态的作用。忠静冠冠框用乌纱包裱，两山具列于后，冠顶仍方中微起，三梁各压以金线，冠边用金片包镶，四品以下用浅色丝线压边，不用金边。衣服款式仿古玄端服，古制玄端取端正之意，正裁，色用玄，上衣与下裳分开，明代用深青色纻丝或纱、罗制作。深衣用玉色，素带，素履，白靴。凡在京七品以上官及八品以上翰林院、国子监、行人司，在外方面官及各府堂官、州县正堂、儒学教官及都督以上武官可以穿着。

明朝只有皇帝和其亲属可穿五爪龙纹衣服，明后期有的重臣权贵也穿五爪龙衣，称为"蟒龙"。蟒服、飞鱼服、斗牛服这三种服装的纹饰，与皇帝所穿的龙衮服相似，但是不在品官服饰制度之内，而是明朝内使监宦官、宰辅蒙恩特商的赐福，获得这类赐福被认为是极大的荣宠（图1-55~图1-57）。

2.内臣服饰的独特之处

太祖初制定了内官的常服纱帽，和群臣都不同，也不许带朝冠、公服及祭服等。自后权珰（宦官）用事，则与外臣相同，也用梁冠。初期内使监乌纱描金曲脚帽，常服葵花胸背圆领衫、乌角带。没有品阶穿的圆领衫是没有胸背花的，15岁以下戴乌纱小顶帽。

近侍都穿红贴里、缀本等补子，其他则穿青贴里。自魏忠贤开始，在蟒贴里还加了膝襕（膝里加襕），下又加一蟒襕，即叫作三襕贴里，两袖上各加二条蟒襕。内臣穿的衣服，贴里、圆领之类穿在外表，里面再穿衬道袍，再里面则穿浆布为白领圈的缀领道袍，因不许外露脖领，所以再衬以袄或短褡。

图1-55 明孔子六十二代衍圣公孔闻韶像，穿四爪蟒袍

图1-56 穿五爪蟒袍的明李贞像

（二）复古风潮：古雅之风与精美工艺并存

明代社会的过渡性质，对服饰时尚以及与此相适应的服饰美学思想都产生了深刻影响。

图 1-57　五爪蟒袍

迎合统治者需要的复古主义思潮，使明代社会的审美重心在很长一段时间里都沉浸在对古代文化的眷恋之中，试图在深沉的历史遗迹里找寻到足够的精神寄托。一度在明代社会出现的，不是汉唐盛世时期的精神解放以及与此相适应的服饰文化的繁荣，而是商周时期森严的伦理道德规范和贵贱等级制度，以及围绕着伦理规范和等级制度展开的众多服饰礼规讲究。在这样的社会条件下，服饰的生产以及使用不是依照人们的爱美之心，而是必须依照统治者事先划定的种种礼规去进行，成为别贵贱、显等威的重要标志。

但是，明代的社会生产力水平却不能倒转，先进的服饰制作工艺，不但在服饰领域将统治者所欣赏的古雅遗风复现得活灵活现，而且将这些本应体现某种理性的服饰，通过精美卓越的工艺制造而变得艺术化了。于是，服饰上的复古主义与先进的制造水平相结合，繁缛的服饰礼规与精美的加工工艺相结合，便形成了明代社会中前期服饰的古雅之风与精美工艺并行的美学境界。

1.繁缛礼规的复古之风

明代服饰的古雅之风主要反映在礼服制度的繁缛等级上，明代男子的服装又恢复了传统特色，以袍衫为时尚。皇帝的冕服仍保持上衣下裳、上黑下红的古制，其他如衣裳上的十二章纹、革带、蔽膝、玉佩、金舄等一应俱全，而且是独一无二，绝不能有半点马虎，以显示皇权的至高无上。洪武三年定文武官服饰凡常朝视事用乌纱帽，团领衫束带。一品用玉带；二品花犀；三品金钑花；四品素金；五品银钑花；六品、七品素银；八品、九品乌角；公、侯、伯、驸马与一品同（图1-58、图1-59）。

文武官员最有特色的是用"补子"表示品级。补子是一块40～50厘米见方的绸料，织绣上不同纹样，再缝缀到官服上，胸背各一。文官的补子纹样用禽鸟，武官用走兽，各分九等。如文官自一品以下，依次用仙鹤、锦鸡、孔雀、云雁、白鹇、鹭鸶、鸂鶒、黄鹂、鹌鹑，杂职练雀（图1-60）；武官一品、二品狮子，三品、四品虎豹，五品熊罴，六品、七品彪，八品犀牛，九品海马（图1-61）。平常穿的圆领袍衫则凭衣服长短和袖子大小区分身份，长大者为尊。明代"补服"的服色所体现的等级制度功能，已不似唐宋时期官服色彩那样成为职官等秩的最重要乃至唯一的标志（图1-62）。就图案而言，是审美形态与文化形态、形式美因素与内容美因素的结合。

繁缛细腻的服饰礼规，使明代的服饰在一段历史时期内表现出极强的整齐划一的特点。尽管这种整齐划一的形式美包含的是起始于商周的古老文化，在内容和形式的统一中从总体上表现出一种古老而又典雅的服饰美学效果。

2.图案纹样的意象化

古雅之风与精美工艺共存的特点也反映在服装图案花型从实物型向理念型的转化上，随

图 1-58 《历代帝皇像》中的明英宗像,穿十二团龙十二章衮服,脚穿粉底靴

左右相同

男图一

图 1-59 《历代帝王像》中的明宪宗像(戴翼善冠,着团龙及十二章纹服饰,按
      此制虽有十二章纹,但不是衮冕服,大抵是在常服的基础上加以十二章
      等用作为次于衮冕服而高于常服的一种礼服)

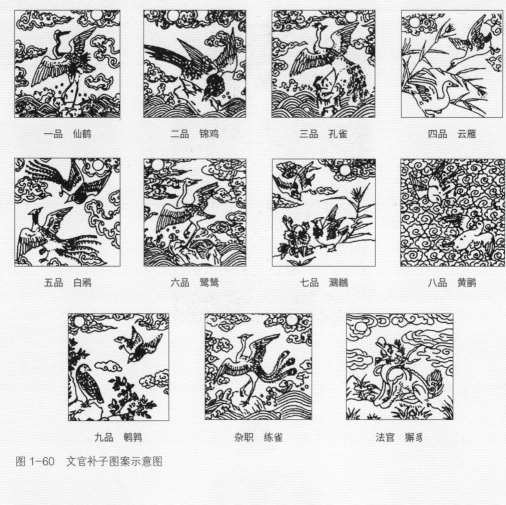

一品 仙鹤　　二品 锦鸡　　三品 孔雀　　四品 云雁

五品 白鹇　　六品 鹭鸶　　七品 鸂鶒　　八品 黄鹂

九品 鹌鹑　　杂职 练雀　　法官 獬豸

图 1-60　文官补子图案示意图

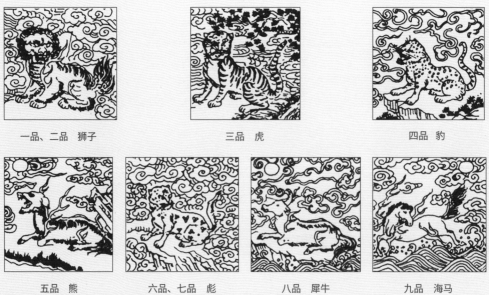

一品、二品 狮子　　三品 虎　　四品 豹

五品 熊　　六品、七品 彪　　八品 犀牛　　九品 海马

图 1-61　武官补子图案示意图

图 1-62　明代戴乌纱帽，穿补服的官员写真像

着生产力的发展和社会的进步，这种直接依照自然情况来确定服装颜色和纹样的原始模仿在逐渐消失，反映人们对自然的理解带有更多主观倾向的颜色和纹样，伴随着纺织工艺水平的不断提高而日益成为人们美化服装的主要选择。

其中，"补子"图案中的具体图像，是体现皇室贵戚、勋爵职官的爵位品秩的最富审美形态和文化形态的最具体、最分明和最形象的标志。那么，为什么要采取禽、兽来作为"文补"和"武补"的图像呢？"文补"图案采用禽的图像，是要运用那些禽的羽翼翎毛等来象征文臣的才藻。"文补"图案中的禽，如锦鸡、孔雀、云雀乃至鹌鹑、黄鹂等，其羽翼翎毛大多是文采斑斓、斐然炫目的；而"武补"图案采用兽的图像，是要运用那些兽的体态脾性的"威武"来比喻武僚的威武勇猛。"武补"图案的兽如狮子、虎、豹乃至熊罴、犀牛等，其体态脾性，显然均是威武勇猛、矫健伟硕的。

再如龙的形象就经历了从简单到复杂、从写实到写意的过程，逐渐向综合化方面发展，象征皇权的威龙形象完全艺术化了。

（三）以人为本：个性解放的违禁现象

1.思想解放带来的服饰违禁现象

随着商品经济的发展，工匠制度和赋役制度的改变，中国封建社会内部开始出现了资本主义萌芽。明中叶以后的工匠以银代役，农村实行的徭役部分并入田赋，大幅减轻了劳动者对土地的依赖。人身自由增大，有了出卖劳动力的可能。城市手工业的繁荣，商品经济的发展，又给这些获得人身自由的农民提供着新的生产机会，使他们成为市民阶层的新成员。这一切，改变着明代社会的生产关系，也对人们的价值观念、审美标准，特别是获得劳动自由以后对自身价值的重新确认，都起到了重要的影响作用。明中叶以后所出现的思想解放思潮，作为心学学派奠基人的王阳明最先站在"最纯粹的唯我主义"立场上，将人推到了宇宙主宰的至高境地，客观上起着弘扬个性、贬抑天理的积极作用。各思想家将人性提到了一个前所未有的新高度，以人为中心的思想解放运动具有非常积极的推动作用。

这种对传统的叛逆精神，在明中叶以后也明显地表现在服饰领域。由最高统治者亲自过问拟订的服制礼规尽管仍然在社会上具有神圣的地位，但咄咄逼人的威势早已经在人们心目中降低了地位。代之而来的是自上而下、带有极大个性解放色彩的服饰违禁现象。一些家道殷实的商贾或小手工业主，在具备了以前只有达官显宦才可能拥有的万贯家财之后，不但拥有了在穿戴上的经济实力，同时也拥有了冲破服饰陈规的勇气和胆识。对自身价值的一种大胆肯定，按人的身体条件、按个人的爱美之心设计选择服装的新时尚也势必会在社会生活的广大空间内得以孕育和萌生。

2.随心设计的多样帽子类型

这种服饰向人生成的情况首先表现在明代男士冠和巾的佩戴上，明代最流行的是瓜皮帽，称为六合一统帽或小帽，是用六块罗帛缝拼，六瓣合缝，下有帽檐，当时南方百姓冬天都戴它。另外，还有烟墩帽、边鼓帽、瓦楞帽、夅檐帽、鞑帽等，多简约而适用。此外，中国古代历来重视头部的装饰。然而，在明代民间更为流行的众多帽式并没有官方的认可，而是百姓们根据自己的需要和喜好，自行设计制作出来的。图1-63为明益庄王墓出土，图1-63（a）戴红黑高帽，亦彩毡笠；图1-63（b）为平顶巾，或缣巾；图1-63（c）为圆顶巾。图1-64为明代出土的各类巾幅。其中，①为六辫六合帽；②为卷檐毡帽；③④⑤为毡帽；⑥⑦为刚叉帽；⑧⑨⑩⑪为棕结草帽；⑫为遮阳大帽。

上述提及规定的补子纹样，到了明代中期及后期，也有不遵循其制度的。唯文职官员尚能遵行，如武职品官，初尚服虎豹补子，后则补子概用狮子，也不加以禁止；锦衣卫至指挥、佥事而上亦有服用麒麟补子者，得衣麒麟服色，嘉靖间仍之。此外，尚有葫芦、灯景、艾虎、鹊桥、菊花、阳生等补子，乃是在品服之外的一种补子，是随时依景而任意为之。

（四）世俗化：时代审美趣尚

"大袖衣"别称"海青"，因衣袖宽博如海东青伸展其翅得名，在明代为广大庶民所服用。士庶男子还有一种便服为"贴里"，或用圆领，或用交领，两袖宽博，下长过膝。腰部以下折有细裥，形如女裙，尊卑皆可着之。这种广袖之衣的宽博以及贴里，与明代市民阶层处于资本主义萌芽状态的那种摆脱封建礼教桎梏的喜尚通脱、随便和宽松的心情是相吻合的。

辫线袄圆领、紧袖、下摆宽大，折有密裥，另在腰部缝以辫线制成的围腰，有的还钉有纽扣（图1-65）。

此外，明代"阳明衣"和"程子衣"的广泛流行体现了服饰审美文化的时代审美趣尚，是儒雅化走向世俗化的典型代表。"阳明衣"制为袍式，腰部以下施裥十二。"程子衣"也作"陈子衣"，士庶燕居之服，以纱罗绉丝为之，大襟宽袖，下长过膝，腰间以一道横线分为两截，取上衣下裳之意。流行于明代初期，礼见宴会，均可穿着。后因嫌其过于简便，乃以曳撒代之。和宋代相比其主要作用已不是服膺其学说、钦仰其风采，而是由于"程子衣"的形制宽博、适体便事，合于明代士庶通脱、随便和宽松的审美趣味和审美心态。"世俗化"的服饰审美文化趣尚，是一种对于通脱之美、随便之美和宽松之美的认同、欣赏和追求（图1-66）。

作为社会转型期的明代服饰，既有承接前代、唯恐不及的一面，也有冲破束缚、大胆创新的一面。矛盾、斗争、发展构成了明代服饰美学思想的显著特征。由于新的生产关系的出

（a）　　　　　　　　（b）　　　　　　　　（c）

图 1-63　明益庄王墓出土

①　　　　　　　　②　　　　　　　　③

④　　　　　　　　⑤　　　　　　　　⑥

⑦　　　　　　　　⑧　　　　　　　　⑨

⑩　　　　　　　　⑪　　　　　　　　⑫

图 1-64　明代出土各类巾帽

现，这些矛盾和斗争又和前代发生过的诸如"胡服骑射""文帝改制"等帝王之举有着根本不同。随着人性的觉醒，明代服饰已经开始改变那种"依礼"发展，将伦理道德作为评价服饰美丑标准的古老做法，而将人的聪明才智、人工的技巧水平等方面作为服饰美学思想的基本内容，进而使服饰在款式、色彩、纹样上都更加朝着体现人的本质力量这一高水平的美学境界迈进着。

图 1-65　明宪宗穿辫线袄（明人绘《明宪宗元宵行乐图》局部

图 1-66　程子衣（衣式与飞鱼服同，纹样织绣在肩、背、胸前后，下裙膝下作横襕，唯戴短檐有顶帽，帽顶有顶珠，是沿袭元代帽式而演变之）

务实风尚——
第八节 清代男装美学

清代是我国最后一个封建王朝，也是继元代以后第二个由少数民族统治的统一国家。由于满族长期的游牧生活，其服饰时尚与以定居农耕为主要生活方式的汉族服饰颇具差异；加之在南下入关的长期征战中，这种短捷利索、便于骑射的服饰也确实具有一定的优越性。因而，满族最高统治者一直对自己的民族服饰有着特殊的理解——不仅看成是祖上的遗存，同时也视为自己之所以能屡战不败、得以开疆扩土、奠基立业的一个重要方面。入关前后，满族统治者始终把汉族中改服易制作为巩固政权、降服民心的大事，采取了一系列硬性措施强制推行。时间之久，手段之残酷都是空前的。随着满族服饰的逐渐推广，与之相适应的服饰审美观念也冲击或取代着原来占据统治地位的传统服饰观念，使得在中原地区保持了千余年的封建服饰观念再次面临严峻挑战。

一、清代男装美学的基本精神

清朝和明朝比较，同属于封建地主政权，但又有不同之处，清朝的统治机构和统治政策带有浓厚的民族政权的性质，这一点在清初表现得尤为突出。清政府不仅对汉民族实行阶级压迫，同时也实行残酷的民族压迫。这一点在清军入关前后对汉族实施的服饰政策上就表现得十分典型。剃发易服的严厉措施就反映了统治者平定天下的急切心情和灭绝汉族服饰文化的勃勃野心，带有鲜明的民族压迫性质，激起了汉族的广泛不满。

对以军事力量见长的清朝统治者来说，保持自己的民族服饰习俗，不单单是具有区别朝代的政治意义，还具有强兵利国的军事意义。这种近乎极端的服饰观点，一方面使得清代服饰，尤其是男子的服饰，在相当长的时间内严格地保持着民族传统的主导地位，形成了中国古代服饰文化中最具特征的一个时期；另一方面，这种服饰观点又具有极强的排他性，尽管从开始的"剃发令"到稍后的"十从十不从"，对汉族的服饰习俗稍有些宽容，但从总体上看，清朝统治者始终视为正宗的是自己的民族服饰，而对汉族以及鸦片战争后流入中国的一些西方服饰抱着一种"用则取、不用则弃"的实用主义态度。

此外，在清朝高压与笼络兼施的文化政策下，启蒙思想的倡导者失去了敏锐的批判锋芒，把注意力转移到故纸堆中，一切以孔孟之旨为宗，学问唯考证独盛。清代整个社会文化冻结在对历史的反思与考证之中，与此同时，他们也奠定了一代无证不信、实事求是的务实风尚。由于这种风尚与清朝少数民族朴素的文化根底相适应，所以很快便从学术界影响到思想界、艺术界以及社会生活的各个方面，积淀为清一代服饰美学思想的主要内容。

二、清代男子服饰的美学追求

（一）实用美观：实用功能与审美功能的统一

袍、褂是清代士庶男子的主要礼服。与汉民族的宽袍大衫不同，清代男子的袍褂总体上以紧窄著称，袖长至手，袍长至足，便于行走活动，一般长袍都要开衩，官吏士庶开两衩，皇族贵戚开四衩。这里尽管显示着等级贵贱，但是开衩之袍更有便于行走的实用性。开衩大袍也叫"箭衣"，袖口有突出于外的"箭袖"，因形似马蹄俗称为"马蹄袖"（图1-67）。其形源于北方恶劣天气中避寒所用，不影响狩猎射箭，不太冷时还可卷上，便于行动。进关后，袖口放下是行礼前必需的工作，名为"打哇哈"，行礼后再卷起。马蹄袖是清代服装最有特征的一种装饰，别致而且精巧，上自皇帝，下至百官，除了外罩或出行的衣服上不用，其余服装上都装有这种袖子，不仅有装饰作用，更具有实用性。

穿在袍外面的衣服称为褂，也是一种既实用又美观的大众化服装。褂长不过腰，袖及肘，短衣短袖便于骑马，所以也称为"马褂"。和历史上汉族的袍衫比较，马褂的襟袖则要短小得多，制作工艺简单，穿着起来也很方便。加之马褂前襟都用扣子，免去了袍衫用腰带束扎的累赘，不但前襟平整，增加了服装的美感，更加便于活动（图1-68）。

满族人民将这些与本民族以实用为特征的服饰款式交相融合，形成了集实用和审美于一身的服饰风格。从中华民族服饰发展的历史过程来看，这既是一种升华，也是一种完善，标志着中国古代的服饰美学思想已经超越了在实用与审美之间徘徊选择的阶段，进入一个更加成熟的历史时期。

（二）继承革新：满汉服饰的文化交融

尽管清太宗皇帝曾联系满族的创业历史，谆谆告诫群臣要牢记民族服装与安邦定国的紧密关系。各地都在以血腥的手段强行在汉族中剃发易服。但是，定都北京以后，面对瑰丽辉煌、丰厚无比的汉族服饰文化，一些精通汉文化的文臣武将，却在一次次地劝谏皇帝服汉族服饰。

1.官帽：在继承和革新中发展

清代官帽与前朝截然不同，凡军士、差役以上军政人员都戴似斗笠而小的纬帽，按冬夏季节有暖帽、凉帽之分。顶珠和翎枝，是清代礼冠上的必备之物，既是一种装饰，也是一种辨别官阶的标志。清代男子的礼冠分别有两种样式：暖帽是用皮或呢绒等较厚材料做成，一般为圆形，周围有一圈朝上翻卷的檐边，多染成黑色，帽子顶部还装有红色的帽纬（图1-69）。二是形如圆锥喇叭的凉帽，帽体以竹、藤、麦秸编织成形，外面再罩上白色、湖色或黄色的绫罗，边缘再用石青色织金相沿（图1-70）。

在暖帽和凉帽的顶部都装有顶珠，即"顶子"。顶珠的形状不大，其颜色和材料却极有讲究，不许乱用，视品级高低安上不同颜色、质料的"顶子"，如一品红宝石，二品红珊瑚，三品蓝宝石，四品青金石，五品水晶石，六品砗磲，七品素金，八品、九品金顶无饰。帽后拖一束孔雀翎。翎称花翎，高级的翎上有"眼"（羽毛上的圆斑），并有单眼、双眼、三眼之别，眼多者为贵，只有亲王或功勋卓著的大臣才被赏戴。清代流行于官府的冠帽尽管在制作、用料、形状样式等诸多方面保持着民族传统，顶戴花翎甚至已经成为清代官职的代名词，但是，从那森严的等级界线以及个别部件的选用与装配上，还是明显地保留了前朝遗制（图1-71）。

2.龙袍：满汉交融的典型代表服饰

在众多服饰中，最能表现满汉服饰文化交融的要算是清代的皇权象征——龙袍。龙，是汉族中最有代表性的图腾之一，古代帝王们在服装上绣织龙的图案可以说是由来已久，而将龙袍作为皇帝的专用服装并列入服饰制度是清代的事。作为皇权象征的龙袍既具有满族服饰

图 1-67　清乾隆常服袍箭袖

图 1-68　清文官补服褂

图 1-69　清高宗夏朝冠

图 1-70　凉帽

图 1-71　暖帽

的特点，又明显吸收了历史上汉族服饰文化的精华，是典型的满汉服饰美学思想的结合体。例如，龙袍的大襟右衽，明黄底色，与九五之尊相映衬的九条金龙，显然都取自汉族久远的服饰文化；圆领、马蹄袖，襟长不过足等则是满族服饰中最有代表性的形式。从龙袍中我们就能透视到清代那种以满汉服饰文化融合为特征的社会审美心理。

虽然统治者一再强调保持民族服装特点与安邦定国的重要关系，但是借鉴汉族历史上遗留下来的服饰传统中有用的东西，以迅速弥补本民族服饰文化中的诸多不足，不仅有助于缓解民族矛盾，也有利于巩固和发展清朝政权在中原地区的正统地位。如今，统治者借鉴中原服饰文化的功利目的早已成为历史尘埃，但是在这种借鉴与交融中形成的旗袍等具有多种民族服饰文化特征的服饰，却以其熠熠生辉的美学特征，长久地保留在中华民族服饰宝库之中（图1-72~图1-74）。

图1-72　穿箭衣、补服、佩披领、挂朝珠、戴暖帽、蹬朝靴的官吏（清《关天培写真像》）

图 1-73　清乾隆皇帝明黄缎地五彩绣云蝠十二章金龙龙袍

（三）返璞归真：服饰及其纹样的自然审美倾向

1.服饰的自然美趣尚

清代是一个由不发达民族统治的封建帝国，曾经的生活方式使得这一民族在社会生活的各个方面都比中原地区更多地表现出对大自然的依赖性。因此，这一时期表现在服饰上的自然美既具有与中原其他民族相通的一面，也表现出对自然美的独到理解，形成了清代服饰返璞归真的审美风格。

清代服装十分注重运用自然界的事物或景物来装饰，皇帝龙袍上的九条绣龙活灵活现，分布于四周的山、水、祥云之间，俨然就是宇宙自然的一个缩影。清代继承了明代文禽武兽的补子图案以及上文提到的官员所戴官帽的花翎，都表露着当时人们在服饰上追求返璞归真的审美时尚。另外，民间服饰崇尚自然美的倾向也很普遍。

不分男女贵贱都喜欢使用"衣边出锋"，将里边穿的皮衣毛边露于衣服边缘以作装饰。清代流行的对襟马褂，初尚天青色，至乾隆中期流行玫瑰紫，到晚期流行福文襄公福康安所

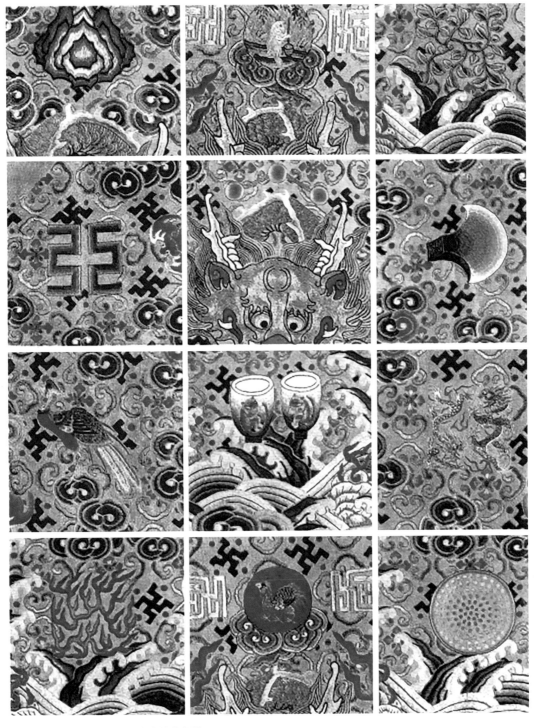

图 1-74 清道光刺绣十二章龙袍纹样特写

穿的深绛色。嘉庆时期，流行香色、浅灰色，夏天则流行棕色纱制的马褂。马褂至咸丰、同治年间，流行蓝、驼、酱、油绿、米色等。至清末光绪、宣统时，用宝蓝、天青、库灰色铁线纱、呢、缎等做短到脐部以上的马褂，在南方尤为风行，甚至用大红色。面料一般用二则、四则、六则团花，或折枝大花、整枝大花、大团素、喜字等纹样的暗花缎、暗花宁绸、漳绒、漳缎等。

在纹样上，清代服色除了明黄、金黄不能用之外，其他如天青、玫瑰紫、深绛色、泥金、高粱红、樱桃红、浅灰、棕色等，都是人们喜欢用的颜色，这类普遍流行的色彩都显露出自然纯真的样貌。

2.吉祥图案的审美文化意蕴

"吉祥图案"作为服饰审美文化的一部分，自元代以后在民间广泛流行，至明清更是随处可见，吉祥图案极为丰富，其吉祥寓意及其审美蕴涵也极其丰富、广泛，并将应用的重心从建筑及日用器物，挪到织物以及衣帽鞋履等服饰审美文化形态方面，成为一种蔚为风气的民俗现象。

清代早期多用暗蟒、拱璧、汉瓦当纹，富贵不断、江山万代、福字、禄字、寿字、大洋莲、团花、团鹤、万字莲、八结、八宝、瓶戟、宝剑、钹、书卷、蝙蝠、卐字、如意、牛角、云板、花篮、竹筒、葫芦等图案以及暗八仙（即八仙手中所执之物件）。也有将卐字与蝙蝠、卐字与八吉等合成一纹饰者。光绪改团花为六合同春，亦以鹤、鹿、松枝等为团花，都取其含有吉祥、平安、福寿富贵的用意。

到后期多用接近于写实的纹样，如寿桃、云鹤、喜鹊、牡丹、佛手、蝴蝶、梅兰竹菊、缠枝花、折枝花、石榴、宋代的宝相华、明代的灯笼锦等，甚至山水、亭榭楼阁、风景、仕女人物等，越到后期越趋向于写实。除了以一些植物来表现崇高气节、峻洁人品以及生性贞静坚韧、亭亭玉立等高尚品格之外，更与清代人们的自然社会生活条件或生存环境休戚相关。

（四）两极分化：男子服饰的阶级性和近代性

1.马褂的近现代款式

清代男子服饰审美文化在急剧嬗变过程中，呈现出满族服饰审美文化的鲜明个性特征。清代一般男子服饰在长衣袍衫之外，上身都加穿一件马褂，马褂较外褂短，长仅及于脐，康熙后、雍正时穿的人日益增多。马褂有长袖、短袖、宽袖、窄袖、对襟、大襟、琵琶襟诸式，它的袖口是平的，不作马蹄袖，在形制上很接近西方、近现代款式。马褂在嘉庆间往往用如意头镶襜，到咸丰、同治间又作大镶大襜，到光绪、宣统间尤其在南方把它减短到脐部以上。满族人有用马褂做成背心式，即其两袖用异色料为之者。其中有一种翻毛皮马褂，即将毛露在外表的一种马褂，开始于乾隆年间，初则尚极稀少而奇异，到嘉庆间在冬季则无人不穿此种翻毛马褂，料用贵重的玄狐、紫貂、海龙、猞猁狲、干尖、倭刀、草上霜、紫羔等，有丧者则用银鼠、麦穗子（俗称萝卜丝）等，但均属达官富人者服之（图1-75、图1-76）。

2. "八旗"的礼仪文化功能

在清代服饰审美文化中，作为服饰质料的皮毛品质的贵重与否、皮毛色泽美艳与否，都与职官的品秩或曰朝廷礼法的等级制度联系在一起。清代武官官服的冠帽与袍服一样，文武官员相同，其形制和冠饰完全脱离了汉族服制以及历代服饰审美文化的影响，独树一帜。清初的铠甲因多以缎布为面，故颜色有多种，早期的所谓"八旗"，即以红、白、橘黄、蓝和镶红、镶白、镶黄、镶蓝，组成"八旗"服色；并根据服色定旗名，颇类今之部队番号。故将军戎服饰的颜色与军队的组织和编制联系在一起，是既有易于识别的外在感性显现形式，又有内在的组织机制，对于在军事活动中的识别、调动、配合合作，都是极为有利的。

火器的制造和使用，使得军戎服饰中的甲胄（铠甲和头盔）失去了比较实质性的存在意义，但仍常被用于阅兵等盛大典礼的礼仪活动之中，以达到耀军威的目的。清代军戎服饰审美文化现象形态嬗变的过程中，还表现出一种两极分化的特性，即不用于作战而用于阅兵等典礼活动的铠甲，特别是皇帝、勋戚和将军等的铠甲及戎服愈益精美华贵，而用于作战的士卒及下级武官的绵甲及戎衣等，则愈见粗疏简陋（图1-77）。

清代晚期男子服饰审美文化现象形态的嬗递，已经朝着近现代服饰审美文化大幅地靠近了。

清代的服饰美学思想具有一定的多元性。尽管中华人民共和国成立初期的清朝统治者极力强化自己的民族服饰，试图彻底改变汉民族的服饰习惯以及审美取向，但是文化上的征服远比武力上的战胜要难。从以武力推行"剃头令"，到制定"十从十不从"的缓和政策；从康熙帝着汉服接受画工的画像，到自上而下有选择地吸收汉服饰美学思想中的某些因素，满汉两族的服饰文化也从最初的对立走向了融合。值得注意的是，与先秦时期的胡服骑射、隋唐时期大量涌入中原的"胡服""胡妆"不同，清朝政府在意识到不可能彻底改变汉族服饰文化时，也并没有简单地采取拿来就用的态度，而是取之所长，用之所需，在保持自己民族服饰主导地位不变的前提下，将汉族服饰的不少精华加以引进、消化、吸收，从而升华出具有崭新面貌的服饰样式。当然，由于历史的局限，清朝政府不可能全面地正视自己民族服饰的长处和短处，更多地保持着按部就班的经验主义的服饰态度，使得当时的服饰既不可能彻底摆脱古老传统的束缚，在新的历史条件下也不可能因势利导地适应新的时代要求，最终在近代新文化的冲击下迅速土崩瓦解了。

图 1-75　清代版画《北京后门大街市容》中之人物着马褂

图 1-76　《图画日报》等清代晚期、光绪中期及宣统年间各色人物服饰

图 1-77　八旗甲胄

从一元到二元——
第九节 近现代男装美学

中国近现代的服饰美学思想，是一种源于历史又不等同于历史，取自西方又不照搬西方的更高境界。随着19世纪末日益加剧的民族存亡危机和中国民族资产阶级先驱人物的出现，外来文化的大量涌入，终于给封建统治下的中国社会带来了变革的新契机。启蒙思想家们的大声疾呼，留洋归来人员的身体力行，逐渐打破了清朝社会以长袍马褂、长辫为特征的男性服饰统治地位，并随之演变出一种渐次增强的新男装美学思想。

一、近现代服饰美学的基本精神

（一）制度化到个性化

在漫长的封建社会中，人们的衣冠服饰往往是由统治阶级的服饰制度规定好的，穿衣戴帽各有等差，不可随意而为。于是便出现了几代人同穿一种样式服饰的情况（这种情况在官场中尤其明显）。服饰的发展更新也是十分缓慢的。随着封建王朝的崩溃，古老而僵滞的服饰制度也被废除，人们不再是按照服饰制度来穿衣戴帽，而是根据自己的意愿来选择适合自身条件的服饰样式，以最大限度地满足社会及个人审美情趣为特征的时装，就是在这样的历史条件下应运而生的。

辛亥革命结束了中国的封建社会，新政权颁布的《剪辫通令》，不但终结了维持长达近三百年的辫发陋习，也从根本上废除了"见其服而知贵贱，望其章而知其势"的封建服饰礼规。随后还仿照欧美西方的服饰时尚，颁布了新的服饰条例。

民国元年七月参议院曾公布男女礼服。男子礼服大体分为两种。一种是采用西式，分大礼服和常礼服。大礼服即西式的礼服，其中又分昼晚两种。昼礼服用长与膝齐，袖与手腕齐，前对襟，后下端开衩，颜色用黑色，穿黑色长过踝的靴。晚礼服即西式的燕尾服。穿大礼服时戴高而平顶、有檐的帽子，穿晚礼服时则穿较短露出袜子的靴，前缀黑结。常礼服分两种。一种用西式，也分昼晚两种，其制略与大礼服同而少异，唯戴较低的有檐的圆顶帽；另一种则用传统的袍褂，即长袍马褂。这是一般的服饰制度（图1-78）。

这套服饰制度大有将国民的服饰全盘西化的味道。变革旧服饰的勇气可嘉，但是对百姓的心理承受能力却估计不足，因而并没有得到真正的推行。不过，服饰制度中将西装革履与长袍马褂相提并论的做法，却表现出新的国民政权对新旧服饰文化极为宽容的态度。这对后来服饰样式朝着科学化、多元化方向发展，形成不同服饰的美学特征，起到了积极作用。

20世纪20年代，国民政府重新颁布了《服制条例》。和初期的情况相比，这次除了对军政公职人员和男女的礼服做了一些规定外，对人们的平时服饰则没有什么要求。于是，在这样宽松的文化背景下，人们便可以比较自由地选择或创造适合个人情趣的服饰，极大促进了服饰朝着区域化、职业化、情趣化的方向发展，其个性特征也越来越明显。

中国近现代的服饰美学思想史是在逐渐消除伦理成分，增加个性成分的过程中得以确立的。这种新的服饰美学思想，一直延续至今，由此可见其对于我国服饰的推动性和前瞻性。

长与膝齐，袖与手腕齐
前对襟，后下端开衩

（a）日用大礼服式

前长与腹齐，后长与膝齐
对襟，后下端开衩

（b）晚用大礼服式

前裆门用暗扣
上缘左右用挂扣

（c）裤式

长与膝齐，袖与手腕齐
前对襟，后下端开衩

（d）日用甲种常礼服式

前长胯前，对襟
后下端开衩

（e）晚用甲种常礼服式

前裆门用暗扣
上缘左右用挂扣

（f）裤式

对襟，用领，袖与手腕
齐左右及后下端开衩

（g）褂式

袖与褂袖齐，用领
左右下端开衩

（h）袍式

平顶，下缘形　圆顶，下缘形
状略像椭圆　状略像椭圆

（i）大礼帽式 （j）常礼帽式

日用：色黑，长过踝　晚用：色黑，上空
前上边缘用带扣　露袜，前端缀黑结

（k）礼靴式

色黑，长及小腿

（l）乙种礼靴式

礼服式：长与膝齐　裙式：前后中幅平
袖与手腕齐前对襟　左右有裥
用领左右及后下端开衩　上缘两端用带

（m）女子式

图 1-78　1912 年民国政府提交服制案咨文

图片来源：《政府公报》1912 年 5 月 14 日 14 号第 205 页

（二）礼制美到身体美

以伦理道德为核心的中国传统美学，在很多情况下，其评判服饰的美丑往往不取决于服饰与人体的关系，而是取决于服饰与统治者所制定的服制礼规的关系。《礼记·王制》中就将尽管华美却不和服装礼制的穿戴贬之为"异服"。

与中国传统服饰形成对照的是西方以显示人体为特征的服装，从古希腊"紧紧地贴在皮肤和肢体上，使人看到人体"的披纱，到文艺复兴时期出现于欧洲的"贴身紧身裤"，再到近现代社会非常流行的以紧身、敞怀为特征的西服，在几千年漫长的服饰发展长河中，以表现人体、从人体的曲线美中获取服饰之美的思想仿佛是一条贯穿始终的红线。仍旧和中国传统服饰美学观形成对照的是，西方人仿佛是"最懂得欣赏人体美的人，他们丝毫没有自卑感，并且勇气十足地宣布，人为万物之主。他们从不为他们的身体感到羞耻。"不同的社会文化背景，形成了不同的服饰美学观念，不同的服饰时尚；加之清朝极为封闭的文化政策，使中西方的服饰文化在很长一段历史时期内难以相互交流、取长补短。这一方面拉大了东西服饰文化之间的距离，另一方面也更增加了当时国人对西方服饰时尚的新奇感。加之启蒙学者们在这一时期大量介绍西方的美学思想，更使穿腻了长袍马褂的人们开阔了眼界，激发了破旧立新的勇气。

在近代中国，服饰审美趋于表现人体的转变首先是从男装开始的。在经过了一段西装革履与长袍马褂并行不悖的过渡之后，中西服饰美学思想最终也是在男装上找到了结合点，出现了既保留着中国传统服饰美学中的严谨风格，又表现着西装的曲线特征的中山装。之后，随着中西服饰文化的渗透交融，早先西装革履与长袍马褂并存的局面在一些大城市逐渐减少，代之而来的是像旗袍、中山装、连衣裙等新样式的大量涌现（图1-79）。这些新样式服装，既继承了中国传统服饰美学思想中的某些精华，更适合于中国人的审美习惯和体型条件，又大胆地借鉴了西方以开放为特征的服饰风格，补充了中国传统服装中的某些不足。中国近现代的服饰时尚和审美风格，正是在借鉴与继承的双重运作中逐渐走向成熟的。

二、近现代男子服饰的美学追求

近现代男性服饰从一元走向二元，形成了传统中式长袍马褂与西式西装革履并行的二元时代。借鉴学习西方的服饰美学思想对本民族服饰进行改造，大致经历了一个由照搬到吸收的过程。具体说来，从鸦片战争到辛亥革命的几十年中，大体上是西装革履到长袍马褂并存的时期，中西方服饰美学思想开始相遇，但是还没有找到合适的相互结合点。辛亥革命胜利以后，情况有了明显变化。旧式服饰虽然依旧存在，但西式服装也不再是官吏和大城市中知

图 1-79　体现身体美的半透明蕾丝旗袍

图片来源：上海纺织服饰博物馆藏

识分子的专利。尤其是在经过一段中西服饰文化的交融之后，一些既保持着中国传统服饰的某些特色，又明显借鉴了西方服饰风格的新的服饰样式开始出现，使中国服饰美学思想又提升到了一个新水平。

（一）传统的延续：走向简约的长袍马褂

传统的长袍马褂作为二元服饰体系中的"一元"，具有格调简化、形式多样和追求精致的特点，为老派士绅如官员、文人、商贾，以及基层平民如跑街、伙计等偏爱，并由此构成男性主要的日常着装。作为一种普遍现象，具有较高社会地位的男子主要穿袍，而社会地位较低的平民主要穿短褂。在当时的画报、报纸以及小说的文字和插图中对此均有生动体现（图1-80）。

　　面对时髦旗帜下汹涌而来的流行风潮，传统男装以长袍、褂、马褂、马甲、长裤和套裤为主体，基本款式是传统的、相对稳定的。直身的廓型展现出东方男子的俊秀和内敛，程式化的裁剪造就了传统中一贯的直线平面结构。传统男装的流行变化总体上经历了三个阶段：晚清初期依然以苏广式样为尚；到19世纪70年代前后出现了仿效"京装"的宽大式样的流行；从19世纪末开始，受到西方服饰的影响，服装开始变得趋向合体甚至较为紧身，如"束手无策的袖子，提心吊胆的马褂，扫地出门的袍子"成为风尚。装饰风格从崇尚繁华逐渐趋向简洁。而流行变化焦点主要集中于廓型、细节、面料、色彩、图案和配伍。衣身和衣袖的长与宽、衣衩的位置和高低等视风尚而定。局部造型和装饰、面料和色彩、配伍组合等强调时新、精致和完美（图1-81）。

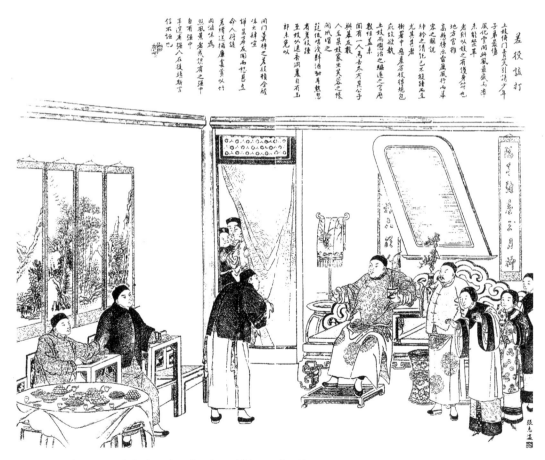

图 1-80　《点石斋画报》中晚清上海男性所穿着的中式服饰

图片来源：《点石斋画报》申集之《差役该打》

富裕之家衣着考究的上海男性特别强调服饰的精致性，不仅要衣着入时，还十分注重服装使用的时间、地点、场合、季节，以及衣着诸因素的组合，他们通常请裁缝到家里制作一系列拟将使用的服装（图1-82）。《上海春秋》中杨裁缝的话充分体现出20世纪20年代传统服装的特点：服装的款式、面料和图案、色彩以及使用季节都有讲究，"现在上海那种藏青颜色最流行，花头是兴一种团花，做起来必须对花的……现在，上海棉的不大有人着，驼绒脱了就有衬绒，衬绒脱了就可穿夹的了……天再一暖，上海流行的直贡呢马褂就要出现了"；一个中等阶层家庭男子秋冬季的一次定制衣单有多种品类和式样以供更替组合并满足居家和出门的要求："条子佛蓝绒（作者注：法兰绒）短衫裤两套、衬绒华丝葛袄一件、散裤管绒夹里裤子一条、深蓝大团花铁机缎驼绒袍子一件、玄色大寿字缎对襟马褂一件、驼绒里又直贡呢夹马褂一件、衬绒袍子一件"，足见其形式的多样和考究。

（二）凸显身型美的新服饰美学观：西装革履

中华民国建立以后，男性使用西式服装的人数逐渐增加，西装不仅在买办、通事、洋行职员、学生和留学生等西化群体以及政界、商界和工业界等上层社会人士中出现，很多中产阶层的男性也穿用西装，乃至部分平民阶层也受到影响。和西装刚进入中国时很多人以西装为猎奇不同，西式服装已经逐渐进入民国男性的日常生活。

在此期间，整个西式男装体系逐渐引入最时髦的地区——上海，从内到外的衬衫、衣裤、大衣，从上到下的帽子、发型、领带或者领结、袖扣、皮带或者背带、洋袜、皮鞋、手表或者怀表、手杖、公文包，不同场合的西式礼服、套装常服、便装、晨装、睡衣乃至婚礼服等，加上类似西方最新的式样，上海男性的西式打扮全面系统地跟随西方服饰时尚，并成为"上海生活"的摩登化标志（图1-83）。小说《上海春秋》中有位画家"穿了很漂亮的西装，青灰色哔叽呢的上衣，密白柳条纹的裤子，梳了美国式的头发，戴了一副玳瑁的眼镜，里面的纽扣上插了一支金自来水笔"。在1917年的《青年进步》杂志上刊登过余日章着西式双排扣外套的照片（图1-84）。当时，除部分保守男性和年长者外，很多上海的上流社会及中产阶层的男性均会使用西式服装，其中尤其以深受西式教育的政治及工商界成功人士、明星、职业男性、艺术家、知识分子和学生最为常用。

除此之外，在上海人自觉而刻意的西化过程中，西式男装得以系统化地引进和使用，不仅在品种、款式、色彩、面料和配伍上紧跟西方的最新潮流，在使用的时间、地点、场合等方面也开始有意识地遵循西方的衣着习俗。首先，西式服装的主要品类几乎全部出现在上海男性的装扮之中，包括西式礼服、套装（两件套、三件套）、便装（单件西装、猎装、茄克）、衬衫、背心、裤子（长裤、短裤）、外套、风衣、家居服装（晨礼服、睡衣、针织内衣）、卫

图 1-81　1918 年申报馆营业部职工合影

图片来源：《上海图书馆藏历史原照》上册第 87 页

CHANG SU HO
GARDEN SHANGHAI 愚園照相處上海

图 1-82 柳亚子和友人摄于上海张园
图片来源：上海图书馆

图 1-83　1922 年 5 月顾维钧（前排左五）与友人摄于上海

图片来源：《上海图书馆藏历史原照》上册第 144 页

图 1-84　余日章着西式双排扣外套的照片

图片来源：《青年进步》1917 年第 2 期内页

生衣、羊毛衫、绒线衫、运动服装等。西式的鞋帽、领带、手套、袜子、袖扣、别针、背带、皮带以及其他装饰品，乃至护肤、护发用品等也随之风行。晚礼服也被少数西化男性用于正规的西式社交场合。西式的立领学生装在青年男子中盛行。其次，随着生活方式的西化，出现了完全采用西式男装的群体。例如，西式婚礼的时兴，新郎采用西式婚礼服；在产业工人群体中出现了西式工装裤；受好莱坞电影等美国文化的影响，服装风格不仅有欧式的整肃，后来又有美式的轻松。第二次世界大战结束后，美国式样的茄克曾风靡一时；运动与健美的概念开始越来越多地影响上海家庭，使得西式的运动服装不仅出现在运动会上，如网球服、游泳衣等也进入上海男性的日常衣着之中。马裤配呢大衣风行一时。西式服装以西式机织物为主，高档的毛织物主要从英国等地进口，本国出产的织物使用趋多。1948年的《上海市大观》就当时西服类别、所用呢绒品类以及来源描述道："西服的类别，以花式分有素色、格子、条子等。以式样分有双排纽、单排纽之别。以质地分，大约有板丝呢、哔叽、罗斯福呢、罗丝呢、海力斯、火母斯本、单面花呢、麦尔登呢、却克丁、轧别丁呢、舍咪呢、法兰绒、波兰呢，以及过时的凡立丁呢、雪克斯根、派力斯等，其中以哔叽、法兰绒、海力斯、啥味呢尼等为大宗呢货，而以麦尔登、却克丁为战后新兴的进口呢料，但国营工厂亦有各种呢绒的出品了。西服号的呢绒进货，除少数直接订自外国，或购自呢绒号者……"

上海摩登男子对于西式服装采取了一贯的追求时尚、精致和完美的态度。富贵之家的男子除从国外带回或者购买进口货外，会去培罗蒙、永祥、亨生等名店定制西服、大衣，高档的西式服装面料基本以进口为主。很多中产阶层和平民也会选择西服、衬衫等的成衣。上海男子对于西式服饰配件同样很讲究。孙树棻曾经在一本回忆录中专门有一节写"男士包装店"：在静安寺路有"兴泰"和"裕泰"两家商店，经营与男士外观有关的进口高档品，足可以将任何一个男子包装成为"卖相"挺括的"尖头曼"（当时上海对于英文gentlemen的译称）。而有些商家则干脆以好莱坞式样为口号做起了领带产品广告。

想要得到摩登的纯西式男子服饰，当然需要经济的付出。1934年的《时代漫画》刊出"摩登条件"一文，其中涉及男子的图表题为"西装的代价——漂亮少年最起码的支出"，所列的春天所用西式服饰有背心、短裤、卫生衫、连领衬衫、深灰色西装、春大衣、呢帽、领带、皮鞋、带袜带、袜、别针、丝围巾、司丹素（头油）、白手套共14种，总价银圆88.7元。而1934年1月该文发表时上海的粳米价格约为7.88银圆/担（一担=50千克）。由此可见，要做西装打扮的漂亮少年，得付出相当的经济代价（图1-85）。

（三）融合的革命服饰：中山装

中山装最初称为学生装，其腰身及袖子都明显受到西装的影响，曲线明显，身袖紧凑，

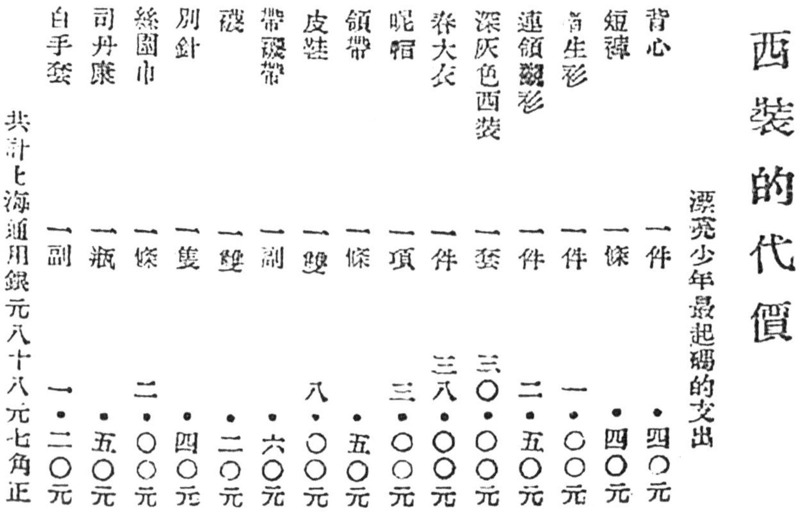

西装的代价

漂亮少年最起码的支出

项目	数量	价格
背心	一件	四.〇〇元
短裤	一条	四.〇〇元
省生衣	一件	二.五〇元
连领翘彩	一件	一.〇〇元
深灰色西装	一套	三〇.〇〇元
呢大衣	一件	三八.〇〇元
呢帽	一件	五.〇〇元
领带	一项	一.〇〇元
皮鞋	一双	八.〇〇元
带硬带	一副	二.〇〇元
碟	一壁	六.〇〇元
别针	一隻	〇.四〇元
丝围巾	一条	一.〇〇元
司丹康	一瓶	二.五〇元
白手套	一副	一.二〇元

共计上海通用银元八十八元七角正

图 1-85　西装的代价——漂亮少年最起码的支出

形制简洁。这种服装的领子不做翻开处理，而是一条窄而低的单领，穿时用纽扣绾紧，保持中国传统服装的严谨特征。加之这种服装多用西洋机织布料制作，远比手工纺织的土布制作的衣服硬挺，穿着起来很容易产生一种精神和庄重的美学效果，所以很受政界和知识界人士的喜爱。

中山装的出现具有特殊的时代背景。辛亥革命后，除去清代服饰制度是一种必然，孙中山一直认为需要寻求一种适合中国人的新的服装形式。

关于中山装的起源目前说法不一，主要有以下三种：第一种说法是中山装是由日本的学生装略加变化而成；第二种说法是以南洋华侨的"企领文装"为蓝本加以改进而成；第三种说法比较通行，认为中山装是在1916年由上海著名的荣昌祥呢绒西服号的业主王才运按照孙中山的要求，参照日本陆军士官服加以改进制作而成，荣昌祥成为中国第一套中山装的诞生地。而这些说法中哪一种更加符合历史事实，目前无法确证。

中山装最初的式样是什么样子，目前没有准确的定论。但是有一点是肯定的，那就是中山装将西式服装最具有代表性的敞开式的翻领改为前胸部完全遮盖的闭合式的立领或者立翻领，符合中国传统中对于男性服装的严肃、整洁、沉稳、大方以及内敛等要求。从1926年11月《良友》杂志为纪念孙中山逝世一周年而出版的《孙中山先生纪念特刊》中可以看到孙中山不同时期的照片，除中式服装和西式服装外，基本均为立领服装，但是式样也不尽相同。其中有一张照片旁边题注为"先生喜服学生装，今人咸称呼中山装"，这是目前较早的有"中山装"之说的记载，说明"中山装"名称的来由是当时的人们为了纪念已经去世的孙中山先生。但是，在服饰条例中并没有出现"中山装"的称谓，而且目前所见的民国服装店广告中也没有提及"中山装"一词，可见当时官方并无"中山装"之说。

1927年3月26日《民国日报》荣昌祥广告中有中山装的说法。"民众必备中山装衣服：式样准确，取价特廉。孙中山先生前在小号定制服装，颇蒙赞许，厂号即以此式样为标准，兹国民革命军抵沪，厂号为提倡服装起见定价特别低廉，如荷惠定谨当竭诚欢迎。上海南京路新世界对面，荣昌祥号启。"

中山装在民国时期经过多处改进，逐渐具有以下特点：三维立体结构；翻立领、领口装风纪扣；前中开襟，单排五粒纽；4个带盖的贴袋，下贴袋为琴袋式样，袋盖形状类似倒扣的中式笔架；3粒袖扣，4粒袋盖纽扣；后背呈成整片状。不知从何时起，中山装的很多细节又被赋予文化含义：4个口袋代表传统文化提倡的礼、义、廉、耻国之四维；5粒门襟纽扣象征民国的立法、司法、行政、监察和考试的五权分立制度，也有说是代表中国汉、满、蒙古、回、藏五族共和；3粒袖扣代表民族、民生、民权的三民主义；衣袋上的4粒纽扣代表民众拥有的选举、创制、罢免、复决的四权；袋盖的倒笔架形状表示对于文化和知识分子的尊重。

（四）西式男装潮流的引领者：红帮裁缝

上文中已经提及，当时在国内的西式服装主要出自本土裁缝之手。提到本土的男装裁缝，便不得不说起"红帮裁缝"这个群体。上海开埠后，来沪外国人增多，西服也随之流入上海。一些中式裁缝在为外侨缝补拆洗衣衫时，学会了缝制西服的技术，成为"拎包裹的西式裁缝"。他们带着缝制工具，到商船、旅馆兜揽生意，专为外侨缝制西服。随后，这些裁缝招收学徒，开设西服商店。随着从业人数不断增长，影响力逐渐扩大，专做西服的"红帮裁缝"最终形成。从此裁缝分为"本帮"（中式裁缝）和"红帮"（西式裁缝）。红帮裁缝又有专做男式西服和女式西式服装之分，后形成西服业和时装业两个行业。现在，大家更多地将当时专做男式西服的裁缝称为"红帮"。

当时上海最有名的西服店有开设在静安寺路上的四家西服店"培罗蒙""皇家""隆茂"和"亨生"，然而"培罗蒙"的传人戴祖贻说当年上海滩做西装的"培罗蒙""亨生""启发"和"德昌"为"头挑"（top）。虽然上述的最为有名气的四家店所指不同，但是"培罗蒙"和"亨生"是无可厚非的最好两家店。西服名店还有南京路上被称为"南六户"的"荣昌祥""裕昌祥""王荣康""王顺泰""汇利"和"王兴昌"，"南六户"开设时间早，且很多从事西服业的人员都是从他们里面走出来的，对西服业贡献非常大。

中国辛亥革命胜利后，男子剪掉发辫，更新服饰。适时开张者有王兴昌、荣昌祥等西服店。荣昌祥呢绒西服店光绪三十二年开设在南京路（今南京东路）318—319号，后迁至南京路西藏路转角处（今上海市第一百货商店位置）782号，开设八开间门面的店面。荣昌祥业主王才运是奉化江口镇王淑浦人，其父王浚木（又名王水才）为中式裁缝出身，因生意冷淡，难以维持生计，光绪十一年东渡日本学艺。学成后带着积蓄，于光绪十六年返回上海，在浙江路和天津路交会处的忆鑫里附近开设"王荣泰洋服店"。"王荣泰洋服店"规模小，只做些加工业务。王才运跟父亲学习西服缝制技艺，24岁时与人合伙在南京路开设"荣昌祥呢绒西服店"，后独自经营，全部资产达10万银圆。"荣昌祥"成为当时上海最著名的西服专业商店。辛亥革命后，孙中山曾把一套从日本带回的陆军士军服带到荣昌祥，让裁缝将其改制成男式便服。这种便服很快流传开来，并逐步发展定型为上文中提到的"中山装"。"荣昌祥"成为中国第一套中山装的诞生地。五四运动后，穿西服的人增多，上海西服业发展加快，西服店、西服门市、西服作坊纷纷开设，上海的西服经营范围扩大。

民国16年（1927年）10月，上海筹组新服业公会，并于民国18年（1929年）1月6日正式成立，次年7月改组成立西服业公会。民国23年，"亨生西服店"开设。同年，闻名中外的"培罗蒙西服商店"创立（图1-86）。该店所制西服，风格独特，造型美观，不仅保持传统工艺特色，还吸取世界各地的流行款式，具有一挺、二平、三服、四圆、五窝的特点，独创"海派"西服。20世纪40年代初，留学日本的顾天云在上海首次出版《西服裁剪入门》一书，并创办西服裁剪工艺培训班，培育了一批专业人才。民国35年（1946年）7月，西服业公会与海员服装业公会合并，成立上海市西服商业同业公会。

抗日战争时期，各地豪绅富户纷纷来沪避难，促进了上海市场的繁荣。此时，上海大小西服店发展到420家，职工3050人。这些西服店大多集中在北四川路、湖北路、南京路一带。民国34年（1945年）1月，全市有西服店458家，其中甲等92家，乙等87家，丙等114家，丁等127家，戊等38家。

抗日战争胜利后，美国向中国上海大量倾销呢绒，使上海西服业空前繁荣。民国36年（1947年），仅静安区内就有西服店126户。然而，第二年由于民国政府发行金圆券，实行限价，西服业蒙受"限价""抢购"之害，许多西服店经营面临严重困境，有的裁减员工，有的关店歇业，全市西服店从458家降为403家。而中华人民共和国成立前夕，又回升到492家。

红帮裁缝在民国时期，不仅在上海成为西式服装的主要生产者，而且以上海为源头，发展至全国各地乃至海外，成为引领西式男装潮流的主力军。

三、近现代中国西式男装美学的源头——西方近现代男装美学

之所以将西方近现代男装美学单列出来进行解释，是因为近现代的西方男装直接影响了

世界男装的发展，当然中国也不例外，我们在上文中已经阐述。西方人在19世纪中期侵入东方的时候，穿着一种迥异于东方的简洁干练的套装，我们称为"西装"。这种简洁朴素的西装三件套并不是西方世界自古有之，而是18世纪末19世纪上半叶，先后流行的新古典主义和浪漫主义文化思潮对服装文化现代化起到了直接的影响，这两个思潮本身具有审美的现代性，也改造了服装文化深层次的实践。因此西装侵入我国，绝不仅仅是伴随着西方思想一起进入中国的附属品，而是西装在西方所代表的革命性与现代性。这个变迁的结果便是形成一套现代男装文化实践——以朴素的长裤三件套代替花哨的短裤长袜套装（图1-87）。

（一）去贵族化的三件套西装

正如列宁所说的那样："整个19世纪，即给予全人类文明和文化的世纪，都是在法国革命的标志下度过的。"近现代男性服装诞生于英国式样，特点是合身，用羊毛或呢制成，舒适的礼服和上衣都有衬里和双层纽扣。长裤代替了短裤，并用宽紧布料制作，长度一直延至贴肉的马靴，同时，废去了鞋和丝袜。从18世纪末19世纪上半叶的服装文化中我们可以解读到的服装文化主要变迁包括：现代中产阶级文化理想创造的新绅士形象代替了贵族骑士形

图 1-86　培罗蒙西服店外景图

图 1-87　穿短裤长袜的贵族

图片来源：鲁本斯油画《伊莎贝拉·布兰特》，藏于佛罗伦萨乌菲兹美术馆

象；着装规范适应现代的生活方式；服装的形式感表现现代的审美观。

资产阶级务实、理性，强调服装的功能性、实用性。在封建时代，随着资本主义的发展，男装越来越向着功能化方向发展了，工业文明所带来的新的审美观也在孕育中，紧身衣越来越向现代西装款式接近，变得简洁、整齐、平挺，去掉多余的装饰；在工业革命发生最早的英国，最先出现现代西装的雏形和三件套的穿法，紧身衣的前面被剪短，取消折返，袖子为两片式，立领或翻领。

18世纪60年代英国流行夫拉克（frock）外套，高筒礼帽也出现了（图1-88）。法国大革命期间，工人的短打装流行，茄克、长裤广为消费者接受。如果说长裤只是实用的话，长裤款式的发展也体现了新的美学：从紧腿到踩脚、贴条子，到直筒裤，发现了直线挺括的美。到19世纪50年代，短上衣套装成为职业装。短上装套装配礼帽、手杖后，形成现代绅士形象。1870～1890年，现代衬衫出现，领带最终登场，形成全套男装穿着规范。

从18世纪下半叶开始的男装变化过程就是一个典型的男装现代化过程。我们可以解读到以下主要意义：它表现了现代文化的代表阶级——中产阶级的着装价值观；着装规范适应现代生活方式；服装的形式感体现了现代审美观；创造了新的现代绅士形象代替了封建骑士形象，成为现代服装文化实践的重要部分。

图 1-88　身穿夫拉克外套，头戴软顶呢帽，
　　　　　脚穿锃亮皮鞋的绅士
图片来源：《世界男装100年》

（二）Dandy Boy（花花公子）的朴素美学观

英国19世纪最为著名的时尚领袖博·布鲁梅尔（Beau Brummel，1788～1840）在男装史上扮演了一个重要的角色，他对男性风度有一种新的理解和审美趋向，曾提出了两项重要原则，对当时的男装产生了重大的影响：一是提倡用清洁而精良的亚麻布；二是取消了服装上的虚饰，认为注重服装的剪裁和工艺更胜于装饰。

博·布鲁梅尔的经历给他所创立的Dandy Boy（花花公子）风格奠定了去贵族化的基础（图1-89）。虽然布鲁梅尔上过伊顿公学，但出身并非贵族。由于父亲早逝，十几岁便无人管教，布鲁梅尔很快就成了有名的花花公子，担任过威尔士王子所在军团的军官。布鲁梅尔高大英俊、相貌堂堂，他常常在自己位于梅菲尔的家里举办优雅的宴会派对，拥有着自己的贵族富人朋友圈，他深谙穿衣打扮之道，逐渐成为拥有时尚话语权的头面人物。当一个公爵夫人冒犯他时，他表达了对于贵族权力的漠视："她会为此而遭到惩罚，我要把她逐出上流社会。"

布鲁梅尔为人所津津乐道的是他在服装上的讲究与奢侈，他对自己衣着的讲究几乎到了荒诞的程度，声称每天的穿衣打扮要花掉5小时；他肆意挥霍，甚至用香槟酒擦自己的皮靴。如果领结不能一次系好，他就会随手将其扔掉。他生性极端挑剔，对于个人卫生非常讲究，

图1-89　博·布鲁梅尔雕像

他变成所有时尚男士的楷模，并一度成了摄政王威尔士王子须臾不离的伙伴（他甚至陪王子一起外出度蜜月）。

布鲁梅尔一度负责为军队购买和制作制服，这使得他能够接触到伦敦最好的裁缝，这些裁缝掌握了欧洲制衣工艺的精湛技术，而布鲁梅尔则独具慧眼地把不同的制衣工艺和设计元素结合在一起。布鲁梅尔崇尚简洁，为男性设计出一种新型的服装式样。指示裁缝制作贴身合体的设计而不是以往的宽松制服，简化的燕尾服、亚麻布衬衫、精致的领结以及能掖进靴子的长裤，还将这些外套和裤子改成了简单朴实的素色，这样一来人们的注意力就会集中在衣服的剪裁和款式上。第一套三件套西装（马甲、上衣、裤子）便出自他之手。不仅如此，布鲁梅尔还是最早提倡面料、剪裁和廓型这三大男装设计要素的人，他对于军队制服大刀阔斧的改造在后来还影响了摄政王的穿衣打扮，使得古典的西装样式开始在英国以外的地区流行起来。可想而知，这位穿衣出格、作风大胆的时尚领袖在当时是如何地引人侧目，后人甚至为他起了"花花公子"的绰号。牛津词典将Dandy一词定义为"一个过度关注时尚和潮流外观的人"，它的同义词Beau被用来指男朋友或男性崇拜者，与布鲁梅尔的名字联系在一起。巴尔扎克在《风雅生活论》里，专门讨论了布鲁梅尔式的生活风格，发现"风雅生活的核心是一种伟大的思想，它条理清晰，和谐统一，其宗旨是赋予事物以诗意"，布鲁梅尔则被他比作风雅生活中的拿破仑。之后的"欧洲生活方式专家"，如大名鼎鼎的波德莱尔、王尔德，都从布鲁梅尔那里吸收了足够的养分，让有着浓重唯美主义倾向的Dandy Boy风格，成为至今不衰的流行。

（三）程式化的稳定：现代男装体系的雏形

20世纪初，男装依然保持19世纪末形成的程式，很少有明显的变化，无论在款式的配套、成衣的剪裁方法、尺寸以及穿着的场合、组合方式等方面都具有具体细致而严格的规定。相对于20世纪女装变化频率加快、款式日新月异的趋势而言，男装的款式可以说是相对稳定不变，其总体造型皆保持着男子固有的方正挺拔、庄严洒脱的形象。这也正是男子为自己找到表现他们社会地位、创造力量及优雅魅力的人格形象的最恰当的服装。之后，在以往的穿着基础上男装增加了一些外套便装和户外装的款式，这些都形成了一定的模式。但领子、衣摆的小变化却始终没有放慢脚步。

这种近现代男装的转变——程式化的三件套组合，成为现代男装的基本形象。这种形象所体现出的简洁朴素、挺拔雄伟，成为现代男装的新服饰美学标准。这种新的标准也随着西风东渐影响了我国的男装发展，使得我们现在以西装为主的现代男装体系得以建立（图1-90）。

图 1-90　穿着各种类型款式男装的绅士
图片来源：《世界男装 100 年》

从二元到多元——
第十节 当代男装美学

中国服饰审美文化及其美学思想源远流长、博大精深。毋庸置疑，弘扬中国服饰审美文化及其美学思想，是当代建设中国特色社会主义的亿万炎黄子孙，用自己的服饰审美文化实践来履行的神圣职责和崇高使命。

一、当代服饰美学的基本精神

中国当代的服饰审美文化，大抵分为两个阶段：一是中华人民共和国成立后至20世纪70年代末期；二是改革开放，特别是1992年中国共产党第十四次全国代表大会提出发展社会主义市场经济之后。

中华人民共和国成立之初，政治清明，百业待兴。与艰苦奋斗、勤俭建国的时代精神相适应的朴素、大方、节俭的服饰审美文化观念，很快在全国形成风气。之后的30年，基本是"老三装"，即中山装、军便装、青年装，以及"老三色"，即黑、蓝、灰，处于服饰审美文化的支配地位。1966～1976年，军便装成为几亿人最流行、最时髦，然而又是最单调、最划一的"时装"。这个时期的服饰审美文化，即是政治文化处于主导地位的服饰审美文化。作为物质形态的服饰审美文化，成为精神形态最为直观惯性的显现形式。

中共十一届三中全会召开，全党和全国人民在"解放思想"的前提下，认识到社会主义是要让劳动人民生活得更美好。当代服饰审美文化的春天姗姗来迟。这种春天的到来，首先是视觉上的，街上一扫过去灰暗、沉闷的色调。人们对于美的追求开始复苏，各种款式的服装以及一些人们闻所未闻、见所未见的所谓"奇装异服"开始出现。

进入21世纪，面对世界经济全球化的进程，服饰更是朝着多元化的方向发展。当下，没有哪一种服饰风格可以概括现在的服饰文化，服饰文化出现了社群化、小众化的特点。人们对于服饰的追求开始越来越个性化，对于服饰美学的标准也便不可再以偏概全，而是要针对具体的群体而定。

二、1949～1978年的男装美学追求

（一）人民装

这一时期，发生了巨大的变化。劳动人民翻身做主人，喜悦洋溢在每个人的脸上。社会中人人平等的观念反映在服装上，没有人会因为谁穿着朴素就被人轻视，相反，那些只知打扮穿衣不事劳作的人，逐渐不被人羡慕。新的社会价值观逐步建立，与旧的传统观念相撞击，形成这一时期特殊的衣着现象。

1951年上海的《街道里弄居民生活手册》中写道："上海解放了，衣着的问题也开始解放，布料的人民装到处受人欢迎，不仅欢迎，更由于干部们为人民服务的精神感动了人，人们对穿并不漂亮的人民装的人，不但不加鄙视，而且深为敬重。现在，全市的职工、学生、机关干部以至自由职业者，多数穿上了简朴的人民装，不再为'只重衣裳不重人'而困扰了。"这段话不仅是对当时社会服饰风尚的记叙，更是对普通市民着装的号召。社会的新秩

序，带来了服装穿着的新秩序，这种不分高低贵贱的服装，正符合当时多数人翻身做主人的心情。于是，以人民装名义出现的各类服饰形式迅速流行起来。随着"三反""五反"运动和公私合营的展开，原先较富有的民族资产阶级和工商业者不同程度地受到批判改造，西装革履、旗袍丝袜的穿戴逐渐在社会大潮中退却。富有阶级逐渐认识到，工农阶级已成为社会的主流，原先的奢华作风已无法让他们在社会中立足。于是，曾经缤纷多彩的着装到20世纪50年代后期逐渐淡出，人民装成为主流。

当时的很多知识分子的衣着也逐渐向人民装看齐，复旦大学教授贾植芳回忆道："那时作为新气氛的，是一种乱穿衣的现象，有的教授把西装上衣改成又紧又窄的中山装，有的教授置办了当时干部穿的蓝色棉布列宁装，有的则把长呢大衣改为干部式的短列宁装，教授们改穿上了朴素的干部装。"而随着社会主义改造的完成，"人民装"这一具有特殊时代意义的名称也逐渐淡去。

（二）不和谐之音：奇装异服

20世纪60年代中期，随着上海经济的调整，人们的生活水平得到提高，服装品种的供应也大幅度增加，加上有不少上海市民有亲戚朋友在海外各地，还有部分富裕家庭的成员和社会青年依然在追求新颖出众的装扮，于是出现了后来被称为"奇装异服"的装扮。

在上海，为反映新时代风貌，商店纷纷更改店名。在穿着上，"移风易俗"、追求"思想健康"被提上日程，其高潮是1964年6月7日的《解放日报》发表《坚决拒绝裁制奇装异服》的读者来信和编者的话《应该怎样对待这个问题》。此后，《解放日报》围绕着"奇装异服"的话题，进行了为期长达四个月的读者讨论。上海市服装鞋帽公司的读者说："奇装异服就其式样来说，尽管它五花八门，花色繁多，但'万变不离其宗'，总的特点不外是奇形怪状，显示'肉感'。有的是敞袒胸部的袒胸领，空露肩腋的马夹袖；有的是包紧屁股的小裤脚裤子，下雨天穿这种裤子，要别人帮着拉才能脱下，连下蹲都要有特殊的姿势。类似这种'袒、包、紧、小'奇形怪状的东西，是地道的资本主义产物。"

通过这场讨论，许多上海人认识到奇装异服实质上是资产阶级腐朽生活方式的一种表现；追求奇装异服是滋长了资产阶级生活方式的不健康思想的反映。由此，在生活领域内开展了兴无灭资的"斗争"，体现在服饰上就是批判所谓的"三包一尖"，其中"三包"指"大包头、包屁股、包裤脚"，"一尖"指尖头鞋。而劳动人民式的思想健康的着装则被大力提倡。这样的状况随着时间的推移，变得越来越严重。服饰标准由朴素逐渐走向极端，山雨欲来的气息已经可以觉察出来。

尽管由于当时上海人所面临的社会政治、经济形势和生活环境无法让他们像过去那样过多地追求服饰华美，但是大都市的传统和物质条件的相对优越使得他们在中国依然是最注重服饰装扮的城市群体。对于看重衣着的上海人，干净整齐、大方美观是男女衣着的基本准则，同时他们会用最实惠的方法让自己的着装看上去更加精致。

三、1979 年之后的男装美学追求

（一）电影明星带来的风尚：风衣潮

风衣作为 20 世纪 80 年代后期由明星带起的潮流服饰，在当时的影响力远远超出当下明星带货的潮流服饰。当时电影和电视剧作为大众传播的一种方式，在给观众带去一个个扣人心弦的故事、广为传唱的主题歌曲和层出不穷的明星演员的同时，也潜移默化地影响着时尚潮流。电影明星的服饰穿着、发型设计通过影视作品中人物的一颦一笑、移步换景深深地影响着观众的时尚观念，从而影响观众的审美情趣，最后由观众不自觉地模仿带动潮流的变化。

1978 年引入日本电影《追捕》，剧中高仓健的米色风衣成了大街上年轻人几乎人手一件的单品，其竖起衣领的穿着方式也风靡一时。美国电视剧《大西洋底来的人》中的麦克·哈里斯带来了"拳头产品"麦克镜（蛤蟆太阳镜），戴的人须保留左镜的白圆商标，以示时髦，几乎成为 20 世纪 80 年代中国青年的时尚。日本电视剧《血疑》大岛茂风衣、光夫衫不仅让个体户赚得个钵满盆满，更让大众第一次明白了什么叫名人效应。

1985 年以后，随着人民文化生活的丰富，国人的服饰环境和着装选择进一步宽松。社会的热点事件和文化现象很快在服饰中得以体现和回应。1985 年彩色电视的逐渐普及使得电视节目成为服饰潮流的出现和流行的重要影响因素，电视剧《上海滩》的播放，让风衣礼帽装扮的许文强成为不少人的着装理想形象。1987 年出现了"费翔现象"，传唱费翔的歌，模仿他的衣着，中国逐渐进入明星崇拜的时代。部分电影明星因为明星效应而担当起时尚先锋的作用，特别在 1996 年后，商家纷纷请歌星、影星做产品的形象代言人，在青年人中追星现象也越来越强烈，明星们扮演的角色和自身的着装对于中国的时尚具有一定的影响。这种现象一直影响至今，形成当下所谓"明星带货"潮流。

（二）西方文化再受追捧：西服热

改革开放，开放的不仅是经济贸易，开放的也是一个时代的外貌，乃至时代精神，中国人的服装也迎来了翻天覆地的变化。20 世纪 80 年代，西服卷土重来，势不可挡。1983 年，新华社发表了《服装样式宜解放》的评论，提出的观点称：服装要解放些，款式要大方，提倡男同志穿西服。这时，西服再度热起来了，除了日常穿着，结婚也要备一套西服。人们脱掉"老三装"，换上西服，服装变了，精气神儿也不一样了。

自1983年起，西服开始逐渐回到人们的生活中，上海的西服尤其受到欢迎。1984年，上海男子中的"西服热"达到高潮，西服市场甚至出现了供不应求的局面。除传统毛织物西服外，仿毛西装也引起争购。培罗蒙、亨生、乐达尔等著名西服店和上海市服装公司所属门市部终日门庭若市，当年就出现了西服供不应求的局面。随之与西服相配的领带，自然风靡起来，如何打好领带成为当时不少男士的热门话题（图1-91）。

随着"西服热"的盛行，西服逐渐成为时髦人士不可缺少的日常服装。男式西装上衣从初期的平驳领单排3粒纽西便装，到两粒纽西装开始风行。西服的品种和式样的流行变化也逐渐与国际接轨，有成套西装，也有单件西装；从仅有正式西装、到20世纪90年代中后期休闲西装的时兴；从单排2粒纽后单衩西装、戗驳领双排纽后双衩西装，到单排3粒纽西装的变化；从传统扎壳做法的较为厚重的西装，到用黏合衬的轻薄型西装的转换；加上式样细节、面料和颜色的变化，西装的流行日渐丰富。

经历了几起几落的西服，反映着社会风尚的变化和时代的变迁。"西服热"引发了大家穿着的兴趣，无论何种年龄，何种身份的人们，都可以穿着，甚至可以见到农民扛着锄头穿着西服去田里耕地，可见西服传播甚广。而"西服热"也引发了与之不同风格的茄克、针织服、文化衫等服装的流行，人们在日新月异的大环境下，开始追求时髦、强调个性、美化自

图 1-91　穿西装的男士

图片来源：吴心怡女士提供

己，中国民众服装开始进入风格多样、色彩斑斓、标新立异的新时期。

（三）服饰审美休闲化：茄克的流行

随着改革开放序幕的拉开，具有代表性的上海民众生活发生了巨大变化，时尚意识逐渐渗透到穿衣戴帽这种生活细节之中，并以其强大力量让一部分压抑已久的青年男女开始蠢蠢欲动。那时候时髦男子的装扮通常是一头过耳的长发配上衬衫、茄克搭配喇叭裤的造型。其中，茄克在当时是最基础也是最重要的一类服装，其最初款式来源于猎装，因为其舒适、自然、大方的特征在当时深受人们的喜爱。20世纪80年代末期，茄克发展出多种款式，并结合不同面料演绎出丰富多彩的形式（图1-92）。

1979年初，就有仿皮革的茄克风行一时，可是好景不长，很快便沉寂了。《文汇报》载文称："一九七九年元旦，当时进口仿羊皮茄克十分热销，服装店门口曾出现顾客整天排队购买的情况……由于忽视了对款式流行期的变化趋势的预测，时隔半年，仿羊皮茄克、仿牛皮茄克充斥上海市场，造成了大量积压。"到了1981年，猎装重新回归，茄克也开始重新流行起来。这一时期，由于牛仔裤逐渐被大众接受，一种功能化、便装化的着装方式悄悄蔓延开来，尤以短茄克与牛仔裤的配伍最为时髦，体现出轻松随意的着装风格。20世纪80年

图1-92　穿茄克的男性
图片来源：吴心怡女士提供

代中期，茄克的流行达到新高潮，男女皆穿，款式和色彩都比以往更加丰富，如有工作服式、便装式、西装式以及运动式茄克等。到了1987年、1988年，穿皮质的茄克成为年轻人的时尚奢侈品。当时皮茄克主要有绵羊皮和山羊皮两种，后来也出现许多人造革的茄克。虽然价格昂贵，年轻人们也舍得花几个月的工资去买一件，可见其流行之盛。在此期间，男装茄克种类还有南极衫、万宝衫、飞船衫、航天衫、时运衫以及富士衫等。经过短短20年，上海的服装流行经历了一个从简单平素到个性化的过程。随着各个时期服装整体风格的转变，茄克的形式也随之变化，不同时期有不同的流行细节。在总体上仍然保持精致和实用的上海特色。20世纪90年代中后期，这股"茄克热潮"才逐渐冷却。

（四）新"奇装异服"：喇叭裤

20世纪70年代末到80年代初，当时的中国处于思想转变的过渡时期，上海也不例外，在大多数人的心里，服饰与思想道德直接挂钩。主流社会的民众依然延续过去的简单、朴实和平素的衣着形象和服装品类。但随着改革开放的范围逐渐扩大，上海人民压抑已久的时尚意识开始逐渐复苏，喇叭裤的争议拉开了西式服装和着装形象在上海再度风行的序幕。

喇叭裤是20世纪60~70年代美国的风尚，"猫王"把喇叭裤推向了时尚服饰的巅峰。随后在我国港台地区流行，并直接影响了改革开放初期的中国大陆地区。当时，港台电影中，明星们都穿着喇叭裤，把屁股包得滚圆滚圆，引领时尚。而在内地，第一批穿上喇叭裤的，在老人们的眼里，无疑过于轻浮。

但是，时尚出乎意料的强大力量还是使得喇叭裤在男女青年群体中流行开来，只不过大多数普通民众会将喇叭裤与衬衫、茄克和春秋衫等普通衣物搭配穿用，其附带产物是从此发长过耳的发型也成为部分男性钟爱的样式。

穿喇叭裤的青年群体持续壮大，在社会上引发了一场关于着装的争议。大街上最"时髦"的人群是烫飞机头或披肩发，穿喇叭裤加花衬衫，头戴或者胸别一副镜片上贴着商标的蛤蟆镜（又称麦克镜）、脚蹬尖头皮鞋的男青年，稍后又有一些女青年加入了穿喇叭裤的行列。由于这样的装扮与过去的保守衣着习俗截然不同，在社会上引起很大反响。反对者认为这是资产阶级思想或西方腐朽生活方式的反映，部分传统人士甚至禁止子女和员工穿喇叭裤，乃至发展到拿剪刀强行剪裤脚的激烈程度。社会舆论最初对此也持怀疑、讽刺和保留的态度。

在当时流行的日本电影《望乡》里，由栗原小卷扮演的女记者穿过一条喇叭裤，栗原小卷俏丽的面容、优雅的气质和优美的身体线条，把喇叭裤文化推向了令人神往的境界。不过，国产的喇叭裤，无论在面料还是款式上，都无法与栗原小卷穿的喇叭裤相提并论。

这场争议的结果就是当代上海人对于新奇甚至怪异着装的心理承受能力进一步加强，为以后各种服饰在上海的流行打下了社会基础。

（五）新生活方式的体现：T恤

中国改革开放以前，T恤作为简朴的"老头衫"被人民大众作为内衣所穿用。直到改革开放以后，中国大胆吸收西方文化，T恤以花哨的"文化衫"形式首先被一批思想开放的年轻人所接受。但也存在一些社会负面影响。

20世纪60年代以后，T恤在欧美开始成为青年人的主流服饰，它作为现代西方生活方式的精神载体，带着与生俱来的欧美文化来到中国。20世纪70年代末至80年代初，T恤在这个古老的东方国度登陆，势头极为迅猛。舒适的面料、丰富的色彩、绚丽的图案、随意的搭配，伴随着激情的摇滚乐、迪斯科，犹如一颗重型炸弹，着实给中国民众迎面一击，使他们迈出了轻松随意的生活方式的第一步。此后，随着牛仔、茄克、风雪衣、外穿羊毛衫等西式便装的涌入，国人亲身体验到西方所带来的质朴、功能化、便装化的穿着方式，使中国从此进入便装化、成衣化风潮的新时代。21世纪初，受欧美、日韩等的影响，涌现出许多另类的品牌和服装设计师，迎来了"哈韩""哈日"和追逐欧美流行服饰的高潮，大力模仿欧美地下服饰文化，走新朋克路线，尽管走得比较缓慢，但却让中国文化与朋克主义融会贯通，演绎得分外精彩。

经过一段时期的磨合，起初由T恤引发的不良影响随着社会的进步和国人思想的解放而渐渐缓和下来，T恤在中国人的心目中已经站稳脚跟，并以突飞猛进的势头向前发展。一些头脑清醒的中国民众在受到T恤刚刚登陆中国时的教训之后，对这个舶来品已经不再全盘接受，而是结合自己的国情进行了适当的改变，将原本裸露较多的式样改得保守些，将紧身短小的尺寸改得稍微宽大一些，将过分绚丽的色彩改得含蓄文雅一些，将胸前挑衅性的话语变得更加含蓄、积极一些，将原本只能搭配牛仔、喇叭裤的T恤变得可以与其他服装相配套，甚至将民族元素也运用到T恤上，使原本全盘西化的T恤被中国传统的人文环境、艺术氛围熏陶变味，发展成为具有中国本土特色的款式，更好地推动中国T恤文化的发展。

（六）年轻风暴：嘻哈服饰

20世纪90年代，亚洲嘻哈风潮的兴起让中国的青年人真正开始接触来自欧美的嘻哈文化，而日韩潮流风的侵入让嘻哈风格服饰慢慢地被国内的年轻人所熟识。21世纪初期，受到国内的一部分热爱嘻哈的年轻人的推动，国外的嘻哈服饰品牌开始更多被国人了解和接受。当时追逐潮流的年轻男孩，效仿一些国外的嘻哈歌手的穿着。那时候多为 old school（老派）风格，体现为一件宽大T恤、夸张的牛仔裤、宽大的球衣，搭配夸张的大金链子或金手表。随着嘻哈潮流的影响，国内开始出现本土的嘻哈服装品牌，多以一些宽大T恤和一些潮流单品为主，加入一些醒目的图案和印花，如迷彩印花，醒目的字母Logo等，同时与鸭舌帽搭配。

国内嘻哈服装品牌不仅仅局限于T恤这类简单的单品，开始做一些具有机能性的设计以及一些解构主义设计。起初这些品牌与"独立设计师品牌"混为一体，直至2010年左右，他们形成了一个新的服装品牌体系，并随之诞生了一个新的名词"潮牌"（图1-93）。

四、当下男装美学追求的思考——"国潮"兴起与设计表达

21世纪以来，伴随人民生活水平的日益提高，在构建具有中国特色的服饰体系的浓烈氛围下，应运而生出大量国风主题的男装服饰设计。其中，"国潮"风格在男装中尤为凸显。"国潮"属于当下潮流文化中的一支。早期"国潮"可以用来直接代指某个中国本土原创潮流品牌，是具有鲜明特色的小众时尚代表。面向当下时尚语境，"国潮"的含义则不仅仅包含"本土原创"这一特征，其含义延展为基于中国传统文化、现代文

1-93　21 世纪初的嘻哈风格

化等一切优质文化之下的以突出中国主题或符号的创新设计。同时，也是结合当下流行趋势、先锋设计理念、强调时代面貌的时尚表达。男装国潮风格服饰是服装设计师基于中国精神、文化基因积淀下，以中国视觉符号为设计元素的服饰创作，是符合当下时尚审美和生活方式的男装服饰集合。

（一）基于中国精神下的国潮男装

尼尔森在《2019年第二季度中国消费趋势指数报告》中指出："随着民族情怀上升，68%的中国消费者偏好国产品牌。情怀以及消费者对品牌的认可度是国货崛起的核心驱动力。"李宁是较早走出国门的中国时尚品牌，系列中的男装设计是国潮时装的代表。

2018年，李宁以中国元素"悟道"为主题推出的系列设计亮相纽约时装周，使沉寂许久的国产品牌再度焕发活力，这一举动不仅使李宁在中国潮流文化上一骑绝尘，更掀起了国潮风设计的热潮，"国潮"一词也开始进入大众视野（图1-94）。

随之，2019年中华人民共和国成立70周年的背景下，整个社会红色流量的热度依然不减，时装界出现了一批主打"中国精神"的国潮男装设计。2019年李宁春夏系列作品中在服饰款式设计上突破了单一的、原品牌的运动风格，将汉字元素"中国李宁"四个字大量、反复使用，形成服装中的设计焦点（图1-95）。2020春夏李宁"行至巴黎"系列中，关于对中国素材的处理则更灵活多变，系列以代表中国精神的"国球"乒乓为设计要素，实现了中国文化、潮流文化和现代时尚的有机融合（图1-96）。

图1-94 李宁 "悟道"主题系列设计亮相纽约时装周

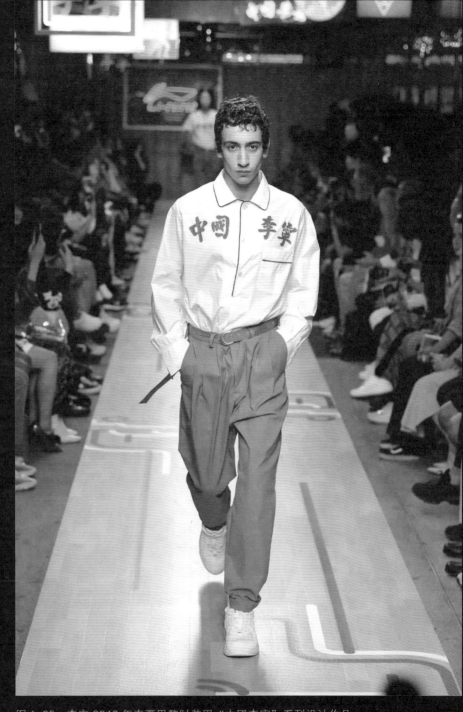

图 1-95　李宁 2019 年春夏巴黎时装周 "中國李寧" 系列设计作品

图 1-96　李宁 2020 年春夏巴黎时装周 "行至巴黎" 系列设计作品

（二）基于文化基因下的国潮男装

文化的特点是有历史、有内容、有故事，是有记忆的历史，有意蕴的当下。服饰本身作为当时社会的缩影，具有鲜明的历史性、时代性、内容性和故事性。同时，中华文明作为古代四大文明中唯一没有中断的文明，其传统文化与现代文化有着必然的连续性，因此在当代中国风格服饰设计的文化表达中，我们不仅要关注传统文化，也需要更加重视现代文化。中国文化博大精深，丰富且不断流动的文化土壤下包含着无数可被提炼的内容元素，男装国潮风格服饰设计中包含了对历史经典元素、民俗非遗元素、现代文化元素等一系列中国文化要素的创新设计。

中国男装设计师品牌卡宾 Cabbeen 2020 年春夏以中国航天文化为题材，将航天服结构上的组件和局部细节转化成时尚设计元素，通过大量的织带、口袋等细节设计，以白色、红色、大地色为主色调，呈现出具有中国特色的 "宇航风貌"（图 1-97）。另外，历史性的中国符号也可以转化为男装中流行性、商品性的表达。卡宾也曾与故宫宫廷文化跨界合作，将中国元素用图案的形式加以表现，借助明确的视觉元素及其整合来表达设计的主题思想（图 1-98）。

图 1-97　卡宾 2020 年春夏系列设计作品
图片来源：来自网络

图 1-98　卡宾与故宫宫廷文化的跨界设计作品

（三）基于当代生活下的国潮男装

基于当代生活的国潮男装是以聚焦当代社会热点事件、热门符号、生活方式为设计要素和灵感的例证，是考虑当下中国人民的美好生活场景中的细节作为设计语言的创作手段。创作往往是对生活的观察与感悟。太平鸟男装曾与"今日头条"媒体联名设计，服装中"今日头条"等文字元素十分突出，是扎根新时代的特色设计（图1-99）。

总体来说，国潮来源于民族品牌和国货，具备三个元素。

第一，国潮需要有中国特色。国潮有着强烈的中国元素，无论是来源于中华文化，还是带有中国特色技术的标签，中国特色是国潮区别于其他产品的基础基因，是国潮的身份证。

第二，国潮需要符合时代前沿审美和技术趋势。国潮应当是时代的弄潮儿，探索新技术、新趋势、新方向。向内而求的是对过去自我的革新，向外而拓的是在世界范围内打造领先竞争力。国潮尤其关注新生代的需求，是面向拔尖文化的创新，是面向大众文化的塑形。

第三，国潮需要有世界视野，展现中国自信。全球化时代，商品的流通打破了地域、国别的限制。"国潮"的流行不能依靠情怀，而需要有真实力。大众支持"国潮"，也希望国潮能够提升中国形象，成为国民引以为豪的新名片。

"国潮"传统文化与现代生活美学的完美结合是习近平总书记所提到的"两创"的最佳实践方式，是中华传统文化发展创新的最佳形式。同时，"国潮"也是中国产业升级、消费升级的重要支撑，是文化为产业界赋能的活力来源。国潮的发展，一方面需要持续系统的文化研究，在文化的创造创新上为"国潮"提供更坚实的文化理论基础；另一方面需要规模化的产业参与，使"国潮"能够从小众社群发展到大众市场。

"国潮"顺应了中国潮流、中国文化走向世界，是国际社会上中国文化表征的一个新的风向标，同时，也是响应了国家的政策要求与发展需求。作为"国潮"实践的创新探索者、大众消费者与产业助推者，我们应当携手珍视"国潮"生态圈，让国潮从小众的自发实践变成大众的、国际化的实践，最终成为不可逆转的时代潮流。

中国当代的服饰美学思想主要取自西方，但又不是完全照搬西方，在弘扬中华优秀传统文化的方针指引下，可以以史为鉴，结合当代服饰实用与审美的特点，将我国的服饰审美文化及其美学思想建设成为独树一帜、特色明显的中国服饰新美学。

图 1-99 太平鸟男装与"今日头条"的联名设计作品

第二章
发展篇

回顾近当代发展史，从1919年五四运动到1978改革开放，延伸至今，中国的政治、经济、思想文等发生了很多变化。聚焦服装的发展与演变，本章中国男装设计理念、中国男装市场格局、国内外男品牌设计流派、中国男装设计师代表人物、中国男着装特色及廓型演变几方面，对中国男士着装的发进行了梳理与分析。此番研究有助于了解中华民族现代发展历史，继承和保留民族文化之精华，并且提高我国现代服装的设计制作水平、培养中国男士装美学理念发挥积极作用。

第一节　近当代中国男士着装特色

　　民国时期随着中西文化的交流与融合，西方的艺术和装饰理念开始被我国具有开放意识的人群所接受。这段时间，大量的西装、衬衣、晚礼服等"舶来品"竞相而入。服装的功能性出现了向"美用一体化"方向的流变。一般说来，古典社会中的"美、用"关系往往呈现分离状态，如西方古代流行的紧身胸衣和撑架裙，迎合了时代的审美趋向却忽略了实用功能；而近现代社会中的"美用"关系则更多地表现出一致和协调的特征。所谓"美用一体化"指的是服装服用审美和使用功能的协调统一，简而言之，服装既要好看又要好用。五四运动解除了封建桎梏，带来新文化的种子，承认个人价值、提倡个性解放、强调人格和智力的自由发展，为人们服饰观念的改变、发展创造了良好的政治环境和社会环境。

一、民国时期男士着装特色

民国时期的服装受清朝和西方文化的双重影响，男子服饰出现了从长袍马褂向中山装和西装逐步过渡的趋向。

男子服饰这一变化主要来源于清末民初，大批青年出国留学，国内新式学堂兴起，社会上出现了服饰西洋化的趋势，各个学堂服饰皆效仿西式。

社会上的西服大致有三类：第一类是军服，包括英美式、俄式、日式军服；第二类是驻外使馆文职官员、买办商人、留学生所穿的西服；第三类是日式的士官服和学生服装，这些学生装是大量留学生带回国的。

西服形制简便，给人一种庄重和充满活力的感觉，传入中国后，在知识分子和青年学生中风行一时。中山装是中西合璧的产物，它依托于中国传统的宽袍大袖，吸收了西装贴身、干练的风格，但又有鲜明的中国特色，给人一种朴实庄重之感。

（一）民国时期各阶级着装特色

这一时期，男子服装主要为长袍、马褂、中山装及西服等，虽然取消封建社会的服饰禁例，但各阶层人士的装束仍有明显不同。

（1）中年人及公务人员交际时的装束。长袍、马褂，头戴瓜皮小帽或罗宋帽，下身穿中式裤子，蹬布鞋或棉靴，如图2-1（a）所示。

（2）青年或从事洋务工作者的装束。西装、革履、礼帽。帽为圆顶，下施宽阔帽檐，微微翻起，冬用黑色毛呢，夏用白色丝葛，是与中、西服皆可配套的庄重服饰，如图2-1（b）所示。

（3）资产阶级人士和青年学生。学生装，头戴鸭舌帽或白色帆布阔边帽如图2-1（c）所示。

（4）中山装。基于学生装而加以改革的形制，据说因孙中山先生率先穿用而得名，如图2-1（d）所示。

（5）长袍、西裤、礼帽、皮鞋是20世纪三四十年代较为时兴的一种装束，也是中西结合非常成功的一种装束，是代表性的男子服饰形象如图2-1（e）所示。

（二）民国时期男士场合着装特色

延续上时期的穿衣习惯，民国时期男子经常穿长衫，尤其是文化人。如图2-2所示，鲁迅先生穿长衫坐在几位穿西装的男人中间，衣品丝毫不输。

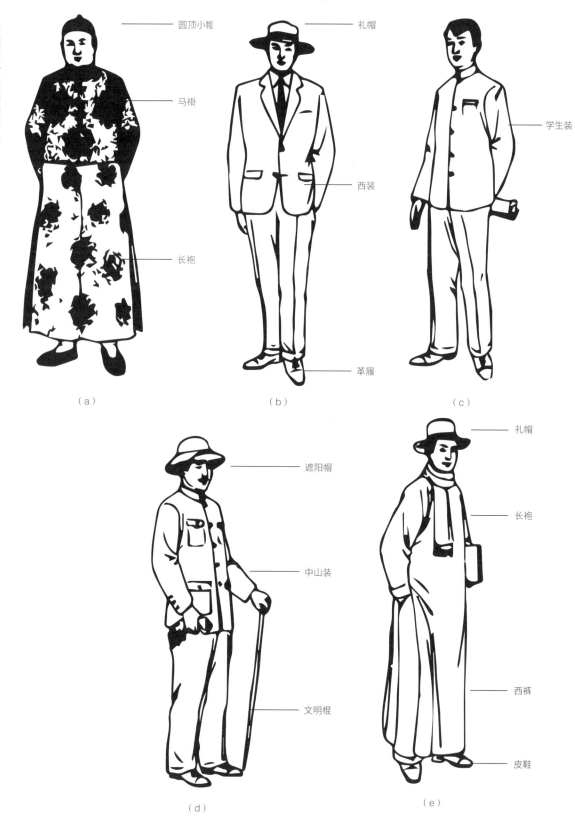

圆顶小帽

马褂

长袍

（a）

礼帽

西装

革履

（b）

学生装

（c）

遮阳帽

中山装

文明棍

（d）

礼帽

长袍

西裤

皮鞋

（e）

图 2-1　民国时期各阶层男士装束

中国男士着装美学集

長衫根据季节的不同选用不同材质的面料和色彩，冬天穿深色的，而且要加厚；夏天穿薄料，如绸缎，颜色要浅（图2-3）。

民国时期，马褂、长衫和西装一样都属正装，出现在许多重要场合之中。马褂是民国初期、中期男子的主要服装，有礼服与便服之分。用作礼服的马褂，在款式、面料、色彩以及具体尺寸上有一定的标准。一般选用黑色绸缎织品为上佳，其形制为对襟窄袖、元宝领，衣长至腹，前衣襟五粒纽扣（图2-4）。

梅兰芳先生曾经穿着马褂与外宾（卓别林）亲切握手（图2-5）。

民国时期男子在穿着马褂时也会搭配一些当时的流行元素，如西式短发、眼镜、手杖、软呢帽、皮鞋等（图2-6）。

西服在民国时期是一种"维新"的象征，政要、商人、知识分子甚至上班族都会穿着西装。而且民国时期男子的西服打扮，放到今天依然时髦、实用（图2-7）。

民国时期的男子穿西服特别讲究，平时穿西装三件套，打领带（图2-8）。裤子长度不

图2-2 鲁迅先生

图2-3 冬天和夏天穿着不同长衫的鲁迅先生

图2-4 清华校庆合影

图2-5 梅兰芳与卓别林合影

图2-6 陈独秀（左）与胡适（右）

图 2-7　穿西服的男人们

图 2-8　穿三件套西服的男人们

长不短刚刚好，有时还会加上口袋巾等装饰，发型也会注意打理整齐。西服所用面料多为呢绒毛料，衬里辅料采用马鬃衬、黑炭衬、关丽绸、羽纱等。当时，面料的首选是进口的Towntex或者Domaflre，英国的花呢很受当时贵族的喜爱。国产的"章华"和"协新"呢料次之。

特别时尚的拼色领，民国大总统徐世昌也穿过（图2-9）。

最正式的晨礼服和燕尾服也穿得一丝不苟。搭配大礼帽，绅士气息十足（图2-10）。

要说民国时期最受欢迎的单品，一定是大衣。从民国时期留下的影像资料来看，格子大衣、双排扣大衣的出镜率都是非常高的，或把领子立起来，或配上一顶礼帽，再加一根绅士必备手杖，气场十足（图2-11）。

裘皮饰边和裘皮服装也是西服东渐的历史潮流的一部分。著名的"西伯利亚第一皮货"就是在此间登陆上海滩的。当时的裘皮服装无论从设计还是艺术的角度出发，都打破了以前裘皮服装比较单调的造型和装饰风格，提升了裘皮服装的装饰性和审美性。中国影史上第一位影帝——金焰，身穿翻毛领裘皮大衣，内搭西装外套和衬衣，露出半截领带，对比现在最时尚的足球教练勒夫的穿衣风格有异曲同工之妙，儒雅之余还有霸气的气场（图2-12）。

图2-13中郭布罗·润麒穿一身格子大衣，衣着非常时尚。图2-14中钱钟书穿纯色大衣，内搭一条格子围巾，堪称当时的时尚典范。

民国时期男士服饰的创新派当属中山装。时至今日它还发挥着巨大的影响力。2007年英国《独立报》评选出影响世界的10套服装中，中山装位列榜首。现在各种重要的国事活动中仍能看到它的身影。

1923年，孙中山先生深感西装穿着不便，不完全适应中国人的生活特点，提出了"礼

图 2-9　徐世昌　　　　　　　　　　　图 2-10　穿燕尾服的绅士

图 2-11　穿大衣的男人们　　　　　　　　　　图 2-12　金焰

图 2-13　婉容润麒姐弟　　　　图 2-14　钱钟书杨绛夫妇

服在所必更，常服听民自便"的原则，参照南洋（明清时期对东南亚一带的称呼）华侨中的"企领文装"和西服，在广东人黄隆生的协助下设计了中山装。中山装是糅合了中西服装特色的新型服装，颈部用扣子系起，西服领改为翻领，并且加上了4个对称的口袋，体现了中国男人的风采与坚毅。中山装的面料和颜色比较随意，棉、麻、呢绒均可为之。常用颜色有蓝、灰、黑、白、米黄、咖啡、藏青等。用作礼服时，夏季用白色，其他三季则多用黑色。

二、中华人民共和国成立后男士着装特色

中华人民共和国成立初期，人们的服装还保留着民国时期的样式。城市居民一般穿侧面开襟扣扣的长袍，农村男子一般穿中式的对襟短衣、长裤。衣物面料多是机织的"洋布"、粗棉布、麻布。西装和中山装也仍然流行。

当时，西装和旗袍被看作资产阶级情调，使它们在人们的生活中逐渐消失了将近20年。中山装和列宁装成为人民的普遍选择。1949年10月1日，中华人民共和国领导人第一次在天安门城楼上集体亮相，毛泽东和其他领导人身穿中山装的形象引得世界瞩目。男性穿中山装，显得庄重、精神。中山装上衣的纽扣很多，4个口袋平平整整。后期经过改进发展演变成人民装。也是从那时起，一款来自苏联的双排扣制服——"列宁装"开始流行（图2-15）。

（一）20世纪50年代男士着装特色——简朴实用，泛政治化制服流行

20世纪50年代，人们崇尚劳动最光荣，衣着朴素单调，人们的生活一天天好起来。服装流行色从蓝色、灰色变得丰富多彩。中山装成为中国最庄重也最为普通的服装，蕴藏了有知识、有文化的内涵。后来，有人根据中山装的特点，设计出了款式更简洁、明快的"人民装""青年装"和"学生装"。还有一种稍加改进的中山装，即将领口开大，翻领也由小变大，深受人们喜爱。当时，毛主席就特别喜欢穿这一款式的中山装。这种款式的中山装被称作"毛式中山装"。从那时开始，中山装的流行持续30年。

（二）20世纪60年代男士着装特色——票证年代，蓝色的海洋

20世纪60年代初期，是新中国历史上最艰苦的时期，由于经历"三年困难时期"，1959~1961年棉花大幅减产，棉布定量为每人7米。人们买服装、棉布和日用纺织品都要凭布票，为了尽可能地节约，购买服装的标准是耐磨和耐脏，灰、黑、蓝成为流行色。千篇一律、不分季节、不分男女的服装样式成为人们的标配。

这一年代，拥有一套军装是无数年轻人的梦想。青少年喜欢穿一身草绿色的军装，头戴草绿色军帽，肩挎草绿色书包（图2-16）。这一身在当时来说可算是很奢侈、很有派头的。

图 2-15　列宁装效果图与款式图

图 2-16　穿军装的青年学生
（图片来源：中国青年网）

当然，艰苦朴素还是当时最主流的。新三年，旧三年，缝缝补补又三年，是当时的流行语。

雷锋帽：雷锋同志是 20 世纪 60 年代的榜样，他的穿着风格也影响了当时人们的选择。

（三）20 世纪 70 年代男士着装特色——保守朴素、样式单一

这一时期，服装的等级意识和档次概念逐渐消失，取而代之的是阶级意识。在服装风格上，性别差异进一步被淡化到最低程度。除了领口和衣袋等细节之外，男女服装几乎没有其他差异，更谈不上个性色彩。

这一时期，主要还是军绿色为主，黑、白、灰为辅的军干服和中山装，最流行的依旧是草绿色军装（图2-17）。在中国服装史上，这一时期的服饰独具特色。而后，服装发展逐渐走上了健康发展的道路，服装行业进一步繁荣，人们的思想观念更加开放。

流行时尚其实是人们创造出来的。1974 年已经出现大尖领的衣服，1975 年流行穿喇叭裤，1978 年流行穿蒙着尼龙布衫内衬定型棉的外套。压抑太久的年轻人心里早已渴望服饰的改变，因而面对突如其来的"奇装异服"，人们感到惊喜。思想解放的年轻人率先穿上新款式的服装，追求新异、时髦的心理不断增强，服装的流行周期大幅缩短。

图 2-17　男女趋同的着装风格

三、改革开放时期男士着装特色

改革开放之前，由于物资匮乏，人们着装崇尚简朴，款式基本上是中山装、军便装、人民装、两用衫等，色彩主要是蓝、绿、灰，即"老三色"。改革开放后，随着物质的丰富和思想的解放，人们的衣着变得丰富多彩，不少人穿上名牌服装或时装，服饰已不仅仅是御寒的工具，更是人们显示风度、展示个性的方式。服装样式也逐渐增多，数不胜数。由于我国是多民族的国家，所以我国少数民族的服饰也有很多，可以自由选择和穿戴。人们穿衣风格越来越大胆，颜色搭配越来越张扬，改革前后的变化十分明显，受外来服饰的影响较多。改革后的服饰更偏向于追求美丽和个性，所以改革后的服饰设计也更偏向于个性化。政策引导服装设计理念的变化与经济条件的逐步改善有关，使人们从原来的只追求饱暖而改为追求美和时尚。改革开放加强了各地之间、中外之间的文化交流和往来，使各类时尚得以及时推广。经济发展促进了服装设计理念的变化。

1978年，改革开放拉开帷幕，进入改革开放初期，人们开始接受并追求新颖的喇叭裤、蝙蝠衫、棒针衫等外来的"奇装异服"款式。随着中国化纤、纺织工业体系的逐渐发展，垂坠滑爽的涤纶服装开始流行："的确良"衬衫风靡一时；"西装热"代表着对国际范儿的追求；宽肩服装体现自信风度；紧身健美裤更是追求开放的体现；蓝白色条纹的运动衫、海魂衫和回力鞋成为那个时代的一股清新潮流（图2-18、图2-19）。

20世纪80年代，中国服装从"保守朴素、样式单一"逐步走向"热情开放、色彩斑斓"。不同的场合也开始穿着不同的颜色服装，在工作间一般穿以白色和蓝色为主的服装，牛仔装也逐渐流行。参加工作会议或者任何正式的活动，男性都喜欢穿着西装。

图2-18 花衬衫和喇叭裤

图2-19 "的确良"衬衫

（一）20世纪80年代男士着装特色——效仿明星、追随潮流

20世纪80年代中国服装的显著特点是：外来借鉴多、传承继承少，由简单到绚丽、从模仿到创造。在这个过程中，国外电影、电视剧的涌入，在文化思想和观念上给国人呈现出了一个崭新的世界，影视剧中男女主人公的穿着成为人们模仿的对象。政治化、符号化的穿衣理念淡出人们的生活，大众开始追求多样化和国际化的穿着方式。这一时期任何一种服装单品的流行，最终都演变成大众的流行。例如，太阳镜、长头发、喇叭裤、蝙蝠衫等成为时尚，很多人看不习惯，但年轻人却从中找到个性和自我（图2-20）。

（二）20世纪90年代男士着装特色——讲求个性和多变

20世纪90年代，改革开放带来了经济上的快速发展，一大批本土男装品牌应运而生，国际男装品牌也加速进入中国市场，男装消费市场日益繁荣。同时，男士商务休闲服装的概念开始兴起，衬衫、T恤、运动休闲服、风衣、羽绒服、棉服、羊毛衫、羊绒衫等适合不同场合的服装品类丰富多彩，不断满足人们多元化的生活需求。此外，消费者的品牌意识开始萌发。

对很多人来说，20世纪90年代是一代人审美的觉醒，是一个大家纷纷开始学习穿衣打扮的年代，对时尚圈来说，这个时代不仅充满情怀，还有各种经典的时尚元素。这一时期流行过很多造型，将朋克风、摇滚风等都集合起来，融入了20世纪80年代的多元化，在这一时期进行了激烈地迸发，发现男性基本不穿正装，而是一件皮茄克走遍天下。受国外街头风和嘻哈文化的影响，夸张的设计是20世纪90年代运动服的明显特征（图2-21）。

图2-20　追求潮流的男士

图2-21　20世纪90年代街头运动服

（三）21世纪初男士着装特色——追求个性、引领潮流

进入21世纪，中国加入世界贸易组织，国际时装品牌涌入中国市场，国内百货零售业快速发展。互联网的发展使得人们获得各类时尚资讯变得畅通无阻，中国消费者的消费水平、消费观念不断提升，面对日益丰富的选择，不再盲目追求品牌，而是讲求个性化和多元化，彼时的男士着装特色已很难用某一种单一款式或色彩来概括。人们对时尚的理解也不再是跟风模仿，而是更加注重着装与自身气质的搭配，彰显自我个性（图2-22）。

图2-22　融合国际服饰文化的穿着受到消费者市场认可

四、复兴新时代的男士着装特色

2010年以来在新时代背景下，工业化、城市化的发展造就了新一代消费升级，国人的消费理念已经从物质层面追求上升到追求精神、文化领域的自信和满足感。

随着中国制造、中国品牌的崛起，中国情怀、中国自信的彰显，"新中装"、汉服、禅服等中式服装在社会中形成了流行的氛围，中国本土品牌亮相海外时装周，形成了别具一格的"国潮"风，赢得了广大消费者的认同和喜爱，代表着东方魅力的"复兴"美学风格迅速成为潮流的新标杆，激活了流淌在中国人血液中的民族记忆和创新活力（图2-23）。

随着互联网平台的快速演进，个性化、品质化、定制化的商品越来越受消费者喜爱，只穿"属于自己风格的衣服"的年轻群体带动了消费结构整体升级和消费层次的提升。崇尚个性化消费主义的新一代消费者，已经不再满足于商家生产什么样的产品就购买什么样的产品，而是强调自己的审美和个性，希望有独一无二的产品来满足自身的需求，同时，服装消费不仅仅是传统意义上简单的产品交付，还有深层次的全方位服务。由数据驱动的个性化定制生产线应运而生，个性化定制取代传统的成衣生产，新零售使得消费购物体验全面升级（图2-24）。

图 2-23　2014 年 APEC 会议各国领导人穿着的 "新中装"

图 2-24　男装生产企业的信息化改造

从兼容并蓄
到自成一脉的
第二节 # 中国男装设计理念

　　"理念"一词最先源于哲学范畴，即思想、看法等，是思维活动的结果。男装设计理念则是指男子服装设计中的主导思想，同时又是设计的价值主张以及思维的根本所在，是男装设计最核心的部分。

放眼世界时尚舞台，全球文明被不同民族文化重新评估。从全球一体化设计理念到民族设计全球化观念的转变，背后蕴含着中西方文化的交融，以及中西方设计师之间的沟通。中西方服装设计师根据他们对中国服饰文化的解读和诠释，肯定了中国服装在扮演民族设计全球化中的重要角色。伴随着中国经济腾飞、百姓生活富足，国人坚定了民族自豪感与自信心。基于时代发展的背景，以中国男装领衔的中国服装逐步从兼容并蓄变得骨脉雄强，以民族特色和时尚风格立足于世界服装之林。

20世纪90年代，国际服装大师克里斯汀·迪奥在T台掀起"中国风潮"，引起世界服装界对中式服装的关注。21世纪初始，申奥成功、APEC会议、中国加入WTO等几件大事又燃起了人们对本民族文化及本民族服装的追崇热潮。此后，中国服装业进入一个崭新的阶段。时至今日，中国服装的风潮不但未有消退，且越演越烈。这一现象绝非偶然，它体现了中国和中国服饰文化的自主意识及主流意识的觉醒，是历史潮流发展的必然；它唤醒了人们内心沉积的民族文化观、民族服饰审美观及民族价值观，吸引更多的人关注中国服装现状及其未来的发展趋势。

当下既是一个信息革命的时代，也是一个全球化的时代，服装的发展正坚定地朝着多元化的方向迈进，受"消费文化""后现代文化""环保文化"和"民族文化"等多种文化结构的影响，加上科技的迅速发展，中国男装设计理念与时尚风格流行呈现出纷繁复杂的多样性特征。民族振兴、国家富强，中国男士喊出了"找回自我""宣扬个性"的时尚主张，培养与实践出中国男士的着装美学。

如今，中国男装市场的国际化和民族化特点尤为明显。一方面，中国服装潮的流行与巨大的市场空间吸引了一批加入与适应中国男装设计风格理念的国际男装品牌；另一方面，我国男装行业涌现了一批具有强烈中国男装设计风格的优秀服装品牌，包括劲霸、雅戈尔、海澜之家、红豆、利郎、例外、七匹狼、柒牌、杉杉等。这些中国男装品牌在各自的设计理念风格下，共同为中国男士着装美学的实践发展贡献力量。举例来看，将现代与传统完美结合的劲霸男装，在款式、色彩、面料、制作工艺上都体现出独特的创新风格。针对当代中国男士的服装适用场景与穿着习惯，劲霸男装将"商务休闲"融入产品设计中，强烈的人本设计理念赢得了市场认可（图2-25）。

万物发展源自其本。中国男装设计想要自成一脉理应基于中国文化中的"中国意象"进行重构创新。在后现代消费社会时尚观念下，剔除"中国风"在生成和发展过程中存在的流弊，用生态设计的启示和对自然和他者的观照，以及对传统文化复归的守望，建构起中国男装全新的文化范式和设计模式。从设计理念出发，具体呈现以下几个方面：

图 2-25　劲霸品牌商务休闲男装

一、简约理念：精练、简洁的设计思想

大道至简的审美理念贯穿于中国传统文化中，影响中国男士的着装美学。自古以来，中国人就有着简约思想，这与西方现代艺术直率简洁的美学观和"极简主义"的审美趋向不谋而合。如今，中国男装行业具备了大工业生产条件，机械生产替代手工劳动已成必然。精练、简洁这种易于被机械生产所接受的设计理念应运而生。此外，消费市场日益突出摒弃繁复、回归简约的审美追求。从实用主义观点出发，简洁设计的服饰也更易适应现代快速紧张的生活节奏（图2-26）。

现代中国男装强调"精练"，崇尚简洁、明快的审美。参与因素要少但是整体审美力量要大。以明确的服装主题来表现所要追求的风格，用干练的造型来展示精确的想象构思。在知觉上，认识直线、平面比认识曲线、曲面要容易。现代中国男装以简约设计理念为根本，自然突出强调轮廓线的作用，区别于传统古典服装在装饰细节上大做文章，而是注重整体造型。衣服的分割线越少效果越好，内分割线太多容易分散外轮廓线的整体力量，不利于审美结构的统一。另外，现代中国男装的简约设计理念并非原始的简单的循环。从简单—繁复—简约的转变，体现了否定之否定的扬弃过程。从表面上看，现代中国男装否定了繁复，接近了原始情趣；从本质上来说，他们改变的只是过分雕饰的习惯，进而发展和丰富了结构意识。就丰富性这一点来看，现代中国男装从古典服装风格中吸取了有益因素。因此，简约设计理念并不绝对排斥精细，而是在细节上乐得其微。

图2-26 中国设计师品牌"无用"的简约服装设计

二、人本理念：内在需要成为第一理想

（一）休闲化

在中国男装发展历程中，经历过很多次由于服装形制而束缚思想的阶段。因此"人的解放"一直作为中国男装的重要课题引导设计师做出决策。中国男士的内在需要成为第一理想，不再受到外在制约。因此，从"以人为本"的观点来指导中国男装设计成为关键，表现为"随意化、个性化和舒适化"的特点，更加符合人们的生理和心理需求。

（二）大众化

人本理念的另一个重要特征是"大众化"。随着工业革命带来的标准化、批量化生产和商品化消费，服装的阶层差距逐渐淡化。现代社会正试图为全人类提供一种政治上自由的、经济上廉价的选择权利及能力。人们的服饰选择随着物质条件和精神条件的逐步成熟变得越发自由。同时，现代中国男士的着装观念不仅取决于经济因素，也取决于文化因素。现代社会中生活方式的多样化、文化模式的多元化使社会价值观念急速分化，原有一体化的价值体系和社会结构受到了冲击。人们更高层次的自我精神需求反映了人本理念的深层内容，使人们不仅仅满足于成衣工业化提供的规范和随流而兴的时尚，而是期盼享受真正的着装自由，并努力在自我形象的尽情展现中实现自己的精神解放，即实践自己的男士着装美学。

三、生态设计理念：万物一体的系统认识

当代中国男装生态设计理念是基于中国传统文化的生态观和西方后现代文化的有机论。首先，当代中国男装生态设计理念源于中国传统文化中的生态哲学、生态伦理学和生态美学的意识。中国古代思想家认为，大自然（包括人类）是一个生命世界，包含活泼的生命、生意。这种生命、生意是最值得观赏的，在这种观赏中，体验人与万物一体的境界，从而得到极大的精神愉悦。中国传统哲学中这种极强的生态意识，认为"生"是根本，"生"为"仁"，"生"为"善"。而传统文化中朴素的自然哲学观，认为人是天地生态系统的组成部分，视天地为万物生发的本源。人与物关联体验到的"人与万物一体""万物之生意最可观"的意象世界。对天、地、万物的无上敬畏，推崇对物的获取"使之必报之"，对物的滥用"天物不可暴殄"。正是这种生态哲学和生态伦理学的意识相关联，构成了中国传统文化中生态哲学的宝贵思想资料，为中国男装设计理念提供了生态文化继承基础。其次，当代中国风格服饰生态设计受益于后现代生态社会伦理。马克思在《1844年哲学经济学手稿》中指出："自然界的人的本质只有对社会的人来说才是存在的，因为只有在社会中，自然界对人来说才是人

与人联系的纽带，才是他为别人的存在和别人为他的存在，只有在社会中，人的自然的存在对他来说才是自己的人的存在，并且自然界对他来说才成为人。因此，社会是人同自然界完成的本质性统一，是自然界的真正复活，是人实现了自然主义以及自然界实现了人道主义。"

　　工业社会和消费时代的到来，科学技术的负面效应带来从未有过的巨大的物质和能量煽流、破坏而导致种种危机，在后现代生态观念的催生下，引发了服饰设计本体设计伦理和设计道德的反思。由此，当代中国男装设计理念发生转变，开始了生态设计的实践尝试。中国男装的生态设计理念超越单一的科学理性主义，推崇应有的生态道德与责任。在整个生态系统中，人的价值有助于生态的协调，中国男装承载丰富的"天人合一"思想，亟待发扬光大。生态设计理念不是反商业模式、反消费理念的绝对化作风，而是提倡合理与适度的消费模式，是设想并建构具有一定浪漫气息、带有传统情感的、富有责任与义务的艺术设计形态。生态设计理念提供了中国风格服饰设计可持续的生态发展态势，为中国男装设计提供了新的可能和发展方向。而中国男装又以其独特的内涵和外延享用生态学的诸多裨益，主要包括原生态服饰材料的可持续、原生态色染材料的可持续，以及中国传统服制意象的可持续（图2-27、图2-28）。

图 2-27　以废弃橡胶为原料制造的新型织物

图 2-28　生态纺织的棉麻面料

四、道家哲学理念：寂寥、飘逸、随性的意境与情趣

"道"在经过中国哲学家不断去丰富及理论升华的背景下，以其浓郁的寂寥、飘逸、随性的美学意境和审美情趣独树一帜，对我国包括男装设计在内的审美理念价值及意境的发展产生深远影响。哲学范畴的美学思想是设计实践活动的根基，会对本土化的设计作品产生潜移默化的推动作用。

（一）虚实有度

中国男装在借鉴和改良传统服装设计元素的基础上，还要对传统服装的设计理念和审美意蕴加以提炼与转述。中国传统男装在设计理念中体现出的诸如宽舒、畅达、飘逸、平和、行云流水等审美哲学，与现代中国男士着装理念上精神的放空与自由相一致。中国男装的设计应用不只是传统形制元素的挪用和改良，而是对传统服饰文化的理解与理念和审美的领会，更追求精神意境与文化理念的传达。

中国男装自古追求自由、宽松，区别于现代西方服装那样精确勾勒人体，又不似古希腊、古罗马那样用一块布随意地披挂或缠裹于身上的宽松，而是采取"半适体"的式样，在拟合人体的同时倡导一种包藏又不局限于人体的若即若离的美感。中国男装应在宽松与适体之间寻求平衡，通过探寻身体与服装间的和谐关系，使服装更具人文化、理念化，更贴近人们精神层次的需求。在松与紧、开放与含蓄、自由与束缚之间游刃有余，营造出一种平和而神秘的美感，使中国男装更加符合现代人的穿着习惯与审美需求。通过对服装面料材质的对比、裁剪方式的改变，在宽松与适体之间寻求一种平衡的状态，在传统服装形制与现代服装形制之间寻找契合点，从而实现对中式韵味的传达。

中国文化是"有""无"合一的一元文化，"有"就是可见可感的形器之物，即存在的实体，"无"则是无形无相的形上之道，在中国传统文化理念的语境中也叫作"虚""空"等。在传统中国男装中，通过褒衣博带来营造虚实共生的美学意境。例如，男装腰带上的宫绦、穗子、佩玉，女装上的披帛、垂绦、璎珞等带饰，把衣带飘逸若举之神展现得淋漓尽致，服装与衣带之间的互动体现了虚与实之间的对比。褒衣博带式的宽衣形制在瞬间呈现出来的种种变幻姿态使本为平面的空间演变出千变万化的多维层次和立体空间，长风盈袖、衣带翩翩，动静之际，尽显广博气象，坐卧之间，尽显虚实相生的意境之美。传统文化中"虚""空"的概念与审美哲学和现代人追求精神上的放空与自由不谋而合。因此，中国男装设计应用中应注入传统服装中虚实共生、天人合一的设计理念，使服装与人之间的共生、和谐的关系得到很好地存续与发展，呈现一种慵懒放空的状态，表达当下人们对自由生活的渴求。

（二）自然自得

作为中国传统美学的重要元素之一，美学范畴的自由创新精神一定程度上来说是在道家"自然自得"的学说中进行归纳总结。在中国美学体系范畴中强调的是人作为创作的主体，进行自由的审美创作。人的审美境界对于自由精神的创作起着重要的作用。同时"道"生万物，人是其中的一部分，对于整体把控的意境构成来讲，人应该与自然和谐相处。老子认为，人的生命与自然同生于"道"，人的精神意识也归于"道"，所以人生命与意识的活动轨迹就自然而然地表现出与"道"冥合的志趣，是为"自然"。而"道"从人文角度讲，注重个体生命的自由发展，庄子《逍遥游》通篇都在阐述在心灵自由自在的境界中进行"观道"，最终达到个体逍遥自由的审美愉悦。这是在心灵自由精神角度的认识，是为"自得"。总而言之，所谓的"自然"就是本质、本然；所谓的"自得"就是精神的自由。"自然自得"所追求的自由美学精神，对于美学本质的研究与发展有着重大的指导意义。

（三）道法自然

中国美学范畴的"道法自然"蕴含着丰富的释义，如自然而然、自由自在、天马行空等。道家对于"自然"，将其概括为宇宙天地的空间，是客观存在的，不以人的意识为转移。庄子认为"天地有大美而不言"，就是说自然界本身存在着至高无上的美，可见对于"自然"的本体来讲，它在审美层次上更多体现出一种无形的美；其次从"自然"的价值性来讲，人遵循"自然"的属性进行运动，人的本性里涵括了"自然"的属性，对自然存在着一种天然的依附感，享受着自然给予的朴实、自由的"天性"。另外，"道"包容万物为设计师带来无尽的艺术构造与想象，提供不拘一格、无拘无束的设计思路。总而言之，"道法自然"提倡的是人作为自然的一部分，应该回归自然、回归自由的初心，根植在"自然"的本性下进行设计创作。

中国传统男装廓型一直以大袖袍衫的廓型和平面结构的剪裁为主要表现形式，平面结构剪裁的设计手法，可以平铺于地，简练的设计手法带来舒适的穿着体验。服装廓型整体呈现"T"形状，主要表现为宽大性、平面性、悬垂性的特征。不同于西方按照人体曲线进行精确的廓型设计的理念，我国传统大袖袍衫的设计理念受"道法自然"理念的影响，追求人与自然的和谐相处，放宽服饰空间，将身体曲线做隐性处理，表现出自然、自由、虚实相生的道家审美意境。随着时代的发展，传统服装的服装特点已不符合现代人的审美需求，需要按照设计理念进行创新设计。

（四）五色乱目

"五色乱目"的道家色彩观的语言解析为"灭文章，散五采，胶离朱之目，而天下始人含其明矣"。在庄子的思想意识中，"五色"容易让人产生"欲望"与"伪善"的情绪，这种艺术情感并非真正源自自然本性的艺术。"黑白之朴，不足以为辩"，摒弃一切外部装饰，远离世俗的喧嚣，在剥离中展露生命的自然之美，提倡建立在"去欲""去伪"的基础上来揭示自然界质朴、素雅之美的艺术情感。这种思想一方面构建出"道"之色彩观的根本，另一方面建构起传统艺术所提倡的复朴审美理念。道家色彩观构建在"去欲"与"去伪"的人性之美的基础上，摒弃感官上的欲望，焕发自由的审美情感，追求肃静恬淡的自然无为之道。道家体现出删繁就简、平淡自然的审美情趣与色彩领域中无彩色系不贵五彩的天然色彩感受相匹配。

（五）大巧若拙

"大巧若拙"强调的是质朴、纯然、浑然天成和随性且不迷乱的自然美，这种美是艺术的最高境界。"朴"原意为本色的树木，"大巧若拙"蕴含着道家对树木本真的朴素的推崇之意。正是由于"大巧若拙"所指出的大道之巧在于其浑然天成、遵循客观的规律，所以要求人摒弃喧嚣的世间万象，返璞归真，复归到自然最纯粹的初始状态的本真。中国男装设计中的棉麻布衣面料选择最能体现"大巧若拙"的美学价值取向。

棉麻"布衣"文化是我国传统的服饰文化，讲求人渴望回归自然的真性与简约，实现人与自然和谐共存的状态，而麻面料传承了自然浑然天成的特性，其天然性与环保性成为中国男装面料的首要选择。现代服装行业进行的大规模机器生产的面料缺乏对于其生命情感及精神的体现，人们更多的是渴望自然朴素的棉麻面料所体现出来的亲近自然的情感依托和道家平淡自然的文化精神。对于棉麻面料为主的服装而言，能让人感到"淡然无极而众美从之"的美学属性，并赋予服装一种自然、静谧、素朴、恬淡的艺术语言。棉麻布崇尚朴素自然的面料语言正是道家"以道观物"审美观的产物，同时挥洒着自然而然的艺术情怀。

日趋多元的
当代中国男装
市场格局

第三节

男装是中国服装行业中最成熟、最具竞争力的子行业之一。国际男装品牌的优势在于拥有强大的资金链和完善的品牌体系，定位高端，在一二线城市有着强大的竞争优势，如"阿玛尼""杰尼亚""切瑞蒂""登喜路""雨果博斯"等品牌。而国内的男装品牌利用对顾客体型特征、消费偏好、地域差异等本土优势的了解与国际男装品牌进行差异化竞争，并不断缩减与国际男装品牌间的差距，在二三线城市较有优势。国内男装品牌发展至今板块特征明显，主要集中在浙江、广东、福建、江苏、北京等省市地区，而浙江作为红帮裁缝的继承者，一直是男装产业的先行者。

一、中国男装消费版图呈现五大区域划分

目前，男装企业尚处于品牌塑造的初级阶段，并形成了以宁波和温州为代表的"浙派"、晋江和石狮为代表的"闽派"、广东为代表的"粤派"、张家港和江阴为代表的"苏派"，以及北京、大连为代表的"北派"男装产业集群（表2-1）。

表2-1 中国近现代男装产业集群

产业集群	浙派男装	苏派男装	北派男装	粤派男装	闽派男装
覆盖区域	浙江地区的宁波、温州等	江苏地区的张家港、江阴	北京、大连等	广东、深圳、珠海等	闽东南地区的晋江、石狮等
格局特征	品牌美誉度高，价格适中；规模一般，设计一般	品牌美誉度高，价格适中；规模一般，设计一般	品牌美誉度高，价格适中；规模一般，设计一般	价格高，品牌知名度低；设计能力强，规模一般	价格低，品牌知名度高；规模强大，设计能力弱
风格定位	由商务正装转向时尚商务休闲男装	中端商务休闲男装、时尚羽绒服	高端商务正装及中高端商务休闲装	个性时尚男装、中高档商务休闲装	商务休闲概念的提出与倡导者
营销渠道	团体定制、贴牌加工、直营、加盟销售；一二线城市零售、百货商场专柜、专卖店	品牌授权、贴牌加工、直营、加盟销售；一二线城市零售、百货商场专卖店	设计师输出、贴牌加工、直营、加盟销售；一二线城市高级百货、机场、星级酒店	设计师输出、贴牌加工、直营、加盟销售；一二线城市高级百货、机场、星级酒店	多品牌战略、贴牌、直营、加盟销售；二三线城市专卖店、百货商场专柜
代表品牌	雅戈尔、杉杉、罗蒙、培罗成、报喜鸟、庄吉、法派、之家、夏梦、步森、乔治白、博铂	蓝豹、波司登、雪中飞、红豆、海澜之家、迪诺兰顿、红杉树、培罗蒙、麦梯、康博	如意、南山、希努尔、雷诺、国人、威可多、大杨创世、依文	卡尔丹顿、卡奴迪路、博斯绅威、雷迪波尔、富绅、金利来、威鹏、凯迪	七匹狼、劲霸男装、柒牌、九牧王、利郎、虎都、才子、爱登堡、Mr.C、周织

经过多年的发展，中国的服装专业市场作为一种成熟的服装产品分销模式，已取得了良好的经济效益和社会影响力，并累积了一定的产业基础。全国主要的服装专业市场形成了以上海、广州、北京、武汉、成都等城市为中心，分为东、南、北、中、西五大区域的主要市场格局。

（一）南部消费市场

南部珠江三角洲毗邻港澳地区，享有地理环境、自然资源及政策的优势，使得南部地区的纺织时装市场的地位令其他区域难望其项背。国家致力推进中国最重要的两大纺织时装基地——珠三角与长三角地区实现无缝对接，以尽快融入国际产业链和采购链中，实现资源互补，这无疑会增强南部地区战略性经济地位的重要性。

以广东、福建为代表的华南区域服装专业市场，优势为起步较早、有畅通的资讯流、优越的地理位置、扎实的产业基础，依托当地时装生产加工业的发展，已形成规模，是非常典型的产地型市场。目前，广州已形成以白马为龙头的流花板块及以沙东为龙头的沙河板块的服装专业市场。流花服装批发商业区内有十多家服装批发中心。另外，广东虎门镇也是批发较为集中的地方，其中富民商业大厦和黄河时装城最具代表性。

广东的时装制造业有明显的地区性专业分工，如东莞的女装、中山的休闲装、盐步的内衣、普宁的衬衫、潮州的婚纱晚装、佛山的童装、汕头的西服及东莞的毛织品等，都有各自的侧重。

中国男装广东版块底蕴深厚，产业规模与制造水平均居行业前列，特别是在设计资源上拥有领先优势。主要体现在三个方面：一是设计师资源，广东在不同时期都为中国服饰业输送了顶尖设计师，一批优秀的设计人才汇集于此；二是面辅料资源，广东企业拥有独立的面辅料研发能力，每年都会推出创新型面料，流行面料大多是从广东流向全国；三是信息资源，香港作为世界著名的自由港，容易接收最新的流行趋势，而广东则成为最主要的受益者。

福建的时装市场主要集中在石狮、泉州和晋江等地，涌现出不少国内知名品牌。浓厚的商业氛围和市场基础使得南部时装市场充满勃勃生机。晋江、石狮、泉州作为福建纺织服装业的发源地，曾以"有街无处不经商，铺天盖地万式装"的语句来形容当地经营服装生意的火热。福建服装市场起源于20世纪六七十年代的"估衣摊"。当时，出售旧衣服的行为并不被允许，"估衣摊"在夹缝中几乎消亡。在经济开放与发展的背景下，有着丰富"服装行业经验"和营商智慧的石狮人，闯出了一条服装经营之道。他们从卖"洋服"到模仿"洋服"，再到量产和规模化销售，最终创造了自己的品牌。尽管这一时期，泉州、石狮的服装市场常遭诟病，被冠以"冒牌""假货"的代名词，但从模仿到自创需要实践的积累，直至20世纪八九十年代，以石狮、晋江、泉州为主要根据地的"闽派"服装市场形成了相当的规模，完成了整个服装产业链的构建。

随着整个服装市场进化、产业升级，行业竞争越发激烈，原有商业模式和市场形态已经不能适应"福建服装业发展的需要"。福建的整个产业集群渴望打造一个能与产业不断升级相匹配的"闽派"服装产业链。

我国的福建省在近代成为纺织服装生产制造大省，改革开放初期，福建省生产制造的服装产品在国内享有举足轻重的地位，"石狮制造"在20世纪八九十年代是最受服装消费者欢迎的服装。但到了20世纪90年代末期，发生了翻天覆地的变化。一些以单品崛起的品牌，受困于产品结构不齐全，发展相对缓慢。

1995年，专注茄克品类的"劲霸"，中华立领"柒牌"，西裤专家"九牧王"等品牌仅初见名气；1996~2000年，随着企业规模的扩大，专卖产品形态的逐渐完善，福建男装有了显著的竞争力，销售成倍增长，服装渠道的拓展由批发转向建立零售渠道。从2001年起，"中华立领""茄克专家""西裤专家""新正装"等多个定位的男装品牌，开始意识到要突破单一产品给人的印象，整体品牌形象的建设非常重要，企业开始规划"品牌个性化"路线。

在营销渠道上，以"七匹狼"为先的代理制开始盛行，而正是由于这"霸气"的代理制，让福建男装品牌的店铺迅速在几年之间开遍全国，"七匹狼""利郎""才子""虎都""爱登堡"等品牌脱颖而出，一跃成为远近驰名的知名品牌。代理制在福建男装的品牌崛起过程中贡献巨大，快速提升了福建男装品牌在全国的形象，这也是中国男装在业内前进的一大步。2007年，承袭了代理制度的优势，福建企业在零售终端上加大投入，福建男装品牌已经基本完成原始积累。在宣传推广上，运用明星代言人策略进行品牌形象推广，配合广告轮番转播，一系列宣传让福建男装在全国范围内集体"大爆发"。2007年，福建省的多个知名男装品牌被中国工商总局授予"中国驰名商标""国家免检产品"等荣誉。进入21世纪，福建男装品牌形成了全国范围内的广泛知名度和美誉度，店铺遍布全国，"品牌=明星代言+电视台广告+渠道拓张"的营销模式也成为行业内争相仿效的策略。

（二）东部消费市场

作为中国经济最为繁荣的区域，东部地区辐射江、浙、沪等地。这些地区地理位置优越，历来是中国纺织服装业的重要基地。华东区域的服装批发市场主要分布在浙江、江苏、上海等城市和地区，东部服装市场现代化程度高，硬件设施先进，商业街井然有序，配套设施齐全，贸易额首屈一指，至今依然勃发着惊人的活力。

华东服装经济凭借长三角地理区位和优良发展模式，在某些方面甚至超越了珠三角地区。

典型的专业市场有：上海的七浦路服装批发市场、常熟招商城、柯桥轻纺城、濮院羊毛衫市场、杭州四季青服装市场、海宁皮革城。

上海的纺织服装专业市场呈现"高端"形态，其中沪上最大的七浦路服装批发市场，已由初级迈向成熟。离上海不远的杭州四季青服装市场以"品种多、款式新、质量好、价格廉"为特色，成为大江南北服装交流的重要集散地和全国著名的大型服装专业批发市场。此外，东部地区专业市场中还有一些佼佼者，如常熟招商城、高邮的中国纺织服装城、无锡的新世界、苏州的中国国际服装城等。东部地区经济发达，基础设施完善，产业密集，为专业市场的发展奠定了基础。

在东部男装消费市场里，宁波和温州是颇具代表性的两个城市。宁波男装借助当初红帮裁缝的悠久历史，在这个坚实的基础上逐渐起步发展，成为当地的优势产业；而温州则是乘着改革开放的春风，借助当时的市场环境和规律起步并发展。

宁波作为国内最具规模的服装产业集群地之一，综合实力特别是男装居全国同类城市之首，有全国最大的西服和衬衫品牌企业聚集地。生产的西服及其套装约占浙江省的四成以上，衬衫的综合占有率超过全国的四分之一。20世纪70年代末，承借改革开放的春风，一批宁波服装企业开始起步。在自发成长阶段，企业主要以西服、衬衫、西裤等传统服装品类为基础。1979年，一家名为"青春服装厂"的企业在宁波鄞州区（时称鄞县）石碶镇成立，也就是"雅戈尔"的前身。进入20世纪80年代末期，宁波服装进入品牌创立阶段，"杉杉""罗蒙""培罗成""洛兹"等一批品牌创立，包括男装在内的宁波服装业进入了快速发展阶段。

温州女装起步比男装稍早，但是缺乏市场培育。进入20世纪90年代，一批男装快速崛起，打破了女装一度领先的格局。全中国形成了男西装消费的大市场，成就了温州男西装市场的繁荣。

总而言之，宁波的男装是传承了有着悠久历史的"红帮裁缝"的优良传统，在一个本身坚实的基础上逐渐成长发展起来；而温州男装则没有任何可以凭借的"历史遗产"，而是依靠改革开放后宽松和相对自由的市场环境，依照市场规律起步并逐渐走向成熟。

（三）北部消费市场

北方地区具有独特的文化气息与深厚的历史底蕴，为商业的繁荣注入了独特的内涵。北京这座文化古城，更是将文化与商业相结合，演绎出一道无可替代的市场风景。

华北的服装专业市场主要集中在北京、天津、河北、山东等区域。北京的纺织服装专业市场早已形成商圈规模，呈现客户相对集中、市场规模大、成交额高等特点，在全国具有相当高的知名度。目前，北京代表性的专业市场有木樨园商圈，这里是中国长江以北地区最大的服装集散市场。山东主要纺织品服装鞋帽商品交易市场包括即墨服装批发市场、淄川服装城、淄博市周村纺织大世界、济南泺口服装批发市场等。

每个市场都各具特点，其中木樨园服装集散市场以强大的能量辐射整个华北、东北、西北乃至全国；沈阳五爱市场服装城是目前全国超大型服装专业市场之一；素有"大纺织、小时装"之称的山东，纺织服装是其传统支柱产业，在全国的纺织工业中占有重要的一席之地，其中即墨服装批发市场以款式新颖、花色齐全、价格低廉而闻名全国。

（四）中部消费市场

中部地区位于我国腹地，在20世纪80年代凭借其优越的地理优势，发挥着引南接北、承东启西的流通功能，曾经创造出辉煌的商业历史。

昔日的商战发源地郑州，拥有传统商业优势和现实机遇。郑州银基商贸城是郑州纺织服装专业市场的旗帜，以"规模大、品种全、质量高、价格低"而受到中原地区广大消费者的欢迎。

服装业本身是一个集文化、时尚与创意为一体的产业，不管是在服装的设计方面，还是在品牌的推广营销方面都需要创意。客观分析来看，汉派服装在这三个方面，发展中都需要逐步完善。曾经享有"中国第一街""城市500年商业之根"等盛名的武汉汉正街，由于同类产品过度集中，品牌缺乏鲜明的个性风格和独具的文化理念，盲目折价竞销，最终使这个曾占据武汉70%份额的"汉派时装市场"逐步被外地品牌所替代。如今的汉正街正在进行"二次创业"，立志打造成"华中首席时装品牌港"。

（五）西部消费市场

西部地区由于历史、地理等诸多因素，造成基础设施不完善、整体经济相对落后、工业欠发达、商业不活跃的状况，产业以劳动密集型为主，消费市场疲软，生产能力也较为落后。但是，以成都和重庆为枢纽的西南地区纺织服装市场连接云南、贵州甚至西藏的分销商道，作用非同小可。特别是"十二五"期间，产业结构调整，东部沿海生产企业大量西迁，无疑给西南地区的纺织服装产业带来新机遇，消费市场焕发出新的活力。

二、厚积薄发的中国男装品牌

1978年改革开放至2017年，这漫长而艰辛的30年，我国现代男装产业的发展经历了从无到有、从冷清到繁荣的过程。在生产、管理、营销、品牌树立等方面，日趋合理和完善，逐步发展为服装业中最成熟的子行业；形成了"浙派""闽派""苏派""粤派"四大男装产业集群。在积蓄发展的过程中，男装自主品牌也初具规模。

目前，我国男装品牌上市公司约20余家，其中包括以"海澜之家""卡宾"等具有轻资产特征的品牌，以"雅戈尔""九牧王"等重资产运营品牌，以及以"七匹狼"为代表的具有轻资产趋向特征的品牌。这些品牌主要分布于四大产业集群，大多定位为中高档商务休闲男装或正装。

由于我国大多数男装上市品牌以生产起家，经历了数十年的发展，基本完成了资本的原始积累，开始了品牌深化运营并先后开启了走向国际市场的征程。但这些传统男装品牌在国际市场竞争中往往受重工生产限制，导致产业链负担较重、反应较慢，加之其品牌成熟度不足、产品附加值低，很难在国际市场中形成高价值的竞争优势。因此，我国目前还未能形成一个真正享誉世界的男装品牌。

（一）中国男装品牌市场环境分析

自2014年中国经济逐步进入新常态，中国经济开始面临新变局。作为基础性消费产业，服装业已成为中国市场化程度最高的行业之一。随着资本全球化演进，市场和劳务竞争全球化以及高新技术产业迅猛发展，传统制造业规模生产渐生劣势。外部环境因素的改变无疑将对目前正处于停滞求变期的中国男装品牌产生巨大影响。以下从波特五力分析角度来阐述我国男装市场的竞争环境（表2-2）。

表2-2　中国男装行业波特五力分析等级评价

评价等级	行业竞争对手的竞争力	替代品的替代能力	供应商议价能力	潜在进入者竞争力	消费者议价能力
高	√				√
中		√			
低			√	√	

1.行业竞争对手的竞争力

目前，在中国高端男装市场中，国际男装品牌以悠久的发展历史和高品质的设计工艺在市场中占比很高。在中端市场中，中国男装品牌数量多，但受困于同质化、产品结构单一等问题，以及近年来国际快时尚和轻奢品牌进驻中国，我国男装品牌竞争进一步加剧。在低端市场中，随着我国劳动成本的逐步提升，低价竞争优势减弱，各同品类品牌之间的竞争也越加激烈。

2.替代品的替代能力

就整个服装行业来讲，还没有哪个行业可以完全替代男装行业，该行业替代品潜在的威胁基本可以忽略。在细分市场中，一种品类的男装不会被其他品类代替，且由于服装的款式千变万化，同品类的服饰一般具有较大差异，会受到不同消费者青睐，所以替代力较弱。但对于一个男装品牌而言，若不能明确品牌定位和经营策略，或没有找准细分市场和经营策略，那么这个品牌很容易被其他品牌取代。

3.供应商议价能力

服装供应商是企业产品供应链的重要环节之一，通常会对服装产业的利润产生较大影响。而我国拥有众多男装生产企业，产业链健全，男装产品往往呈现供大于求的现象。加之我国服装品牌使用原料特殊要求较少，供应商所提供的产品同质化倾向严重、竞争激烈、价格波动小。因此，我国服装行业供应商大部分不具备很强的议价能力。

4.潜在进入者竞争力

男装行业作为服装行业的子行业，对企业规模没有特别的要求，进入壁垒较低。由于男装品牌企业数量较多，加之国外品牌进入中国导致市场竞争尤为激烈，现有企业对于新进入者通常是消极防御态度。目前，男装产业中的国内高端市场主要由国际大牌主导，所以，对于中国男装产业来说，潜在进入者的阻碍因素较大。本土品牌更应该关注自身产品的设计研发，深化品牌运营，创造自身品牌特色，努力对标国际强势品牌。

5.消费者议价能力

随着科技进步、经济发展，B2C、C2C、O2O模式发展成熟，顾客的购买力越来越大，购买渠道愈加丰富。越来越多的消费者更加看重服装的品牌内涵、产品的差异性和质量。但由于行业内可供选择的品牌多、同质化现象较为严重，消费者转换产品的成本几乎为零。所以，消费者具有较大的议价能力。

（二）商务休闲男装异军突起

商务休闲男装既具有商务装的功能，又兼备休闲装的随意，能够彰显高格调、高品位的生活理念。因其设计介于西装与休闲装之间，能够适应各种场合的男士。商务休闲男装不仅是一种着装风格，又体现了男士的生活态度，成为近年来越来越多地被消费者所接受的服装类型。相对于正装而言，商务休闲男装穿着自然随意，又保持一份端正严谨的态度。目前，它已成为25~45岁事业型男士的新宠，市场形势看好。

在中国服装市场上，商务休闲品牌繁多。以杭州大厦为例，作为国内一线大城市的高档商场，从商场A、B座一至二层的男装品牌来看，基本被国外高档男装品牌占据，包括ZEGNA（杰尼亚）、BURBERRY（博柏利）、CANALI（康纳利）、HUGO BOSS（雨果波斯）、GIVENCHY（纪梵希）、ARMANI（阿玛尼）等，而定位中高端市场的国内男装品牌如S.D.spontini（萨巴蒂尼）、SATCHI（沙驰）、VICUTU（威可多）、BOSSSUNWEN（博斯绅威）、EVE DE UOMO（依文）、CANUDILO（卡奴迪路）、SAINTPAULON（圣宝龙）等都集中在商场的三至四层。

商务休闲男装按零售价格的不同可以划分为高、中、低三个不同档次。高端商务休闲男装紧跟国际男装品牌的时尚潮流，对款式开发、面辅料选取、产品定价、制作工艺、代工合作厂商的要求都非常高，终端销售渠道布局以一二线城市为主。中端商务休闲男装产品价位较高，以国内品牌为主，主流品牌厂商基本由传统的服装制造商演变而来，产品覆盖面广，相似度高，主要的销售渠道是品牌专卖店、百货商场专柜等。低端商务休闲装的定价较低，在款式设计上相互模仿抄袭，主要分布在二三线城市，缺乏稳定的客户群。

在中国的服装市场上，商务休闲男装领域竞争激烈。国际知名品牌纷纷进入中国市场，给国内服装品牌增加了不小压力。国内中高档男装品牌抢占我国的一二线城市和少量的出口国家的中高端市场，快时尚男装品牌也在挤压大众消费市场。

在这样纷繁复杂的市场环境下，我国仍然涌现出不少优秀的商务休闲男装品牌，有雅戈尔、杉杉、庄吉、报喜鸟、利郎、七匹狼、劲霸、九牧王、柒牌、G2000、如意、南山、希努尔、威克多、大杨创世、依文等。

（三）小结

中国男装品牌的发展从产业沉寂期到轻资产模式践行期经历了五个阶段。纵观我国男装上市企业，在这个漫长而持久的过程中，仅有很少部分较为成功的例子。在中国本土企业中，部分企业在男装细分领域有领先优势，如雅戈尔在男装衬衫、西服市场中常年处于领先位置，九牧王在男裤市场中常年领跑，七匹狼在茄克衫市场中的市场份额常年位居前列。相比于女性消费者，男性消费者的服装需求少，且需求更明确。目前，中国男装处于完全竞争状态，无论是低端还是中高端品牌，定位和风格存在严重同质化现象，消费者对于品牌的识别度很低，这一现象与国际成熟高端男装市场形成了非常大的差异。

每个品牌的发展都与品牌行业市场的竞争环境息息相关，竞争环境的每一个因素的变化都会对品牌产生这样那样的影响。因此，从原材料等上游供应链的洗牌，到销售渠道的末端零售商的升级，有些品牌从此获得了长足的发展，而有些品牌则是一蹶不振，这种情况往往是由于品牌的运营模式与市场的竞争环境以及自身特点不匹配导致。所以，在以盈利为首要发展目标的品牌竞争之中，关键便是找准品牌运营模式，从而制订相应的品牌发展策略，帮助企业在多变复杂的市场环境中实现长足发展。

三、日趋多元的男装销售渠道

近年来，中国男装零售市场环境变化巨大。一方面，消费者购买习惯发生变化；另一方面，零售业态呈现多样化的态势，竞争既来自业态内部，又表现在不同业态之间，因此男装的销售渠道也在不断变化当中。

消费者在哪儿，中国男装品牌的销售触角自然而然地跟到哪儿。随着中国男士消费者对于品牌、品质、品位等需求的觉知提高，品牌的渠道也呈现越来越多元化的发展格局。当前，国内主要形成了四种销售渠道，即购物中心、电商平台、设计师集成店和直播电商。

在"人无我有、人有我精"的渠道厮杀中，中国男装品牌在线上线下双重发力，结合自身定位和调性，在不同渠道采取突出产品优势的运营策略。有的男装品牌在购物中心、设计师集成店等实体店中投入重金，以品质与服务赢得消费者认可，传播品牌理念，倡导生活着装理念；有的男装品牌把握"新零售"商机，线上渠道做得风生水起，尤其引入直播带货模式，能够更加精准地锁定目标顾客，从而实现销售转化；还有的男装品牌在实体与网络渠道上共同发力，辐射的顾客群更广，在销售网络和渠道运营方面的投入也更大。

（一）购物中心——男装生活方式的影响者

购物中心业态在中国的快速崛起始于2012年，这一业态在中国起步较晚，但却给中国男装消费乃至男士着装方式、生活方式带来深度影响。如今，购物中心已经成为男装线下消费零售渠道的主导力量。

1.购物中心男装消费更注重品位与文化，注重氛围营造

购物中心男装消费的主力客群对价格敏感度低，更多关注产品的品牌和质量以及附加值，表现在服装上为：消费者更加注重服装的特色风格，追求与消费者的生活需求、生活品位、消费习惯相匹配的产品，同时也十分注重消费体验和多样化服务。相关调查显示：消费者对购物中心最为期待的是舒适的购物环境和多功能的综合体验。

随着消费网络化、多元化、个性化和社交化的发展趋势，购物中心的主力店逐步呈现社交化的场景式消费——以消费者为核心的体验规划，以社交为核心的情景式消费。对于购物中心的男装消费来说，更受到认可的品牌往往是具有稀缺性的、凸显品位和文化，并且注重氛围营造、顾客服务和可识别性的品牌。代表性品牌包括：太平鸟、杰克琼斯、利郎轻时尚（LESS IS MORE）、GXG、雅戈尔哈特马克斯、SELECTED、BOY LONDON、马克华菲等。

2.购物中心区域化发展各显特点

近年来，中国购物中心经历了快速发展阶段和存量发展阶段，同时区域的分化在加深。

（1）长三角地区，竞争最为激烈。长三角地区是经济发展的重要引擎，商业总量规模大、内部发展相对较为均衡，据相关调查数据显示，长三角地区购物中心数量占全国四成。几乎所有头部商业地产企业都在长三角地区布局，人均购物中心面积较高，竞争最为激烈。

（2）珠三角区，消费升级趋势明显。粤港澳大湾区是中国规格最高的城市群，商业发展大有可为，据相关数据统计，2019年珠三角9市已开业购物中心500个，广州、深圳两地商业竞争激烈，两地购物中心成熟度较高，加强含金量、消费升级趋势明显。

（3）中西部地区，成渝经济圈吸引力强大。中西部地区购物中心存量水平低，但随着地区经济发展速度大大加快，购物中心的增长率十分强劲。贵州、江西、安徽、湖南、四川五省份的2010~2020人均购物中心面积年复合增长率均超过30%。特别是成渝经济圈正显现强大吸引力，成为新的时尚消费中心。

（4）北部地区，北京集中度高，大部分地区处于中低水平。北京作为全国最头部的城市，购物中心的发达程度远超北方其他城市，近年来北京购物中心呈现郊区化趋势。辽宁的线下消费基础扎实，购物中心两年保持增长态势。陕西、山东、山西、河北、河南等地购物中心存量处于中低水平。

（二）电商渠道——"新零售"模式带来市场变革

互联网带来的"新零售"对传统零售方式带来冲击的同时，也实现了优化与创新。通过深度数据化、去中间化、精准化、全场景化，形成了基于互联网和大数据、基于线上线下、以实体店为载体的新的消费模式。

1.线上终端市场改变男装消费习惯

从消费者的角度，巨大的线上终端市场容量使其在网购时能最大限度地获得所要购买的产品信息，体验更加方便快捷。从企业的角度来看，顾客资源范围扩大，信息沟通更紧密、及时，同时商品交易过程简化，渠道流通成本随之减少。

据相关报告显示，电商领域男装市场总体规模稳步增长，2016~2019年中国电商男装市场交易额从1154.52亿元涨到1988.72亿元。2020年男装电商市场中，男性消费者占比60.18%，主力购买人群为18~34岁的男性群体。越来越多的男性开始自行购买服饰，年轻男性更加注重服装对自身的影响，也说明男装市场发展越发成熟，符合男性消费者需求。

男装市场集中度相对较低，格局分散，具有代表性的头部品牌包括：海澜之家、优衣库、GXG、太平鸟、杰克琼斯等。相关报告数据显示，2020年天猫双十一男装品牌销量排行榜前十名品牌为海澜之家、优衣库、GXG、太平鸟、杰克琼斯、花花公子、森马、马克华菲、美特斯邦威、波司登。

2.男装电商发展快速更迭，进入重塑阶段

电商渠道作为相对新兴的模式，与传统渠道的性质相同，目前可分为直营模式和分销模式两种。电商直营模式是男装品牌自建网站或在第三方网购平台开设直营店铺。电商分销模式一般是品牌企业通过淘宝、天猫等平台招募分销伙伴，通过网络分发平台铺货给分销商；另一种形式为男装企业为第三方平台供货，运营由第三方平台负责，包括京东商城、亚马逊等自营业务为主的平台，也有唯品会等网络特卖平台。

近十年来，传统男装品牌的电商发展经历了多个不同阶段。以利郎、七匹狼、柒牌、九牧王、海澜之家为代表的中高端男装品牌企业，2012年左右进入初始开拓阶段，以过季、库存销售为主；2014年左右进入融合发展阶段，品牌男装纷纷探索O2O、微店等线上、线下的渠道融合；2016年左右进入重塑阶段，重新规划线上业务，加快线上多渠道布局，将"去库存"为主变为销售线上专供款为主，采用线上线下销售"同时同款同价"的销售模式，积极打造线上爆款，丰富和扩展线上销售品类。

（三）设计师集成店——关注服装设计本源

设计师品牌集合店根据店铺的理念和风格，将一些独立设计师或不依附于特定品牌的设计师的产品进行收集组合，再进行销售。集合店产品线丰富，可以延长顾客逗留时间，符合现代消费者个性、时尚、潮流的购物心理，帮助顾客打造属于他们自己的风格。

这一零售模式在时尚型男装消费市场中有着独特和重要的影响力，一是平衡部分群体过于依赖品牌价值的畸形观念，二是尊重原创性和版权意识，帮助维持新兴设计师的发展。

在传统销售过程中，独立设计师根据自己的设计理念和市场嗅觉进行设计，对市场需求的捕捉与沟通方面势单力薄、能力相对较弱，导致产品并不能很好地契合消费者的实际需求。而设计师品牌集合店不仅提供销售渠道，更提供了设计师与消费者进行沟通的渠道，推动了设计师品牌走进大众视野。

此外，设计师品牌集合店所销售商品的一大特点就是弱化品牌，注重产品本身的性质。店内陈列按照风格、色系、品类等因素划分，在一定程度上去除了服装的品牌标签意义，使顾客在挑选时不过分追求品牌带来的附加价值。可以说，设计师品牌集合店推动了服装消费回归服装品质与设计的本质，也推动了品牌服装的理性化消费。

（四）直播电商——深度改变男装产业供给

直播电商（直播带货）是指借助直播平台，以实时视频的方式向消费者推荐商品、答复咨询，进而完成购买的一种新型购物模式。2019年是5G技术商用元年，直播电商进入爆发期，网红经济迅速蹿红。

1.直播电商市场规模增速快，服饰类产品是其中交易额最大的品类

据统计，2016~2019年，中国直播电商年均市场规模增速均保持在200%以上。通过直播购买商品的用户已经占到整体电商直播用户的66.2%。服饰类产品依然是直播带货中交易额最大的品类。头部主播助长了直播间男装消费，不少男装品牌在线上渠道联动传统电商、社交电商、自媒体等，将线上流量转化为线下销售额。各类电商带货类型直播平台对年轻用户吸引力很强，用户渗透增长较快，已成为新一代人群消费的重要选择。

2.直播电商对消费者购买意愿有显著正向影响

直播电商的"主播"通过实时互动、低价销售、限量抢购、真实商品展示等方式吸引并留住消费者，从而完成流量到变现的转化。网络直播的可视性、互动性、真实性和娱乐性皆对消费者购买行为产生正向影响作用。消费者愿意在KOL（关键意见领袖）或者KOC（关键意见消费者）的引导下购买，相信他们的推荐更加具有参考意义，但同时也由于无法确切感知产品，受主播主观影响大，容易产生冲动消费。

3.品质、快速反应、专业化日渐成为直播电商的核心

直播电商需要根据消费者的反馈，迅速返单，这要求供应链必须多元化且够稳定。可以说，以直播经济为代表的数字经济正在深度改变着男装消费、设计、生产等环节，塑造更高效的产业供给，使得男装消费多元化、个性化、品质化的特征更加明显。随着直播电商进入"下半场"，从万众直播进阶到职业主播，除了少数"头部"主播可以玩转全品类，更多地"腰部"主播聚焦垂直细分领域，不断加深与供应链的深度匹配。

（五）小结

商业市场，渠道为王。谁掌握了终端渠道的主动权，也就间接扼住了市场拼杀中对方的命脉。随着竞争的加剧，越来越多的中国男装开始跳出狭窄的常规渠道，积极探索新售卖方式。当前，购物中心、电商平台、设计师集成店和直播电商四大销售渠道的发展，一方面表明，中国男装市场成熟稳健发展过程中，企业间竞争加剧；另一方面说明，中国男装品牌越来越有意识地去研究消费者购物习惯，从而形成了创新性的探索与发展。

实体店店铺中，太平鸟、杰克琼斯、利郎轻时尚（LESS IS MORE）、GXG、雅戈尔哈特马克斯等中高端男装品牌，营造场景化的购物体验；设计师品牌集合店则丰富产品线，帮助顾客打造属于他们自己的风格，体现服务附加值。

电商平台上，以利郎、七匹狼、柒牌、九牧王、海澜之家为代表的中高端男装品牌企业，不断探索销售模式，从初期"清库存"的单一思维到后期"采用线上线下销售""同时同款同价"的模式，积极打造线上爆款，丰富和扩展线上销售品类。

新型购物模式——直播电商发展势头更劲，已成为联动传统销售渠道与线上电商平台的关键，可创新的销售玩法更加多样，对于消费者的渗透度更高。值得注意的是，品牌对于"主播"和"直播间"的选择需要慎重，避免外因对自身形象造成不必要的负面影响。

可以预见，随着新生代消费群体的变化，中国男装市场将进一步细分，与之相对应的渠道差异化的发展，既体现在业态的丰富上，也将呈现更专业化、个性化、精准化的销售渠道。

国内外男装品牌设计流派

第四节

20世纪80年代开始，中国服装真正大规模融入世界流行时尚的舞台。在这20多年中，中国服装演绎了无数令人眼花缭乱的流行样式，踩蹬裤、牛仔裤、直筒裤、喇叭裤、老板裤、茄克衫、蝙蝠衫、皮大衣、西装、晚礼服、休闲装、商务装、行政装等，这些着装新概念铺天盖地，席卷而来，打开了我们探索世界时尚的新里程。其间，有一群先知先觉的人，勇敢地追着市场跑，从最初小小的手工作坊开始，到建立小、中、大工厂，在政府的大力扶持下形成产业集群。产业集群成为服装行业发展过程中出现的一个非常鲜明的现象。

一、国内男装品牌：浙江、广东、福建三强鼎立

由于经济全球化，制造业的竞争已从单纯的企业战略逐步向全方位的集聚地战略演变。在市场经济中发展起来的我国服装产业，在产业分布上表现的突出特点就是产业集聚。服装生产区域集聚是市场配置资源，合理运用产业要素的客观要求。服装生产区域集聚可以提供服装集聚区内生产所需的原材料、配套设施与服务，给劳动力、原材料、专业服务和产业技术以充分的活动空间，应用企业间的网络关联降低了生产和经营成本；加之地方政府的各种鼓励政策和引导服务，促进了服装集聚区内产业链的完善和提升。服装产业集聚地区的生产发展速度明显高于其他地区。男装行业顺应整体服装行业回暖趋势，在营业收入和营业利润方面从2017年起都出现了明显的回升，但2018年开始受中美贸易战及社会消费零售疲软的影响业绩有所下滑，2019年Q1~Q3实现营收入248亿元，同比增长8.93%；实现归母净利润35.6亿元，同比增长0.05%。影响持续到2019年底。

在行业规模方面，男装行业近年规模实现稳步增长，2018年增速达到3.95%，但由于受到终端消费疲软影响，2019年增速有所放缓，2019年男装行业规模实现4711亿元，同比增长1.63%。预计未来5年CAGR预期1.04%。

其中，男装实力较强的板块及对应的核心城市有：浙江板块的宁波、温州、海宁；广东板块的虎门、沙溪、顺德、广州；福建板块的晋江、石狮；江苏板块的常熟。

随着时间的推移，各地域板块因差异化的文化意识形态以及不同的资源优势，日渐形成不同的流派，板块间品牌发展日益成熟。男装成为中国服装业发展中最为成熟的一个子行业，也是中国竞争最为激烈的行业之一。浙江、广东、福建、江苏、上海、北京等都是男装行业强省、市，目前我国男装产业的分布，每个地域都有各自的设计风格且形成一定流派，有着非常明显的板块特征，而品牌又大量依存于板块，从男装发展历程的角度来总结，品牌男装主要集中在：浙江板块、广东板块、福建板块。

其中有着红帮裁缝底子的浙江板块一直是男装行业的老大哥。近5年，市场风云变幻，福建男装迅速崛起，品牌集群力逐渐赶超浙江板块，并以较大优势领先于广东板块，中国男装产业的新格局已经形成。分别是以品质商务正装为代表的浙江、以商务休闲为代表的福建以及以个性商务休闲为代表的广东，形成三强鼎立的局面。

（一）苏/浙派——品质感、设计感商务正装

由于历史和地域原因，江浙地区贸易往来频繁，经济发展水平高。服饰具有很明显的中西融合特点，时尚且端庄稳重。在材质方面，以真丝和舒服的棉质布料为主，手感柔软爽滑，

质地纯真自然，华贵大方。现主营衬衫、西服等品类的著名品牌已向商务、白领休闲方向发展，跻身中国男装前列，尤其在正装、休闲男装市场里站稳脚跟。"苏派"服装较为集中的产区在苏州、常熟、江阴等地，近年来"苏派"丝绸服饰、羽绒服、职业装发展迅速，有大众熟知的海澜之家、红豆、波司登、雅鹿、寒鸟、宜禾等品牌。以宁波和温州为代表的"浙派"男装，不仅是浙派服饰的主产地，在全国正装行业里也位居前列。以雅戈尔、报喜鸟、步森、培罗蒙等为代表的正装系列品牌，深耕西装领域，中高档路线广受大众喜欢，是浙派男装的典型代表，同时，树立起民族服装产业的一杆大旗。

1.海澜之家：20年从国内走向世界

海澜之家深耕男装行业二十载，凭借扎实的产业基础，先进的经营理念，突出的竞争优势，成为中国服装行业龙头企业，被誉为中国"国民男装"品牌。

发源地：江苏无锡

成立时间：2002年

主打设计：轻时尚高品质男装

品牌特色：海澜之家致力于为全球男性提供时尚的设计且平价优质的产品，丰富的商品品类真正做到了海量选择、一站购齐。创立了"品牌＋平台"的经营模式，"千店一面"的统一管理与经营，为中国服装行业树立了典范。

2002年海澜之家第一家门店——南京中山北路店正式开业，一种全新的、自选式购衣模式为中国服装营销史掀开了崭新的一页。

紧跟产业转型升级浪潮，多年来海澜之家积极探索创新发展之路，在产业智能化、营销渠道创新、品牌国际化等多个领域实现了行业领先。

智能发展，开启品牌2.0时代。海澜之家率先运用互联网思维与大数据技术，推动传统服装产业智能化。引进数字化SAP管理系统，更新智能化服装生产体系，构建智慧供应链物流系统，打造工业互联网平台，赋能产业环保智能发展。产业智能化为海澜之家的快速发展提供了强劲支撑。

创新经营，线上线下协同发展。海澜之家深挖社交渠道，布局新零售，推动线上线下协同发展。与美团外卖达成合作，开启了"服装＋外卖"的全新零售模式，这是海澜之家布局新零售的首次尝试。见证营销创新初具成效的是其推出的线上奥莱活动，前后两场活动，打破了小程序单次活动出货量最大、参与加购人数最多、冲亿时间最短等多项纪录。线上奥莱的成功，标志着海澜之家真正实现了线上线下协同发展。

深耕价值，打造国际化民族品牌。海澜之家将中华优秀传统文化、人体美学、现代设计理念、科技元素进行融合，推出兼具文化、科学与实用内涵的产品。从挖掘中国传统文化推出大闹天宫、三国演义、十二生肖等众多优秀国民IP系列产品，紧跟科技潮流推出充电发热全能茄克、六维解压弹力裤等科技服装，进行跨界联袂在故宫完成国民品牌首秀，到以"中国制造"为主题亮相伦敦时装周，为国足定制西服，海澜之家以服装为载体，向消费者提供了服装美学新体验，向世界输出了中国品牌文化的强大魅力（图2-29、图2-30）。

布局海外，国民品牌崭露头角。海澜之家以深耕男装市场二十载的品牌底蕴，顺势而为，成功扩张海外版图，在日本、新加坡、马来西亚、泰国、越南等多个国家成功开设门店，以"国际化战略+本土化策略"打开市场，迅速实现海外市场营收突破亿元大关。

目前海澜之家在全球拥有超6000家门店，从男

图2-29　海澜之家男装　　169

图 2-30　海澜之家为国足定制西服

人的衣柜到国民品牌，海澜之家将企业发展融入国家建设之中，将民族自信根植于品牌价值之中，成功走出了一条敢为人先、不断创新的转型升级之路。

2021年海澜之家股份有限公司升级为海澜之家集团股份有限公司，从男装延伸至女装、童装、职业装及生活家居领域，全面渗透国民生活多个方面；为消费者提供更深入的品牌服务与价值。站上国际舞台的海澜之家，将力争跻身全球优秀品牌之列，向世界发挥更深远的中国文化影响力。

2.蓝豹（LAMPO）：国产西服的良心

蓝豹注重对经典元素的保留，同时不断追求款式改进和色彩解放，具有卓越工艺、顶尖面料、优雅、古朴的个性。20多年来，蓝豹品牌一直被众多社会名流所青睐，它也成为正装西服的经典符号。

发源地：江苏常州

成立时间：1993年

主打设计：男士西装

品牌特色：国内知名的高端男装品牌，男士正装西服、休闲装、皮具和内衣等男装系列。它被视为服装界的"灵魂品牌"，从诞生之初就秉承"好工好料"的理念，以打造艺术品般的追求专注于产品。其经典的"X"西服板型，一度成为20世纪90年代影响中国男装的经典事件，无数商业领袖的第一套西服都从LAMPO开始，在延续意式风格的基础上，它不断传递符合现代审美的精英气质。

蓝豹品牌源于蓝豹股份有限公司旗下，成立于1993年，是一家集设计、生产、销售为一体的高级男装品牌服饰公司。蓝豹具有意大利西服的工艺水平及手工质感，累积精湛的西服技术，使用欧洲高档面料与配料，打造品质优异、穿着舒适的西服。

在目前市场，蓝豹是少数具有中国血统，同时拥有专业工艺与人才技术，并具备高级手工定制西服实力与能力的品牌，引领中国男士服装时尚潮流。蓝豹品牌除西装外，现已开拓了休闲装、皮具和内衣等男装系列。

一件蓝豹西装，从面料到衣服成型，需要经历360道工艺，仅前身部分，便多达108道，其中，便包括蓝豹的全覆衬工艺。在现代工业的映衬下，传统的手工缝纫实无效率可言，但能被尊重自有其难得的价值，技师手中的每一道缝线都倾尽心思，赋予西服一次关于时间的艺术。

蓝豹被视为"工匠精神"的代名词，备受尊敬的意大利传奇工艺师D.Cassatella（多梅尼格）先生担任其工艺总监长达十年时间，让蓝豹拥有比肩国际一线奢侈品的工艺水准；在风格方面，聘请国际知名设计师担任设计总监，每一季，标新立异的色彩和款式设计，都是刮向商务男装界的一缕新风。从正装西服到休闲服装甚至"轻运动"领域，蓝豹都能有效覆盖，它是一个现代绅士的完整衣橱，提供每一个时刻和场合的穿着指引。

此外，注重品质、追求细节、为顾客提供价值是蓝豹设计的主题思想。高品质的服务、精湛的工艺也得到国内白领消费者的认同。此外，公司提供给专业研发团队、年轻创新团队舒适的"共创空间"，让其团队在轻松、开放的空间激发创作灵感，研发出引领时尚的产品（图2-31）。

3.波司登：一代世界名牌的成长史

销往70多个国家和地区的世界品牌，伴随着国家乃至世界服装市场的发展步伐，波司登40多年征程，兑现了"温暖全世界"的诺言。

发源地：江苏常熟

成立时间：1976年

图 2-31　蓝豹男装

主打设计：羽绒服

品牌特色：波司登创始于1976年，是全国最大、生产设备最为先进的品牌羽绒服生产商，员工20000余人。主要从事自有羽绒服品牌的开发和管理，包括产品的研究、设计、开发、原材料采购、外包生产及市场营销和销售。波司登羽绒服畅销美国、法国、意大利等70多个国家，全球超2亿人次在穿。

波司登多年来积极实施名牌发展战略，拥有波司登、雪中飞、康博三个中国驰名商标。2007年，波司登被国家质量监督检验检疫总局、中国名牌战略推进委员会联合评定为"中国世界名牌产品"，成为中国服装行业首个"世界名牌"。2011年，波司登荣获"中国工业大奖"，成为国内消费品领域唯一获此殊荣的企业。2019年，中国制造业企业500强榜单发布，波司登股份有限公司名列第237位。例数其发展可分为创业期、成长期、成熟期、转型期等多个阶段。

1976~1991年，是波司登的创业期，波司登的前身——村办缝纫组，靠8台缝纫机、11位农民白手起家，这一阶段波司登以生产为主。

1992~1999年，是波司登的成长期，以产品革新为主。1994年企业改制完成，波司登确定了科学管理的主导地位。1995年，把时装化设计理念引入羽绒服装行业，变羽绒服的"厚、肿、重"为"轻、美、薄"，引领防寒服休闲化、时装化、运动化的消费潮流，从而步入发展快车道。1998年，波司登便远征南北极、登顶珠穆朗玛峰。1999年，成为中国首个进入瑞士市场的服装品牌（图2-32、图2-33）。

2000~2006年，是波司登的成熟期，期间，波司登被认证为"中国驰名商标"，并在欧洲建立运营中心大楼。

2007年至今，是波司登的转型期，确立了国际化经营思路。2007年，波司登获"中国世界名牌"称号；2008年，获得全国质量大奖。2012年，波司登旗舰店在英国伦敦的时尚街区开业。2014年，波司登美国纽约曼哈顿联合广场店营业。2016年，波司登推出国际设计师系列羽绒服。2018年，波司登以独立品牌身份亮相纽约时装周，同年，波司登羽绒服在全球累计销售超2亿件，畅销美国、法国、意大利等70多个国家。

如今，波司登集团已经成为以羽绒服为主的多品牌综合服装经营集团，现有常熟波司登、高邮波司登、江苏雪中飞、山东康博、徐州波司登、泗洪波司登六大生产基地，正全力打造国际化品牌，已与美国杜邦、日本伊藤忠等强强联合，共同开拓国际市场；还成为COLUMBIA、NORTHFACE、BOSS、TOMMY、GAP、ELLE等一大批国际著名品牌的合作伙伴。

图 2-32　波司登羽绒服

图 2-33　中国南极科考队员身穿波司登登峰造极羽绒服

　　数字化转型的未来已来，波司登将坚持以"一体化、一盘棋、一张网"的思路，全力推进企业数字化转型，推动数字化落地应用到"用户、品牌、产品、渠道、零售、人资、财务"的经营管理过程中，实现全业务、全流程、全触点的全面数字化目标，真正成为数字化经营的企业。

　　4. 雅戈尔：从戏台下小作坊奔向世界级时尚集团

　　40多年来，雅戈尔依然执着于一件衬衣、一套西服。雅戈尔集团董事长李如成说："品牌就是最好的实业，雅戈尔人就是要用一针一线打响品牌，坚守实业。"

　　发源地：浙江宁波

　　成立时间：1979年

主打设计：免熨衬衣（HP衬衫→VP衬衫→DP衬衫）

品牌特色：雅戈尔集团股份有限公司是男装行业中的知名企业，中国500强上市公司。钻研成衣免熨领域多年，自成免熨研发体系，形成了以品牌服装为主的纺织服装垂直产业链的大型跨国集团公司。

百年前，宁波"红帮裁缝"靠一把剪刀、一个熨斗、一卷皮尺闯天下，他们以精湛的工艺，制作了中国第一套中山装，开办了中国第一家西服店、第一所服装学校，出版了第一部服装理论著作，在中国服装史上书写了辉煌的一笔。

创立于1979年的雅戈尔，一直是中高端男装中的佼佼者。时间的指针回拨至1993年，当时的雅戈尔在全国25个城市设立了30家市场部。几乎在一夜间，由费翔代言的雅戈尔广告挂满了大江南北。而后的20余年里，技术革命、渠道革命……中国服装行业经历了翻天覆地的变化，雅戈尔也经历了一次次的重要抉择，最终构建了YOUNGOR、MAYOR、HART SCHAFFNER MARX、HANP（汉麻世家）、YOUNGOR LADY五个子品牌的矩阵。

难得一见的是，40余年的时间里，雅戈尔始终执着于一件衬衫、一套西服。

雅戈尔的"衬衫"经历了无数次的升级。雅戈尔的团队先是从制作工艺、板型设计、免烫技术、生产线等多个角度升级板型、款式、工艺，推出更符合穿着体验的"衬衫"，后来向产业链上游下手，即着手研发面料。

历经一系列的技术革新，雅戈尔开发了高密度、精细编织及免烫、抗菌等功能的新型面料，后又研发出汉麻祛毒工艺、推出汉麻面料及"汉麻世家"品牌。雅戈尔仍不满足于此，最终打通了"从棉花种植、纺纱织造到面料研发、服装设计再到成衣制作、卖场终端"的全产业链格局。

雅戈尔相信品质没有捷径。在周而复始的钻研中，雅戈尔刷新了"衬衫"乃至男装的颜值与品质，更一次次刷新着雅戈尔在消费者心中的固有印象（图2-34）。

如果说掌握先进的制造工艺是制作一件得体男装的必备条件，那么利用科技力量、借道数字经济则可以说是为品牌插上了腾飞的翅膀。

"70多片布料，300多道工序，以前生产一件量身定制的雅戈尔西服需要花15天的时间，现在只需要5天，极限情况下仅需2天。"2018年，雅戈尔落成了智能化车间，实现了大规模智能化定制，使产能提高了25%。

值得关注的是，科技、数字经济之于雅戈尔，既有雅戈尔时尚体验馆中的沉浸式购物体验，更有线上线下一体化、重构"人货场"关系的更深层内在逻辑。

雅戈尔尝试将数字化消费者与现实中的消费者结合在一起，让数据成为核心的生产要素，

图 2-34　雅戈尔男装

调配生产资料，调整生产关系；建立"智慧中台"，利用大数据手段，化解线上线下的供需矛盾，实现平台与门店同质同价、就近门店优先配送等服务；与中国邮政签订全面战略合作协议，建立了一颗总投资近10亿元，总建筑面积约11万平方米，拥有先进物联网技术和设备的高科技物流"心脏"。至此，雅戈尔搭上了数字化快车，走上了品牌发展的快车道。

5.太平鸟：只为让每个人尽享时尚乐趣

在国内服装行业，宁波的太平鸟一直用实际行动践行着"创意快时尚"。"要新的，跟我来！"这句曾经火遍祖国大江南北的广告语，就出自太平鸟。

发源地：浙江宁波

成立时间：1996年

主打设计：时尚休闲男装、女装、童装等

品牌特色：太平鸟聚焦时尚，高度注重产品研发核心能力的建设。自成立之日起，太平鸟始终致力于自主设计研发团队建设，打造高素质、国际视野的研发团队，坚持以顾客为中心，以品牌风格为牵引，持续将流行的时尚元素融合于产品创新，每年向市场推出9000多款新品，高频上新，惊喜顾客。2017年，太平鸟在上海证券交易所上市。

服装，是宁波一张亮丽的城市名片。宁波的企业家们对纺织服装产业也是信心满满、干劲十足。其中，就有张江平的身影。

1996年，张江平与创业伙伴们，以象征自由、快乐、美丽的和平鸽为原型，创建了PEACEBIRD（太平鸟）品牌。但你也许不会知道，在太平鸟20多年的发展历程中，是几次重要"转型"，让其最终抢滩中国服装版图。

首先，品牌建立之初，张江平带领伙伴们坚持"错位竞争"提出休闲男装的理念；第二次改变源自1997年的亚洲金融危机，张江平把所有优势集中在产品研发和渠道，让太平鸟从重资产企业转型为轻资产企业，聚焦品牌和渠道；太平鸟的第三次革命性创新是在2001年，在并没有做女装土壤的宁波做起了太平鸟女装；2008年，金融危机再度袭来时，太平鸟男装品牌重新定位，产品全线转型，开启了品牌差异化、梯队式发展的篇章。同年率先布局了电子商务版图，实现时尚零售＋互联网双核驱动；后疫情时代，太平鸟抓住直播电商机遇，发力品牌自播和短视频业务，推进数字化改革，打破线上线下部门壁垒实现数据共享，依靠线上数据实时反馈的优势，短时间内发现爆款并进行追单或者进行新的设计补充，全面提升产品设计的及时性与准确性。

在太平鸟的发展历程中，坚持走轻资产、强品牌、重创意的道路。在品牌方面，太平鸟抓住年轻消费群体需求，实施"梯度品牌"策略，先后推出了太平鸟女装、太平鸟男装、乐町女装（LEDIN）、童装（Mini Peace）、美式潮流女装（MATERIAL GIRL）、贝甜童装（PETITAVRI）、小恐龙街头滑板品牌（Coppolella）、太平鸟巢家居（PEACEBIRD LIVIN'）等多个品牌（图2-35~图2-37）。

在创意文化方面，太平鸟向"90后"靠拢，先后联合芝麻街、皮卡丘、哈利·波特、

图 2-35　太平鸟 2020 年冬火影合作系列

图 2-36 太平鸟 2021 年夏 Rick&-Morty 联名系列

图 2-37　太平鸟 2021 年夏 Rick&-Morty 合作系列

唐老鸭等实现了 IP 跨界，发展了一系列品牌的各自的亚文化，并逐步融合企业主文化，引领文化共振。"熟悉太平鸟的人很容易发现，无论老牌的男装、女装，还是新成立的童装、家品，我们都以创意这条无形的线，串起了这些散落的珍珠。"张江平表示，太平鸟正成为一个品牌聚集地，整合年轻时尚消费群体的各方面需求。

敏捷提供价值商品是太平鸟近年来的重要标签。太平鸟通过多产品线、设计新产品、收集消费反馈反哺上游、供应链快速反应等，建立了新的品牌优势，2020 年"双 11"期间，太平鸟全品牌上新总款量近 3000 款 SKU（Stock Keeping Unit），以全渠道营收 14.5 亿元的业绩收官。

如今，太平鸟的时尚潮流标签越加明显，作为传统品牌，太平鸟重新焕发了青春。

6. 报喜鸟：重新定义当下男性的生活方式

起源于20世纪90年代的报喜鸟，于2019年重新精准定位了商务精英男性的着装需求，品牌的代言人也从任达华、任贤齐、古天乐，换成国民男星张若昀，向年轻一代消费者传递当代男性的魅力，以及报喜鸟与时俱进的态度。

发源地：浙江温州

成立时间：1996年

主打设计：西服板型与制造

品牌特色：国内知名商务男装品牌，专注于西服制造，通过对亚洲男性身高、体型等特点的数据分析，秉持精工匠心，打造更适合中国人体型的西服，向每一代中国男性传递现代男装的精髓和潮流。

报喜鸟的历史要追溯到1996年3月，浙江报喜鸟制衣有限公司、浙江奥斯特制衣有限公司和浙江纳士制衣有限公司合并，组建成立报喜鸟集团，这是温州第一个打破传统家庭式经营模式、自愿联合组建的服饰集团。

到2004年，报喜鸟集团的经营已经相对成熟，为了今后更好的发展，集团股东决定聘请职业经理人，并集体退出经营岗位，可以说，拒绝家族式经营，报喜鸟做得彻底，这一决定也让报喜鸟在此后的十余年间一路顺风顺水。

此后几年间，报喜鸟始终坚持走国内高档精品男装的发展路线，在国内率先引进专卖连锁特许加盟的销售模式，一度拥有形象统一、价格统一、服务统一、管理统一的专卖店600多家，建立了我国运作最为规范、网络最为健全的男装专卖零售体系之一。

很快，报喜鸟在2007年促成企业登陆深交所上市。

如今，随着年轻一代中国男性消费者越来越"爱美"、通过更为个性化的服装来进行审美表达，在商务男装领域领先的本土品牌报喜鸟，也开始了一系列年轻化品牌升级的动作。例如，在"轻正装"领域的试水，"轻正装"是报喜鸟为符合当下年轻人需求而重新定义的一个西装细分品类（图2-38）。

之所以能够快速转型，也归功于报喜鸟从2000年开始提供个性化定制业务，其定制占到品牌总业务的三分之一。报喜鸟通过数据分析，充分考虑亚洲男性身高、体型的特点，通过对累计超过1亿位消费者的体型数据的分析，研发了舒适、标准、修身这三种核心西服板型，细分八种体型板型。个性化的核心是定制更为合体的西服，报喜鸟也在近年来加大对个性化定制服务的投入，通过打造数字化供应链，克服了服装个性化生产品质和生产效率低的瓶颈。

图 2-38　报喜鸟男装

　　正是这种对高品质、高科技、高性价比的追求，以及不断满足当下消费者需求的创新精神，让报喜鸟在商务男装领域能够一直保持竞争实力，并重新定义当下男性的生活方式。而报喜鸟的转变也向大众证明，国内男装品牌并不只有中规中矩的男装，也能不落俗套地创新且不断突破。

7.速写：生活就是做出选择，时装也是一样

速写强调的是一种平衡状态，即内在精神与外在生活、过去与未来、音乐之于建筑等文化层面，相对独立又互为力量，在时间、记忆、情感的空间如此循环上升。

速写（CROQUIS）是杭州江南布衣服饰有限公司旗下的男装设计师品牌，于2005年秋季正式推出。致力汇集一群思维乐观、独立，并开始以冷静而理性的目光重新认识自己的新生代中产青年。

速写的品牌名称来自法文，原意为"速写"。速写是所有绘画手法中最为快速而又最显功底的表现手法，在日常的创作过程中，我们借此手段不断激发潜在的灵感。在这里，速写被我们定义为一种生活模式：随意的表象下隐藏着很多理想和发现，正是因为这样的理念体现了我们一直的追求——发现和尝试，追求新的视点，体现细微的变化所带来的变化。

速写坚持以艺术的DNA和"幽默再思考"的品牌价值观，为25~40岁追求穿衣乐趣的男性开发兼具优雅和玩味风格的服饰系列。品牌始终秉承"优雅、玩味、当代、质感"的美学设计理念，凭借优质的面料和独特的剪裁工艺，创意的穿搭组合，多场合服用的高兼容度，为消费者提供新的生活视角和愉悦的穿着乐趣。

速写的设计风格是觉醒、简洁、舒适、易搭配、设计感强、高品质。服装的风格偏重设计，但这种设计又不牺牲穿着舒适度。人在穿着中讲究的是搭配，上和下、里和外，配饰和整体，最终实际是人和服装之间的完美结合。从这个角度讲，速写的服装始终是隐藏在人背后的，因此是低调和内敛的。不强调整体的夺目，张扬的表达个性，而是选择适当的隐藏，因为真正的自信是发自内心的。

如果生活表象的十之八九，工作、文字、衣着、饮食等，都是我们内心真正想要的，精神便更趋向于自由，有追求来的新思想，也有被满足的生活乐趣。而速写强调的也恰是这样一种平衡状态。

基于品牌理念，速写以都市新贵男性群体为目标顾客群，以这一群体的生活方式为根本，进行了产品的开发与设计。在面料的采用上并不拘泥于某几种类别，主要体现自然及穿着性，从新的角度使用面料；款式方面站在打破经典的理念上，在保持板型及男性线条的同时加入新的设计元素；服饰搭配上强调在基本的基调上加上夺目的款式及色彩组合，主张表现；再加上细节和品质上的高度要求，所展现的是完全不同的效果（图2-39）。

图 2-39　速写服装

8.GXG：借力跨界联名引爆时尚潮流，以年轻态创造先锋时装

潮流颠覆，时尚永存。年轻化的GXG打破了中国传统男装呆板的印象，不拘泥于某一种固化标签，求新求变，在休闲男装品牌中独树一帜。

自2007年创立以来，GXG不落窠臼，始终奔跑在时尚赛道前沿。传统与流行的融合，既能满足年轻人对精致生活的追求，又通过利落合身的剪裁，配合考究的色彩比例，为亚洲年轻男士营造别致、潮流、优质的美学着装形态。

2019年5月，GXG品牌母公司慕尚集团正式在香港上市，这为GXG获得了国内外资本市场对其的关注。伴随着国内男装市场的稳步前进，以及品牌内部发展战略的推动，GXG近年来快速发展，线上线下齐头并进。

如今，潮牌文化正在席卷年轻群体，跨界合作成为GXG保持与年轻消费者交流的其中一种选择。GXG在2018年开启X-Lab产品创新计划，通过艺术家、IP、品牌联名与服装面料创新，用态度鲜明的文化观点打入不同的年轻人圈子。这也是其一直保持活力的原因之一。

近年来，品牌通过跨界和年轻人玩在一起，跳到年轻人群里感受他们所渴望的情感。例如，与茵宝首次推出机能风服装；携手TETRS，以"时尚"和"怀旧"为双重命题进行深度创作；联合泡泡玛特玩转盲盒经济；与法国潮牌 IH NOM UH NIT 推出设计师胶囊系列……GXG尝试创新的胆量和勇气焕发了品牌发展的生机。

此外，GXG还不忘线上发力，以电商化来"抢夺男装话语权"。GXG对准私域流量，携手知名主播持续直播带货，同时联动全国1000家线下门店同时发力，利用微信朋友圈销售助力，无形间GXG社群体系悄然成型。

"求新"永远是年轻一代的追求。"有志的时髦者"GXG总能把准年轻人的时尚脉搏，在商业考量下实现充满创造力和趣味性的玩法。不管是在中国本土还是海外，GXG总是以敏锐的眼光，创造话题与内容，与年轻人产生联结与共鸣，成为国内最受年轻人欢迎的男装品牌之一（图2-40）。

图 2-40　GXG 服装

（二）闽派——多元化轻商务休闲男装

福建男装分布于泉州、厦门、莆田、福州等沿海城市，主要集中于闽南，基本上代表了中国轻奢化男装的整体实力。闽派男装几乎每年均呈现跳跃式发展，并有七大男装品牌脱颖而出，包括以劲霸、七匹狼、利郎、柒牌、九牧王、才子、虎都七大企业为代表的休闲系列品牌。纵观闽派男装品牌浪潮，可以总结一个规律，那就是子品牌普遍比主品牌更年轻、更时尚，或者比主品牌定位更高端等。由此，才可以进入年轻族群、富裕人群的细分市场。品牌积极探索轻奢化、年轻化路线，形成闽派男装的典型代表。

1.劲霸男装：从白手起家到多品牌多品项时尚集团

如果说茄克是中国男人的战袍，那劲霸男装则是中国男装茄克的表率。从中国制造到中国创造，从跟随到创新，劲霸男装始终坚守"一个人一辈子能把一件事做好就不得了"的座右铭，坚守以茄克为核心的商务休闲男装事业。

发源地：福建晋江

成立时间：1980年

主打设计：商闲两相宜的茄克

品牌特色：劲霸男装是以茄克为核心的中国商务休闲男装领导品牌，中国茄克行业标准修订者，拥有国家级茄克实验室，创立了茄克大学，不断引领茄克及配套服饰的研发设计。以30岁至45岁的中小企业创富创业者为主体的创富族群是劲霸男装的核心消费者，劲霸男装为其提供"商闲两相宜"的高品质服饰。

创始于1980年的劲霸男装是中国改革开放的参与者与见证者。2020年品牌价值达745.69亿，连续17年蝉联中国男装第一价值品牌。2020年、2021年两度登陆米兰时装周官方日程，站上世界时尚舞台与国际一线品牌同台竞技，成为当之无愧的高端新国货典范（图2-41、图2-42）。

1980年，劲霸男装起步于偏处闽南一隅的村厝，发轫在两块门板拼成的裁床，其创始

图 2-41 劲霸男装

图 2-42　劲霸男装 40 周年纪念款

人"劲一代"洪肇明缝制出劲霸的第一件茄克，以舒适感、包容度、亦商亦闲的着装场景适用优势，为投身改革开放浪潮的创业创富者所喜爱。劲霸茄克在一开始就尤为注重产品的面料、设计、品质和板型对中国男性体型的适应性，让他们无论是在商务洽谈还是在工作现场都得体又适穿。1991年，确立"茄克"为核心产品，1997年，领先行业导入CIS形象识别系统，开启品牌建设步伐，登录央视，借助重大体育赛事传播的社会影响力，牢牢占据消费者心智。2001年，在全行业率先建立基于国人体型特征的茄克板型数据库与款式档案库，不断创制精进数千板型，适应不同地域、年龄、喜好的消费者需求，实现国货茄克的产品升级。茄克工作组秘书单位一直主导推进茄克国家标准的制修订，引领中国茄克走向世界。

2009年，一反大部分晋江企业将总部迁至厦门的常态，"劲二代"洪忠信提出"出江入海"战略，将运营总部迁至人才与资源高地的上海，焕发企业直达基因的蜕变。依托20余年历史，2010年成立中国合格评定国家认可委员会（CNAS）审定认可的国家级茄克实验室，相继开发出应用3D打印技术的K—WARM 3D"薄"暖"智"造产品、气度茄克、挚热大衣等，探寻科技创新对着装带来的卓越体验。

2016年起，从世界最高"云端秀场"到世界最低"地心秀场"，劲霸男装打造国内乃至世界唯一的茄克品类专场秀，展现品牌于茄克品类的深厚积淀。2018年，劲霸男装开启新零售探索，"劲霸云店"和"劲霸上门配装服务"微信小程序上线，为消费者构建更丰富多元的消费场景。

2019年，"劲三代"洪伯明带领国际化设计团队尝试与漫威、中航文创等跨界合作，打造出将中国传统文化与现代时尚融合的"ZHù发财"等十二生肖贺年系列胶囊产品，彰显文化自信和时尚年轻化转型风貌。2020年、2021年，劲霸两度登陆米兰时装周官方日程，以多品牌多品项矩阵登陆中国国际时装周首个品牌日"劲霸日"，开启"多品牌多品项"发展战略。主牌劲霸男装继续深耕茄克领先的商务休闲男装，另有劲霸男装高端系列KB HONG、精品配饰线KBXNG、国际潮流买手集合平台ENG、童装品牌LITTLE HONG，形成矩阵式立体化、国际化时尚集团发展格局。

一件茄克，就是一件战袍。40余年的发展，劲霸男装始终专注茄克赛道，三代传承，永远创业，不断创新，劲霸男装成为一张不可替代的"中国名片"。

2.七匹狼：实力演绎"男人不只一面"

发源地：福建泉州

成立时间：1990年

主打设计：大众时尚

品牌特色：七匹狼是国内男装行业领先品牌，坚守"男人不只一面，品格始终如一"的品牌理念，致力于为消费者提供满足现代多元化生活需求的高品质服装产品。

七匹狼创立于1990年，2004年在深圳中小板上市，是一家以品牌运营为核心，集产业制造、零售运营、供应链管理全链条的多品牌时尚产业集团。

七匹狼男装坚持打造经典时尚的"品格男装"，倡行"男人不只一面，品格始终如一"的品牌口号，是多明星代言的开拓者与引领者，也是被全国最多明星穿着的中国男装品牌。

20世纪90年代，据说当时男士对茄克的需求不亚于一辆"桑塔纳"，七匹狼大胆推出"变色茄克"，成就经典。1990年，七匹狼第一代产品——变色茄克，一经上市即受到大众的广泛好评，畅销南北；1992年，七匹狼推出主打款翻襟茄克，在第一代广告中亮相，一举获得领先销量；1993年推出可拆洗分体茄克棉衣，引领国内茄克潮流，从传统茄克升级至功能茄克；1995年推出经典立领格子茄克，满足中国男性儒雅与个性兼备的时尚情怀；2007年"双面茄克"问世，实现了一衣两穿，并满足商务、休闲不同场合的穿着需求；2020年七匹狼再现创世茄克风范，彰显狼性DNA。2021年，七匹狼茄克衫已连续21年荣列同类产品市场综合占有率第一位。

七匹狼品牌，拥有经典男装系列、时尚男装系列、居家系列、配饰系列、团购定制等产品；收购全球顶级时尚品牌"KARL LAGERFELD"（老佛爷），拥有男装、女装、童装、配饰等全品类，经营IP授权管理业务；设立专项基金，孵化狼图腾、16N等年轻时尚品牌，入股现代传播数码业务，包括全球创意短片平台NOWNESS等时尚产业，布局时尚产业发展平台（图2-43）。

图 2-43 七匹狼男装

3.九牧王：成就中国西裤专家

九牧王从创业之初就以"专业好品质"要求自身，将理性的数据与感性的设计完美结合，具有实干家的精神。

发源地：福建泉州

成立时间：1989年

主打设计：男装西裤

品牌特色：主营商务休闲男装（西裤、休闲裤、茄克、西服等），采用业务纵向一体化的模式，集品牌推广、研发设计、生产、销售为一体，专注于以男裤为核心的中高档商务休闲男装的战略发展方向，享有"西裤专家"蜕变为"男裤专家"的美誉。

1989年10月，九牧王董事长林聪颖开始创业。没有厂房，就租了一处500平方米的房子；没有工人，就动员亲戚朋友；没有设备，就买了几台二手锁边机和裁床，缝纫机、剪刀、凳子则全由工人自己带来；没有技术人员，就到附近的城镇请来老裁缝。创业条件再艰苦，工人还是进行了1个多月的培训方能上岗。

自创立之日起，九牧王一直专注于男裤研发、生产与销售，并在2000年成为中国服装细分市场的王者。九牧王拥有一支具有高水平的商品研发设计团队，洞察消费者需求，以国际前沿的设计理念不断探索，始终坚持以精工的产品获得消费者满意，铸就"精工时尚"的产品形象。

据悉，九牧王累积了超过1200万条东西方人体曲线数据，确保最佳人体形态需求的形体结构量分解；360度静动态视觉测试，确保最佳穿着效果；26项指标检测，100%符合人体健康安全；108道工序，2.3万针缝制；28道独创专用数码控制器，杜绝人为产品缺陷，更显精工之美；零下28℃~零下160℃低高温柔软抗皱处理，透气排湿，提升穿着舒适性。

拥有数十条国际先进生产流水线，几百名专职质量监督员，从美国引进CAS全自动计算机控制铺布系统保持面料原型效果，应用CAM计算机自动裁剪系统实现精湛的裁剪工艺，从瑞典引进CMS计算机全自动监控吊挂管理系统形成智能化流水线。

九牧王在发展过程中深知通过品牌独有的理念提升知名度的重要性，那就是以单品品类获得消费者青睐，而这就是九牧王男裤。近几年，九牧王休闲裤销量已与西裤并驰，这也让九牧王稳坐中国男裤专家的地位，造就了九牧王男装王国的传奇。依托公司深厚的品牌积淀，九牧王将实现多品牌与产品系列的不断丰富，满足不同的细分市场需求，带来成长拓展的更大空间，从而领跑中国男装品牌。

未来，九牧王还将开拓更多更广的区域，并始终以"匠人精神"服务消费者，为消费者提供高性价比的精工服装，继续中国商务男装的领跑者之路（图2-44）。

图 2-44

图 2-44 九牧王男裤专家明星产品"小黑裤"

4.利郎：简约不简单

"去繁取简"并不是保守姿态，而是利郎集团总裁王良星看清了企业要追求创新的本质——用务实精神，培育品质力。从创立之初，利郎的自我革新就从未停止。

发源地：福建晋江

成立时间：1987年

主打设计：商务休闲男装

品牌特色：经过30多年的探索发展，利郎已是一家覆盖外套、内搭、裤类、鞋类、配饰等全品类产品，集自主研发、生产、零售、面料、印染、设计、检测于一体的全国知名综合时装企业。其始终专注于商务休闲男装领域，从国内首倡"商务休闲"服装新品类到如今新商务男装的蜕变之路，利郎始终以"简约不简单"的品牌哲学来诠释和演绎企业的核心价值。2009年，利郎成为中国首家登陆港股的男装品牌。

2002年，利郎携手"国民男神"陈道明，以"简约不简单"的口号，响彻大江南北，2020年11月，作家、导演、赛车手韩寒成为利郎全新品牌形象代言人，消息一出便引发了业内外广泛的关注与热议。对这个创始于1987年的男装品牌而言，全新代言人的亮相，正是利郎品牌从"商务休闲"到"新商务"理念升级的新纪元。

而将时间倒回至2000年，利郎率先在国内提出"商务休闲"的概念，开启中国服装行业品类战略的先河，完成商务与休闲自由切换的风格定位，开辟了一条差异化的路线，至2009年上市后，利郎经历了第一阶段的高速增长期。2012年，面对整个服装行业的增速放缓，利郎再次主动变革，整合供应链，成立面料研究所，对制板中心、工艺中心和工厂进行了分级，从源头的纱线、面料、印染、图案的自制，到后期实验室检测，坚持原创自制。2018年，利郎70%的服装都是自己设计或原创的面料，到2020年，利郎90%以上的产品皆是自主研发设计。

自2018年开始，利郎开始推进线下渠道直营化进程；至2020年，轻商务系列门店已基本实现直营化；2021年始，LILANZ主系列50%左右的门店也由分销模式改为代销，从而加强集团对终端渠道的控制。利郎自2019年发力电商，同年"双11"当天破1亿元大关后，2020年每月平均增速大幅提升，并同时发力社交电商、垂直电商，不断扩大新零售业务。

2020年，利郎提出"新商务"全新概念，从商务休闲到新商务，利郎完成从内到外的整体提升。随着时代的变迁，品牌年轻化的推进，利郎更换新代言人，关注当下年轻势力，但利郎"简约不简单"的品牌哲学始终未变。显然，伴随着"新商务"的提出，意味着利郎已经找到了品牌发展的平衡之道。一方面让产品保持了利郎原有的品牌调性，另一方面又能链接年轻消费群体，让他们在各个场合既显简约商务，又不失得体。

　　作为"商务男装"的首创者，利郎集团旗下拥有利郎主系列 LILANZ 以及利郎轻商务 LESS IS MORE 系列两大产品线。2021年初，利郎集团正式启用占地103亩、总投资10亿元的利郎文化创意园，同时 LILANZ 第七代旗舰形象店、LESS IS MORE 第二代旗舰形象店正式对外营业（图2-45）。

生

ANZ

图 2-45　利郎男装

5. 柒牌：以创新，赢未来

柒牌的发展历程可以说是从模仿到创新的中国产业发展史的一个缩影。从模仿西方时尚，到立足民族文化，柒牌在自我变革的过程中，逐步形成了"中华时尚"的差异化内核。

发源地：福建晋江

成立时间：1979年

主打设计：国际化商务男装

品牌特色：以西服起家，因中华立领扬名，以休闲科技产品为核心，以不同品牌覆盖细分市场，不断强化柒牌多品牌矩阵的建设，持续推进柒牌时装集合店的布局，满足当代中国男士全场景、多风格的着装需求，实现柒牌品牌战略升级，以更宽广的视角与格局面向更广阔的市场。

1979年，柒牌以一把剪刀、一台缝纫机和不足300元的资金起家，开始家庭手工作坊式的经营，这是柒牌的起点。

1998年，柒牌创始人洪肇设干了一件当时别人都无法理解的事情。这一年，他把自己所有积蓄全部投入再生产，决定成套引进国际最先进的西服生产线，随后，在新生产线诞生的全新西服系列以面料考究、款式时尚、工艺精湛赢得了市场的认可。

一路创新、一路领先，柒牌在时尚领域的探索中已经走了整整40余年。乘着改革开放的春风，柒牌秉持创新精神，一路引领中国服装行业的产业化升级，成长为一家品牌价值超650多亿元的大型服装集团。

21世纪以来，随着经济全球化的发展和全球时尚的冲击，个性与时尚成为中国服装的必备要素，柒牌男装抓住了时代机遇，于2003年推出了体现中国男士刚毅、正直、儒雅气质的中华立领系列（图2-46）。一经推出，就受到消费者的高度认可，仅一年时间便创造了3亿元的业绩。2018年7月1日，由柒牌担当主起草单位的《中式立领男装》国家标准（GB/T 35459—2017）正式发布。

服装不只是服装，还是文化，更是立场，是一个时代发展的标志。在大国崛起的崭新时代，柒牌持续探索中国元素的创新与变革，以其独特的创新设计与文化底蕴，打破西方时尚一统中国男装市场的局面，实现中国男士的个性追求与文化归属。

随着数据化、智能化的发展及其在生活中的广泛运用，智能服饰作为时代发展的产物已然成为未来时尚的发展方向。2016年，柒牌多功能智能茄克系列横空出世，这标志着柒牌再一次实现了蜕变与飞跃，以创先者的姿态，引领中国服装行业迈向智能时尚新时代（图2-47）。

图 2-46　柒牌中华立领

图 2-47　柒牌新商务茄克

6.才子：传承经典创新致远

近40年来，才子男装从初生到成熟，充满了"传承经典，开拓创新"的精神力量。全品类发展模式奠定了品牌良好口碑，不断探寻传统与时尚相融之路，从而获得年轻群体的追捧与喜爱。

发源地：福建莆田

成立时间：1983年

主打设计：高值经典/潮品引领/品位轻商

品牌特色：才子男装以中国精英为群体定位，以中国文化为传承，接轨国际，在男装行业中不断创新，是集衬衫、西服、茄克、T恤、毛衫、休闲裤等全系列产品的研发、设计、生产、销售为一体的综合性服装公司。

"质量是企业的生命。"这是才子男装不断发展的动力之源。一针一线、一丝一缕，才子男装以卓越的品质打响中国服装制造的不俗口碑。

创立于20世纪80年代的才子男装，一直是敢于突破的创新派。一步一个脚印，踏实走好企业发展的每一步：增进生产效率，2000年开始分别从德、日、美等先进国家引进28条高标准的服装专业生产线；顺应国际男装流行趋势，盛邀韩国设计团队、中国香港设计师加盟，重新进行产品定位整合；扩大品牌影响力，聘请影帝梁朝伟担任代言人、聘用广告大师叶茂中进行品牌策划与宣传……每一次坚实的步伐，奠定了才子中国文化原创品牌的业界地位。

精雕细琢，凭借优质的作品，才子男装在同行业中熠熠生辉，濯濯其光。其先后荣获福建省著名商标、福建名牌产品、年度十大男装品牌、中国品牌影响力100强、全国服装行业质量领先品牌等多项荣誉，同时，成功荣跻中国服装行业百强之列，成为服装行业重点生产企业，获消费者充分认可，并广受市场欢迎。

近年来，才子男装在设计和运营模式上做出了新探索，以更年轻化、潮流化的方式来亲近新一代年轻人，并拓展男装市场。在升级服装质量的同时，才子男装还通过提升质感、品位、风格、交互，以满足年轻群体对于品质更高的要求。单一的产品与技术难以保持生命力，才子男装不断创新产品，更迭服务链，领先于全品类产品之首。完美诠释潮流之美与独特气质，铺就华夏千年赋予的时光脉络。

才子男装赋予了现代服装行业中独特的中国潮，让越来越多消费者能够接受并喜爱上潮流男装，展现出中国男人特有的儒雅之风（图2-48）。

图 2-48 才子男装

7.特步：坚持愿景　破浪扬帆

乘着奥运东风的特步品牌，紧随时代发展，历经多次转型，先后推出了以消费者为核心的"3+"战略，以及坚持差异化发展，用数字化提升效率、以科技创新赋能产业链、用国潮沟通Z世代等措施。

发源地：福建泉州

成立时间：1987年

主打设计：运动休闲服装

品牌特色：特步集团有限公司主要从事运动鞋、服装及配饰的设计、研发、制造、销售、营销及品牌管理。作为一家定位大众的专业体育用品企业，特步致力于专业体育用品生产的同时，更坚持"运动时尚"的独特定位，通过体娱双轨的差异化营销策略，为消费者提供既有个性又具性价比的体育用品。

1987年，在福建晋江小镇陈埭，开启了乡村工业时代。这一年，17岁的丁水波按捺不住创业的心，和两个兄弟创办了"福建三兴体育用品公司"，这是特步的前身。在成立后的十几年，"三兴"把产品卖到了俄罗斯、迪拜、美国等40多个国家和地区，成为当时行业的"外销王"。

2001年，中国申奥成功，一时间，中国体育用品市场迎来发展的春天，内需不断加大。就在这一年，"特步"品牌成立。

从一家只有几条生产线的小作坊，到员工数达到8500多人的中国体育用品行业第一阵营企业，特步经历了快速发展的20年。2008年6月3日，特步在香港联交所上市，成为特步品牌发展历程中具有里程碑意义的一天，也意味着特步正式由家族式民营企业转型成一家具备现代化管理水平的上市企业。

2015年，特步启动三年转型变革，提出了以消费者为核心的"3+"战略。"3+"战略首先体现为："产品+"，在保留产品时尚性的同时，进一步加强对专业性的提升；"体育+"指从单纯的体育赞助转向综合服务，加强体育生态圈，尤其是跑步生态圈的建设；"互联网+"则是指基于跑者和消费者大数据的零售与线上线下活动闭环，运用新技术建立结合用户体验与社区建设的无缝新零售系统，并根据跑者数据提供定制化的产品建议与信息服务。

"3+"变革中，最核心的是零售模式的转型，通过回收旧库存、升级店铺形象、提升品牌智能化管理水平、深化线上线下存货共享一体化，实现了从过去粗放式向精细化的转变。经历三年战略变革，特步基本完成了销售渠道扁平化至更优化模式，其中约60%的店铺由特步独家总代理直接经营，其余则由加盟商经营，有效地掌控了特步整个零售渠道。特步

图 2-49 特步与微软小冰联名款

2018年营收增长25%至63.83亿元，毛利率增幅44.3%，标志着三年转型圆满完成。

2019年3月，特步与Wolverine公司成立合资公司，共同在中国内地、香港及澳门开展索康尼（SAUCONY）及迈乐（MERRELL）品牌旗下鞋履、服装及配饰的开发、营销及分销。8月，特步收购盖世威（K-Swiss）和帕拉丁（PALLADIUM）两个品牌。

2021年特步将继续推动品牌升级，坚持差异化发展，用数字化提升效率、以科技创新赋能产业链、用国潮沟通Z世代（图2-49、图2-50）。

图 2-50 特步与少林联名款

8.安踏：超越自我不仅是体育精神，也是企业精神

曾经可以来样加工、轻松赚钱的运动鞋业务，并没有让丁世忠放松自我，他的眼光最初就放在了打造品牌之上，并以体育精神打造着这个运动品牌。

发源地：福建晋江

成立时间：1991年

主打设计：运动服装

品牌特色：安踏集团始终坚持"创新为企业生存之本"，不断加大研发投入。截至2018年年底，安踏集团创新研发的投入占销售成本的5.2%，在美国洛杉矶、日本东京、韩国首尔、意大利米兰、中国内地和中国香港等地建立了全球设计研发中心，吸纳了近200名来自20个不同国家和地区的设计研发专家。目前安踏累计申请国家创新专利超1800项。

1970年，丁世忠出生在中国的一个普通小镇上，他所在的晋江陈镇面积只有38.8平方千米，如今却是中国乃至世界最主要的运动鞋生产地。20世纪80年代初，那里遍布鞋业作坊，丁世忠从小就在鞋业作坊中长大。

1991年在福建晋江的一家制鞋作坊门口第一次挂上了"安踏"的标志，未来的安踏集团董事局主席丁世忠也开启了他的事业征途，如今，经过30年的发展，安踏集团从2015年起，一直是中国最大的体育用品集团，市值在2021年1月超过3500亿港币。展望未来，安踏集团致力于成为受人尊重的世界级的多品牌体育用品集团。

进入21世纪，中国体育用品市场由竞争初级阶段的产品时代，进入到需要不遗余力塑造品牌形象的形象时代，只有这样企业才能在众多的竞争对手中成长起来。安踏正是抓住了这个时机，实现了企业的快速发展。在品牌推广方面，安踏走赞助职业体育的营销策略，打造良好的公众形象。2007年7月，安踏在香港联交所成功上市；2008年，安踏营业额突破了463亿元人民币，增长约为55%；2020年，安踏集团营收超355亿元，同比增长4.7%，连续7年保持增长。此外，技术投入也是安踏发展的撒手锏。技术投入促进品牌形象的提升，品牌形象的提升也依赖于技术后盾。据悉，2005年，安踏的研发费用占销售百分比为0.2%，到2007年迅速上升为25%，2008年这一数字再次提升，正是不断增加技术研发投入，确保了安踏强劲的发展势头。

2005年，企业建立了"安踏运动科学实验室"，是国内行业首家获国家认定的国家级企业技术中心，致力于运动产品核心科技的研发。工作领域涉及运动生物力学、运动医学、运动生理学、运动训练学、体育工程学在运动产品上的应用研究。例如，易折实验、磨损性实验以及疲劳实验等全是在这个实验室进行的。国家关于运动科学的，如运动服装、运动鞋品、

运动用品配件的标准，有三分之一是出自这个实验室。

另外，为提升研发能力，安踏公司还与北京体育大学、中国皮革和制鞋工业研究院进行合作研究项目，又与西方众多国际设计机构合作。

如今，安踏集团已经从一家传统的民营企业转型成为具有现代化治理结构和国际竞争能力的公众公司，并切实把"将超越自我的体育精神融入每个人的生活"的企业理念贯彻到了发展之中（图2-51）。

图 2-51　安踏服装

9. 361°：以昨日的辉煌作为新的起点

1994年，361°的前身别克诞生，即别克（福建）鞋业有限公司，也许那时候的人不会想到，今天，它会以这样的姿态矗立，成为民族体育用品行业品牌的佼佼者。

发源地：福建晋江

成立时间：2003年

主打设计：运动服装

品牌特色：361°集团是一家集品牌、研发、设计、生产、经销为一体的综合性体育用品公司，其产品包括运动鞋、服及相关配件、童装、时尚休闲等多品类，集团成立于2003年，在致力于成为全球令人尊敬的品牌典范精神引领下，已经成为中国领先的运动品牌企业之一。

1994年，别克（福建）鞋业有限公司成立，经过数年的风雨征程，凭借着领先的工艺技术和严格缜密的品质管理，不断受到国内外消费者和销售商的肯定和信任。2003年，361°（福建）体育用品有限公司成立，承接别克（福建）鞋业有限公司近10年的累累硕果，把原有的成绩归结成了更高的起点。2009年6月30日，361°于香港联交所主板成功上市。

纵观国内外运动品牌，以数字作为商标的确实稀少，361°品牌名称的立意也很有意思。361°意味着把昨日的辉煌作为新的起点，转一圈360°之后，还有1°等待你重新去挑战、重新去超越。

随着中国加入WTO与全球市场经济一体化的形成，三六一度公司开始了品牌拓展和延伸的步伐，相继开发了运动休闲服装、背包、帽子、羽毛球、网球、篮球、排球等多元化运动系列产品，逐步朝向综合型运动品牌发展。

仅用了六年多时间，361°就从晋江这个中国体育品牌之城脱颖而出，一跃成为国内前三的体育用品品牌。2008年年底，该公司成为广州亚运会高级合作伙伴，并于2009年6月在香港成功上市。在三六一度国际有限公司上市当天，总裁兼执行董事丁伍号感叹道，"我们终于实现了长久以来的一个梦想。"

而在随后的多年，快速发展的中国经济为体育行业奠定了良好的基础，也推动体育行业朝着精细化、规范化方向发展，361°也一度拥有8000多家成人服装零售门店。

但近年来，国内消费主力人群的购买习惯发生了巨大的转变，361°对于商品功能、价格、外观等物性方面的要求进一步升级，并且对品牌文化、产品气质等精神层面的需求开始显现，越来越多的消费者开始愿意为商品支付情感溢价，361°也开始谋求转变。

基于大环境的变化，361°启动了品牌重塑战略。例如，从品牌、产品及活动等维度对品牌进行重塑；通过营销活动，让361°的"热爱"具体形象化、落地化，让消费者能够清晰感知"热爱"。几经沉浮的361°在坚持专业化为核心的同时，开始全面提升品牌"年轻化"特质。展望未来，361°将继续怀揣"多一度热爱"的品牌信念，在自身不断壮大的同时，努力为员工打造更好的生活、工作以及发展的平台，为社会、国家的发展贡献一个企业公民应尽的责任，真正成为全球令人尊敬的品牌典范（图2-52）。

图 2-52　361° 产品图

（三）粤派——个性化商务休闲装

粤派，又称"南派"或"广派"，主要集中在广州、深圳、虎门、珠海等地。由于广深两地紧靠香港、澳门，紧随世界潮流，故以休闲风格为主，时尚、洋气、靓丽。服装产地以东莞虎门最负盛名，由于地理因素使然，颇受港台时尚服装影响，粤派服装融新潮与实用于一体，以清新的大自然色为主调，多用轻薄的涤棉面料，剪裁得体，款式多变，线条简洁流畅。在男装方面，富绅、G2000、卡宾享誉界内。由于广东地处中国之南，春夏长、秋冬短，故粤派的春夏装是其强项，形成了粤派特有的服装设计风格。

以卡宾、华斯度、迪柯尼、迪莱、卡尔丹顿等为代表的商务休闲系列品牌，定位高端，服装具有个性化、设计感、品质感，是粤派设计风格的典型体现。

1. 卡宾："颠覆流行"是一种态度

颠覆流行、探索独特和坚持前卫是卡宾先生以及卡宾（CABBEEN）品牌一直在努力的方向，也是他们的DNA。

发源地：香港

成立时间：1997年

主打设计：原创潮流男装

品牌特色：卡宾是知名的原创潮流男装品牌，个性时尚定位以及对原创设计的坚持与付出使之在时尚界书写了众多惊艳之笔。2007年2月，卡宾成为首个登上纽约时装周的中国设计师品牌，并以锋锐绝色的设计大放异彩。

卡宾服饰创建于1997年，是由中国服装设计"金顶奖"得主卡宾先生创立的男装设计师品牌。卡宾以"颠覆流行"的品牌理念，始终领先一步的个性时尚定位以及对原创设计的坚持与付出，成为中国设计师品牌的先锋。2013年10月，卡宾公司在香港交易所挂牌上市。

卡宾男装定位中高档，以张扬个性的原创设计为核心优势；以独具匠心的别致剪裁、对丰富面料的开发与创造性运用，使服装呈现先锋与传统并重的美学结构；以对细节的完美追求与多元化的创意精神，为时尚男装注入艺术性的审美特质，使卡宾在18~40岁的时尚男士中备受追捧，并屡获业界殊荣。

对卡宾来说，颠覆流行的关键在于，用前卫的眼光解读市场需求，用原创的设计打动年轻人。卡宾先生从来不吝啬设计天赋，带领卡宾男装追求社会热点话题、先锋趋势，常以沉浸式感官体验带来夺人眼球的作品发布秀。2019年10月，卡宾为致敬中国航天界实现人类首次从月球背面探测的伟大壮举，举行了一场行走于超时空"月球城"之上的时装发布会，引起强烈反响。

卡宾不断推出的先锋设计，与源源不断的跨界紧密相连。近年来，卡宾挖掘并塑造全球不同领域的新设计力量、艺术家、创意人才及机构，建立卡宾设计银行等设计限定系列概念店，利用卡宾强有力的品牌支撑，推出各类型胶囊系列产品，从时装、门店形象、场景体验等多维度展现创新的生活方式，实现创意储存、市场共赢的跨界合作目的（图2-53、图2-54）。

此外，线上线下一体化的新零售模式一直是卡宾发展的战略重点。尤其是在后疫情时代，线下业务受阻，卡宾通过线上多渠道布局扭转颓势，以官方微信小程序及社群实现DTC策略（Direct to Consumer），打造私域流量。据财报显示，截至2020年12月31日，全渠道会员粉丝达千万。同时，品牌通过差异化的社交内容，结合短视频直播获得更多品牌增量。

图 2-53　2020 年卡宾时装发布会——卡宾 × 中华文
　　　　　化之"金戈之生"

图 2-54　2019 年卡宾时装发布会——月兔计划

2.G2000：从引领时尚到陪伴成长

以陪伴年轻职场人共同成长为目标，G2000品牌自诞生之初就秉承"助力年轻职场文化"的品牌DNA，商务服饰为精准市场定位和类属细分规划，迅速成为服装市场中高占有率的商务男女装品牌。

发源地：中国香港

成立时间：1985年

主打设计：商务休闲装

品牌特色：G2000定位为专业服装连锁店，全力销售时尚潮流男女行政服饰。发展至今，纵横二千集团已经成为多品牌专业零售商，提供男女服饰及配饰，旗下主要品牌包括G2000 MAN、G2000 WOMAN、G2000 BLACK、At Twenty和U2。

G2000创立至今已有36年历史，作为一个在职场服饰领域耕耘多年的品牌，G2000已经陪伴一代又一代的职场人，从职场新人蜕变到今天不同行业的精英人士。在G2000品牌发展的历史进程中，凝结了好几代消费者在职场上奋斗与成长的共同记忆。

G2000品牌名源自纵横二千集团前英文名称Generation 2000 Limited，市场定位为专业服装连锁店。别具创意的市场管理及产品概念，把纵横二千集团推向服装零售业前端。

自进入中国市场，G2000以大众化、时尚感的服饰赢得都市男女的喜爱。剪裁考究的西装，巧妙地配衬不同色调的T恤及领带，塑造出专业的职场形象。

随着国内服饰市场的剧烈变化，服装品牌消费者重点人群呈现出年龄下移的态势。G2000为扩张品牌DNA在千禧一代消费者中的影响力，自2017年开启了新一轮品牌年轻化的策略转型，并推出"Work For Values"的职场新概念，通过与年轻职场人的职场价值观迅速产生共鸣来占领更大的市场。2018年，作为品牌年轻化战略之中的重要动作，G2000位于北京核心商圈王府井apm商场新形象店重新开启，品牌以此为开端，启动新一轮全国性扩张。

当消费者审美需求和场景化需要不断升级，G2000深知年轻消费者不仅是在为服饰买单，同样也在为成长买单。因此，品牌持续加强形象年轻化和产品提升的战略目标，针对全国不同区域的服装需求，提高产品精细化、数据化、智能化标准。

作为"千禧新生代"的引领品牌，年轻化革新持续深入，这也让"进入职场必备一套G2000正装"成为品牌核心符号，留在消费者心中。

3. 卡尔丹顿：永远年轻，永远热血沸腾

在消费者的认知中，有哪些"中国名牌"经久不衰、家喻户晓？寥寥可数。但总有些品牌并未受到时间和流行变迁的影响，如男装服饰品牌卡尔丹顿，不仅在无数次洗牌中屹立不倒，而且近年来呈现"逆生长"趋势——在原有消费者基础上，吸引了越来越多"80/90"后消费群体。

发源地：广东深圳

成立时间：1993年

主打设计：精英商务男装

品牌特色：卡尔丹顿定位于高级商务男装，为中国精英男士展现更自信、更成功的形象提供精益求精的优质服务和服饰产品。在中国高级男装市场上拥有一定知名度和影响力，具有国际化设计风格的高级成衣颇受欢迎。

卡尔丹顿品牌创立于1993年，是一家专注高端服饰品牌连锁经营的时尚集团。经历近30年的发展，卡尔丹顿时尚集团逐步成为集研发设计、生产制造、品牌建设、零售管理和时尚投资于一体，销售终端覆盖全国，经营业绩及规模逐年增长的高端服饰企业。近30年来，卡尔丹顿始终以品牌运营为核心，成功地创建了高端时尚集团。

纵观这20多年，卡尔丹顿经历了太多。2006年成为博鳌亚洲论坛唯一指定礼宾服；2012年成为APEC工商领导人论坛战略合作伙伴；2016年全球首创石墨烯智能温控服在卡尔丹顿诞生；2018年卡尔丹顿承办中国智慧零售大会，荣获中国驰名商标等。

卡尔丹顿品牌一直深耕中高端男装市场，在多年的男装时尚竞争中屹立不倒的核心之一就是强有力的品牌竞争力——设计研发领域的极致探索力、考究高贵的原材料、精湛的裁剪及缝制技术，正是这三大不败的优势让卡尔丹顿的品牌黏性领跑男装市场。

卡尔丹顿服饰通过不断地积累与创新，产品做到了面料与工艺的极致创新、达到了超越服饰的全场景体验，更懂现代品质男性需求。旗下经典商务系列、风尚商务系列与高定系列三足鼎立，各有精彩与优势。

除了品牌自身的产品力，品牌理念是否能获得认同成了现代消费者选择一个品牌的重要因素。卡尔丹顿是一个专注服务于精英男士的商务男装品牌。它以本土文化融合国际的设计语言，制造符合现代中产的服装场景需求，用精神内核来诠释品牌文化。

从品牌成立到现在，卡尔丹顿已经完成多次品牌升级，随着"80/90后"新中产的崛起，对世界的好奇与挑战愈加强烈，卡尔丹顿提出"世界探索者"品牌大理想，紧跟当下。而品牌形象作为与消费者的第一触点，紧跟着同步升级，向着简约、符合当代国际审美的方向发展（图2-55）。

（四）北派——时尚简洁的商务男装

"北派"男装主要集中在北京、大连、山东等地。代表品牌有如意、南山、希努尔、雷诺、国人、大杨创世、依文等。北派服装讲究气势，板型大；设计上粗犷大气，用料考究。服装洒脱稳重，多采用比较传统的款式设计，但很注重面料选择，如冬春装一般采用纯毛或混纺毛料，色泽偏中性，以浅灰、咖啡、黑色为主，线条大方简洁，较适合身材高大的男性穿着。

1.南山智尚：打铁还需自身硬，国际征途在继续

在大变局时代，创新关乎企业发展，决胜企业未来。回顾企业发展征程，南山始终随着市场需求变化，主动调整、快速出击，在变化中走出了一条创新之路。

发源地：山东烟台

成立时间：1997年

主打设计：羊毛面料、高级成衣

品牌特色：南山纺织服装产业链涵盖羊毛采购、毛条加工、纺纱染整、毛纺面料、高级成衣加工、品牌运营等各个环节，是国际领先的精纺紧密纺面料生产企业和高级成衣生产企业。

提到毛纺织产品，就会不由得想到南山。南山集团控股的南山智尚公司作为领军企业，在中国毛纺织、服装行业发展中写下了浓墨重彩的一笔。展望未来，山东南山智尚科技股份有限公司将继续秉承初心，实现从制造向创造的转型，打造出一家集毛纺织服饰、智能制造与品牌运营为一体的国家级高新技术企业。

回顾南山智尚的发展历程，可以分为初级发展阶段、快速成长阶段、高端塑造阶段和转型升级阶段，当下南山智尚正处于第二次转型升级阶段。

1996~1998年是南山智尚的初级发展阶段，当时公司就提出了要"做精品、走高端"的发展思路，要由初级产品向精纺、高档产品迈进。1999~2006年，南山智尚进入了快速成长阶段，公司将重心放在了扩大生产规模上，就在这一时期，公司的毛纺产品得到了更多国内国际认可。2007~2017年，南山智尚进入了高端塑造阶段，形成了"进口羊毛—毛条加工—染色—纺织—织造—后整理—高档服装"的纺织服装产业链，实现了产业链前后延伸的战略性跨越。2018年至今，企业一直处于转型升级阶段，依托现有产业链优势，继续坚持以智能制造为基础、以技术创新为动力、以品牌运营为核心，打造集智能制造和品牌运营于一体的国际性领先毛纺织服饰公司。

近十年，市场的变化不断加快，在新一代消费群体需求的倒逼下，精纺企业纷纷强调生活品位，对时尚的理解也更趋于个性化。因此，产品不仅要从色彩、风格、图案、手感、功能性等方面进行设计，同时还需要从原料、组织、后整理等技术层面进行创新，进而满足消费者的个性化需求。

在这一点上，南山智尚具备了天然优势。成立以来，南山智尚就始终坚持以科技创新为核心驱动，不仅搭建了获国家认可的实验室、国家高支纯毛产品开发基地、毛纺织研究院、职业装研究院、国际羊毛创新中心等高水平创新平台，还与来自意大利、日本、英国、美国等国家的工艺技术专家团队合作，为公司发展提供先进的技术支持与保障。

凭借持续的科技创新、完备的产业链实力，南山智尚在国内外市场赢得了广泛认可，成为全球为数不多的大型精纺面料生产基地之一，也是国内首屈一指的现代化西服生产基地之一。

展望未来，公司将通过精纺毛料生产线智能升级、服装智能制造升级、研发中心升级建设三大项目发力，打造属于南山智尚自己的三级研发体系，引入更多优质国际资源，进行全球研发布局，打造"从牧场到秀场"的全产业链条创新，为推动中国先进制造业注入一份新动能（图2-56）。

图 2-56　南山智尚男装

2.希努尔：男装的精品主义者

在中国男装领域，品质几乎是企业安身立命的依托和支撑。对于品质的追求似乎并不是希努尔集团所独有的，但希努尔集团的独到之处在于，它的精品主义提倡的是"大品质"观。

发源地：山东诸城

成立时间：1992年

主打设计：多元化服装发展战略

品牌特色：希努尔集团在品牌成长过程中，非常重视技术创新机制的建设与完善，通过不断加大对技术创新的投入，每年销售收入的3%以上用于技术创新，确保公司的技术创新能力始终走在行业的前列。

"希努尔（SINOER）的含义是'中国人'，SINO是希腊语中表示中国的称谓，意味着我们打造民族品牌、开拓国际市场的雄心壮志。"希努尔集团董事长王桂波曾表示，希努尔集团坚持以高质量发展为中心，以技术创新为主线，把握品牌定位，深化内部管理，激发创新活力，优化终端建设，努力适应快速变化的市场环境，推动服装行业向时尚化、高端化、个性化、服务化转型升级。

希努尔品牌创始于1992年，2010年在深交所上市，作为服装行业资深男装品牌，公司拥有自主的产品设计能力以及运营、销售能力。1992~2020年，国内主力消费人群变迁，三四线城市消费者消费能力崛起，从早年"只买贵的"向如今"只买对的"升级，品牌化消费趋势走向必然。

值得一提的是，1995年的春天，刚刚起步的希努尔集团因产品质量不合格遭到了客户退货。集团董事长王桂波先生立刻召集全体员工开会，当着大家的面，把价值50多万元的服装一把火烧掉，同时对员工进行"我就是最后一道程序"的质量把关教育，要求务必筑牢质量防线，严防因质量问题自砸品牌。随即公司制订出台一系列极其严格的质量制度、保障措施和岗位责任制度。

王桂波当时的一把大火印证了自己提出的"差不多就等于差远了"的质量观，也在员工心中烧出了质量是企业立身之本的责任意识。就像张瑞敏怒砸冰箱一样，希努尔集团不仅烧掉了一批不合格的西装，更烧出了质量是企业生命线的管理理念，并培育出了家喻户晓的希努尔服装品牌。

2010年10月15日，公司迈入全新的发展阶段，希努尔男装股份有限公司成为山东省第一家成功登陆A股的服装企业，使企业发展登上了更高的台阶。

一直以来，希努尔集团始终以追求卓越为目标，先后通过各项质量体系认证，荣获全国重合同守信用企业、国家级征信企业等多项荣誉。通过质量管理和技术创新，希努尔集团保持了良好的发展态势，目前服装产业园占地面积120万平方米，在职员工8600人。公司拥有38条西装生产流水线，年产西装/大衣/休闲服580万套（件），产能位居国内同行业第一位；28条西裤生产流水线，年产裤装420万条（件），产能位居国内同行业前三位；22条衬衫/劳保服生产流水线，年产衬衫/劳保服520万件，产能位居国内同行业前三位（图2-57~图2-60）。

图 2-57　希努尔时尚休闲男装

图 2-58　希努尔轻商务男装

图 2-59　希努尔运动休闲男装

图 2-60　希努尔商务正装

3.大杨创世：在全球范围，打造一个中国服装传奇

从乡村服装作坊到上市服装集团，大杨集团董事长李桂莲和她的大杨创世一样，是业界的一个传奇。

发源地：辽宁大连

成立时间：1979年

主打设计：男士西装、定制西装

品牌特色：大连大杨创世股份有限公司始建于1979年9月，专注于生产和营销各类中高档服装。经过30多年的不断发展与创新，现已成为享誉全球的西装工艺及缝制专家，年西服出口量600万件/套。CNN报道称："大杨有可能重新定义中国制造"。

1979年，在辽宁大连，大杨集团有限责任公司的前身"杨树房服装厂"创办，并于1992年，改制为股份制企业，现有直属（控股）成员企业达21家，控股子公司大连大杨创世股份有限公司于2000年在上交所成功上市。

如今，大杨集团是"世界服装行业500强""全国服装行业十强／百强企业"。公司主要从事生产和销售各类中高档服装产品，员工达5600余人，具有年服装综合生产加工能力1100万件（套），年西服出口量600万件（套），是我国最大的西服出口生产加工基地之一。同时，年服装定制产量130万件（套），是全球最大服装定制企业。

旗下主打品牌创世（TRANDS）成立于1995年，是大杨集团高端男装品牌，依托大杨集团40年形成的雄厚加工实力及信息化、智能化的生产模式，在服装设计、工艺、板型、缝制、服务等方面，融合多年积淀的全球优势，保持世界领先水平，并深受巴菲特、比尔·盖茨等商政精英的青睐。已成为当今中国高级男装的代表品牌之一，先后获得了"中国出口名牌""中国驰名商标"等称号。

创世聘请伊万诺·凯特琳和马吾洛·拉维扎等国内外知名设计大师领衔研发高级成衣和定制系列，全手缝BESPOKE工艺更是将大杨集团的匠心传承精神推向极致，获得全球政商精英的青睐和赞誉。

在品牌科技创新上，大杨集团与宁波圣瑞思工业自动化有限公司合作开发的"智能悬挂式高速分拣与存储系统"，荣获了"2019年中国服装行业科技进步一等奖"。

公司拥有超一流的技术核心工艺——毛芯工艺、全手缝工艺、胸衬加湿技术、那不勒斯肩等都处于同行业领先水平。其中，毛芯工艺的加湿技术可以使成衣在任何温湿度的情况下都能保证非常平服，这项技术是国内外独有的，为品牌市场竞争力提供有力的支持和保证。与此同时，公司谋求技术板型与信息化结合，通过多年时间，对超300万人次的体型身材数据进行研究，目前可实现搭配款式组合上千万种，特体调整人群覆盖率达100%。

现阶段大杨集团已开启"大杨定制全球化战略"，以自主开发的信息化平台为依托，投资上亿元建设全球服装智能化柔性制造工厂，努力实现"做全球最大单量单裁公司，打造国际一流服装品牌"的企业愿景（图2-61）。

图 2-61　大杨创世男装

4.威可多：以口碑传播领跑中高端市场

以用户为中心，专注板型与性价比的威可多品牌，自诞生之初便摒弃了明星代言策略，更看重用户的口碑传播，把砸广告的钱投入到产品的研发和生产中。

发源地：北京

成立时间：1994年

主打设计：高性价

品牌特色：威可多（VICUTU），别具欧陆风格的中高档男装品牌。产品风格时尚、干练，广受国内一线城市白领阶层喜爱。作为第二代西服板型的技术引领者，威可多企业扎根时代变幻中都市精英的锐意精神创立品牌，全方位诠释都市精英的锐意人生，精心打造威可多成功与品位的专属风尚。创始之初，即以正装西服专家形象受到严谨干练的商务男士青睐。

1994年，蔡昌贤建立了北京威克多制衣中心（北京格雷时尚科技有限公司的前身），创立了威可多品牌，如今，威可多已经拥有全国近500家门店以及北京研发中心和河北衡水生产基地，直营店比超过80%，年销售额突破18亿元。

早在威可多诞生之初，蔡昌贤便摒弃了明星代言的品牌策略，坚持不请代言人、不参加特卖、很少打折、很少投入广告，威可多更看重用户的口碑传播。

蔡昌贤认为，威可多的核心理念是以用户为中心，如何了解用户的痛点，满足用户的需求才是企业最为关注的。威可多以高性价比著称，此外，好板型是威可多的"秘密武器"，威可多板型库的体量和更新速度都很快，每年都会定期推出新板型。

威可多认为，一件好的西装穿在身上首先不能沉、不能压抑或者觉得束缚，这需要衣服的支撑点合理分布。所以一件西装在设计、板型和结构上首先要合理；其次，面料和工艺要做到完美结合，才能穿着既好看又舒服；最后，在满足前两个条件下，上身要做到有型有款。这三点共同决定了一件西装的质感（图2-62）。

近年来，个性化定制的市场需求逐年增高，威可多在2008年推出了高级定制业务，据悉威可多的每件高级定制西装，都要经过500多道工序定型、修烫。

蔡昌贤认为，未来工厂的生存首先要做到智能化。"把不标准的东西标准化，把标准的东西工业化，把工业化的东西智能化，在我看来这是未来趋势。"在这样的背景下，2017年，威可多所属的北京格雷时尚科技有限公司引进了MTM（Made To Measure，量身定制）系统，建立了西服高级定制车间，实现了互联网定制模式，将终端店铺、面辅料供应商、生产技术、定制车间全部打通。消费者可在全国任意一家威可多店铺接受定制服务，或者成衣货品的修改服务。

受疫情影响，人们的生活习惯、消费行为发生了急剧转变，威可多开始加快线上业务的布局，提出了"三个新"：新内容，需要找到吸引用户的内容；新用户，如何在稳定老用户的前提下吸引新的消费者；新组织，需要专业团队更快速高效地应对线上业务带来的新问题。

在仔细调研消费场景和用户群体、改变"打法"之后，威可多的线上销售效果很快显现出来。2020年2月，线上销售达到了同期销售的30%，同年3月这个数字则达到了50%。到了5月，销售额已经超过同期、实现增长。

5.依文：将一件衣服变成一种服务

依文的颠覆创新在于，他们将传统店面转化为"定制服务"的竞争优势，同时又将传统高端销售服务与"微信服务"巧妙地对接，形成了销售的闭环，将一件衣服变成了一种服务。

发源地：北京

成立时间：1994年

主打设计：专业男士正装品牌

图 2-62　威可多男装

品牌特色：依文集团一直是国内高端服装品牌的引领者。依文创始人夏华改变了传统的商业模式，其通过独特的"管家式"定制化服务，收获了诸多高端客户。

依文企业集团创始于1994年，随后企业逐步发展壮大，至今已逾27年，相继创建了依文（EVE DE UOMO）、诺丁山（NOTTING HILL）、凯文凯利（Kevin Kelly）、杰奎普瑞（JAQUES PRITT）等高级男装品牌，业务范围扩大到服装、饰品、礼品、国际品牌代理及文化创意等领域。至今已形成集时尚品牌、产业互联网、文化产业整合为一体的大型集团企业。

依文致力于做国内高端服装品牌引领者，依文创始人夏华改变传统的商业模式，通过独特的"管家式"定制化服务，收获诸多高端客户。管家们以25岁以上30岁以下、有一定阅历和经验的知识女性为主，专门为高端客户提供专属定制服务。夏华为每5个客户配备一个管家团队，依文时尚管家团队包括管家、量体师、设计师、搭配师、造型师等，通过"n to one"的服务模式，为客户全家提供专属着装解决方案。

除了自有服装品牌，依文集团的业务架构中还有一个非常重要的板块——主打供应链整合的"集合智造"。依托自身在供应链的多年积累，依文集团在上游整合了全国470多家国际一线品牌代工工厂，下游则连接中小品牌商、批发市场，为很多头部服装主播、批发市场提供供应链服务。2018年，集合智造开始做"to C"市场，打造"爆品集市"快闪店，每年有几百场，单场销售额能达到数百万元。

一位依文的主管曾描述这样一幅场景，当你在杂志或者马路上看到一种风格的衣服，直接拍照发给服装咨询顾问，就会马上收到相应回馈。服装顾问记录了客户的身材尺寸数据、购物爱好，因而很快客户就会收到依文寄去的定制衣服。这一服务的好处在于空间和时间的无限"高效率"，这意味着你拥有了一位24小时随时在线的服装顾问。

依文的颠覆创新在于，将传统店面转化为"定制服务"的竞争优势，同时又将传统高端销售服务与"微信服务"巧妙地对接，形成了销售的闭环（图2-63）。

图 2-63　依文男装

二、国外男装品牌：欧系、美系、日系各有千秋

当前我国男装行业竞争格局比较分散，男装前十大品牌销售规模占整体市场份额的比重和国外相比仍然较低。图2-50所示的CR是Concentration Ratio（集中度）的简称，CR10表示最大的10项之和所占的比例（图2-64）。

纵观全球男装设计风格，大致可以分为商务休闲、都市时尚、户外运动等几大类。由于地域气候、历史文化习俗以及国民喜爱度的不同，影响了每个地理板块服装风格的形成。通过区域划分大致有欧系、美系、日系三种成型的风格流派，他们的服装设计风格一定程度上对周围的国家和城市产生了一定的影响，起到了一定的借鉴作用。设计风格的划分也是本土主流品牌的服装设计方向，下面浅析欧洲、美国、日本这些国家男装的设计风格，通过列举部分男装品牌进行介绍（案例品牌并不能代表地域全部的设计风格）。

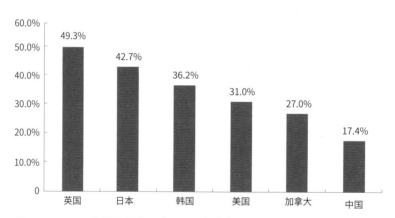

图 2-64　2018 年不同国家男装 CR10 市占率

（数据来源：Euromonitor，国联证券研究所）

（一）欧洲——商务休闲男装

地域代表：意大利、德国、瑞典、法国、英国

适应人群：事业有成、有品位要求的现代都市男性

设计风格：剪裁传统、线条硬朗活脱、个性优雅、成熟稳重

代表品牌：杰尼亚（ERMENEGILDO ZEGNA），商务男装的代表；

阿玛尼（ARMANI），一个世界级的服装王国，每一个支线都有显著的类型特征；范思哲（VERSACE），时装款前卫服装品牌的代表。

1.欧洲男装服饰特点与代表品牌

欧洲人因为自身的身材特点和穿着习惯，欧洲品牌一般来说都是趋近于商务休闲装，主要特点是上身感很强，即适宜的剪裁方式（图2-65）。

（1）法国。剪裁合体、制作精细。法国巴黎是时尚之都，法国人既讲时尚又人人言称文化艺术。法式时装无论男女，大多讲究腰身线条的性感。法国的男装无论西服还是休闲装，即使衬衣、毛衣，也是剪裁合体、制作精细。论款式，收腰贴身、背挺肩拔，肩袖没有累赘，把法国男人包装得挺胸凹肚，身材俊美。另外，作为世界服装业最发达的地区，像法国这种传统服装品牌国家诞生了不少具有时装款风格的品牌，这种风格对驾驭型要求更高，但是的确更能够突显品位（图2-66）。

图 2-65　ERMENEGIDO ZEGNA 男装

图 2-66　DIOR HOMME 男装

（2）意大利。设计新潮、板型修长。意大利米兰的时装新潮，总能在世界刮起旋风。米兰的男装占尽了"回归、怀旧、自然、运动"的风头。近年来，国际最流行的成衣均源自意大利板型。意大利男人热情、浪漫，纵观意大利男装，也多采用圆润肩型、长腰身、线条流畅的温情造型。衣身放量比法国板型略宽，身型却十分修长。意大利男人的身材在欧洲男性的平均之中居于劣势，全靠服装来衬托修长（图2-67）。

（3）德国。简约实用、品质上乘。德国成衣质量高，设计合理、实用，但风采却略逊法意。德式男装的外表并不惹眼，但各种口袋配件功能齐全，设计细致得像德国制造的精密仪器。而德国的时装能把男人打扮得健壮、高大、威严（图2-68）。

（4）英国。优雅风格、贵族气质。英国的服装业繁荣，差别于欧洲那种商务、时装款风格，保留了欧洲商务风格的血统。英国服装是欧洲商务休闲装中最为独特、可自成一派的风格，是众多国家争相模仿的对象。

英伦风从字面上理解为"英国的风格"，英国男装的风格以含蓄、优雅、自然、高贵为特点，典型的图案特征是运用苏格兰格，以良好的剪裁以及简洁修身的设计，体现绅士风度与贵族气质，个别带有欧洲学院风的味道。英伦风格的服装很多都以简洁利落的配件加上英伦低调忧郁的气质，展示出它独有的传统高贵的男装风格（图2-69）。

图 2-67　GUCCI 男装

图 2-68　HUGO BOSS 男装

图 2-69　DUNHILL 男装

2.带给中国男装品牌的三点启发

（1）启发一：品质传承，打造经久不衰的品牌。

1975 年，GIORGIO ARMANI 以自己名字创立品牌。因坚持高雅、节制、冷静的风格而为全世界追捧。它代表着阶级与品位，传达一种生活方式，符合成熟、有品位的精英人士的审美。GIORGIO ARMANI 的设计遵循三个黄金原则：一是去掉繁杂；二是注重舒适；三是坚持品质。GIORGIO ARMANI 的成功无疑为中国男装品牌提供了范式（图 2-70）。当前，很多企业已经注意到要以品质树立品牌。劲霸男装就是众多品牌中的先觉者，自 1980 年创立至今，劲霸男装专注于以茄克为核心品类的男装市场，在不断创新商业模式的同时，始终如一地将产品做到极致，在提升顾客体验的同时，也树立了良好的口碑。

图 2-70　GIORGIO ARMANI 男装

（2）启发二：把控细节，创造服装界的"艺术品"。

拥有百年历史的ERMENEGILDO ZEGNA是世界闻名的意大利男装品牌。因面料上乘、板型舒适、个性优雅，赢得无数人拥趸。从面料到板型，ERMENEGILDO ZEGNA每个环节都严控品质、精益求精（图2-71）。欧洲人对于服装面料、设计与板型的苛刻要求，成就了其享誉国际的品牌影响力。这也让许多国内男装品牌认识到，必须要回归服装本质。

（3）启发三：多元策略，为消费者提供更多体验。

ALFRED DUNHILL是权威男士品牌，将传统与时尚、创新、功能相结合，创造了奢华男装、皮具、书写工具和男士配件等产品。ALFRED DUNHILL不仅满足消费者的产品需求，还为男士打造了一系列顶级的商店，让消费者得到定制服务和与众不同的购物体验。ALFRED DUNHILL还采用跨界营销，通过与品牌价值观相同的企业合作，彰显品牌的尊贵（图2-72）。多元化发展和跨界营销策略让品牌发展之路更宽阔。国内一些品牌也在此开辟了新的可能。

（二）美国——都市时尚男装

适应人群：社会各阶层男士

设计风格：现代化、个性自由、舒适实用、轻松优雅、风格杂糅

代表品牌：拉夫·劳伦（RALPH LAUREN），拥有高性价比的国际服装品牌；

汤米·希尔费格（TOMMY HILFIGER），学院派代表品牌，以低价长青；

卡尔文·克雷恩（CALVIN KLEIN），具有高人气，适用于各个阶层的服装品牌。

1.美国男装服饰特点与代表品牌

美国的服饰装束十分现代化，以轻松随意的造型吸引了各国青年。美国的一切"非正装"似乎都要设计得如同睡衣那样肥大宽松，透露着美国人民的生活方式，讲究效率、实用和舒适。

美式品牌代表，如李维斯（LEVI'S）、拉夫·劳伦（RALPH LAUREN）、汤米·希尔费格（TOMMY HILFIGER）等，都是极具学院派风格的长青设计款，而且美式品牌的上身舒适感很强，或是宽松短茄克，或是略微修身的直筒裤装（图2-73）。

2.带给中国男装品牌的三点启发

（1）启发一：确立风格，打造鲜明品牌形象。

充满浓郁美国气息的拉夫·劳伦和简约、中性的卡尔文·克莱恩，两大品牌鲜明的风格定位是二者成功的关键。

拉夫·劳伦被誉为代表"美国经典"的设计师，他打造的具有融合西部拓荒、印第安

图 2-71 ERMENEGILDO ZEGNA 男装

图 2-72 DUNHILL 男装

图 2-73 TOMMY HILFIGER 男装

文化、昔日好莱坞情怀的"美国风格"经久不衰。拉夫·劳伦设计的第一系列男装就是以"POLO"作为主题，将其设计与运动紧密联系，使人立刻联想到贵族般的悠闲生活。

极简风格则是卡尔文·克莱恩在设计上的注册商标，也是现今的流行风潮。即使是在注重奢华、繁复的流行时尚期，卡尔文·克莱恩始终专注于纯粹简单、轻松优雅的品牌精神。因此，它的产品总是试着表现纯净、性感、优雅，努力做到风格统一。

美式男装一旦树立起品牌风格，轻易不会改变。这不仅是对创始人或者设计师设计初心的坚守，而且十分有利于打造品牌鲜明的形象，给消费者留下深刻印象。

中国男装品牌七匹狼自1990年创立，就提出"男人不只一面，品格始终如一"的理念和口号。为满足男士在不同场景下的穿着需求，七匹狼不断深耕男装茄克市场，对这一品类进行技术迭变与时尚创新，推出公务茄克、商务茄克、文化茄克、运动茄克、时装茄克和牛仔工装茄克等产品，树立鲜明的品牌形象。

（2）启发二：多元发展，从单一向多品牌延伸。

随着品牌日益成熟，从单一品牌向多品牌延伸，或向多系列、多元化发展也是美国服装品牌的营销策略之一。从众多成功的国际服装品牌发展的过程来看，从单一品牌向多系列、多品牌转型是品牌成长过程中的必然尝试。

拉夫·劳伦1968年推出第一个品牌"POLO RALPH LAUREN"，定位于成功的都市男士，产品设计介于正式与休闲之间。1971年，拉夫·劳伦再推出女装品牌LAUREN RALPH LAUREN，继续承载美国精神，突出个人风格的穿着。目前，拉夫·劳伦涵盖男装、女装、童装、婴儿装等产品，涉及PURPLE LABEL、POLO RALPH LAUREN、DOUBLE RL、COLLECTION、LAUREN等品牌，产品线也已延伸至腕表、珠宝、香水等品类。

卡尔文·克莱恩形成"重点发展、多品牌共同经营"的经营策略，男女装并重，同时开发其他系列和类别。除高级时装CALVIN KLEIN COLLECTION之外，卡尔文·克莱恩旗下还包括高级成衣系列CK CALVIN KLEIN、牛仔系列CALVIN KLEIN JEANS和内衣系列CALVIN KLEIN UNDERWEAR等，收获了很好的市场反响。

七匹狼是较早启动品牌延伸策略的中国男装品牌。目前，七匹狼已形成单品牌、多系列的产品结构，即七匹狼单品牌下开发了红狼、绿狼、蓝狼、童装、女装和圣沃斯六大系列产品。

报喜鸟男装也采用了品牌延伸的方式发展多品牌、多系列产品。目前，报喜鸟旗下有三大子品牌：报喜鸟主品牌（SAINTANGELO）、圣捷罗品牌（S.ANGELO）和宝鸟品牌（BONO）。

（3）启发三：注重传播，输出品牌文化内涵。

围绕品牌定位，美国品牌更注重传播其文化内涵。卡尔文·克莱恩很多富有创意的广告成为其成功的关键。例如，表现意象元素，体现开放性观念的人物形象，成为其广告营销的经典。黑色店铺与白色Logo的视觉设计，也令人过目不忘。卡尔文·克莱恩坚持大胆、性感风格，无论是实体店色彩定位，还是新系列产品推广，均保持美式时尚风格和文化内涵。

对比中国男装品牌，经过40余年快速发展，很多男装企业对于品牌形象包装、传播策略等层面也下足功夫。可以总结为两种类型：一是注重品牌形象宣传，主要采取电视广告（央视或各大卫视黄金时段播放品牌广告）、平面媒体（时尚杂志、相关报纸上软文推广或者图片宣传）等传播与宣传渠道，通过明星代言方式，加大品牌于大众市场的认知度；二是注重品牌文化内涵。成功的品牌必少不了文化的支撑。建立企业文化、书写好品牌故事，才能更好地吸引消费者，建立持久而坚固的联系。

（三）日本——街头休闲男装

适应人群：商人、政客、职场员工

设计风格：宽松简约、设计感、复古休闲、潮流

代表品牌：川久保玲（CDG），日系品牌的代表，世界级潮流兼时装品牌；

高田贤三（KENZO），日式品牌迈入世界殿堂的代表，具有强烈日式民族风格的休闲品牌；

BAPE等潮牌。

1. 日本男装服饰特点

1969年，世界摇滚乐风潮之下，日本年轻人大多处于崇拜叛逆、追求自由的状态。在借鉴各种风格的同时，日本品牌逐渐凭借在织造、制造、设计上的精益求精以及适应时代脉搏的创新力，走出了一条独特的发展路径。

20世纪70年代后，在经济增速放缓的背景下，日本消费者逐渐回归本土品牌，开始追求较高性价比产品，逐渐淡化对品牌和价格的追求。此外，经济增速放缓使大部分中小企业相继退出，优秀的企业及时对行业发展做出响应，提供具有竞争优势且可持续发展的产品。基于此，1984年，优衣库诞生于日本广岛。致力于做出"日本制造"的典范，实现"超合理性"的品牌定位是成立优衣库的初心。

日系服装主要风格为街头休闲、民族复古，产品突出另类且不浮夸的特点。日本服装板型大多宽松，但设计细致，更符合亚洲人的身型。

2.带给中国男装品牌的三点启发

（1）启发一：管理创新，SPA模式打造精细化运营管理。

在渠道及品牌运营方面，优衣库三招制胜：SPA模式打造精细化运营管理，多渠道打造立体销售网络以及高性价比塑造差异化竞争优势。

SPA（Specialty retailer of Private Label Apparel）模式即自有品牌零售模式。该模式由优衣库推广并成功应用。优衣库SPA模式的实施离不开对店铺全面的精细化管理。SPA模式能够直接掌握消费者信息，最大化合理开发消费者资产，对销售端的需求进行快速反应。SPA模式以终端店铺体验为核心，通过对终端店铺的数据信息进行收集、整理、整合和分析，并将数据向供应链、设计、营销等产业链各个环节分享以实现高效运营。

消费者在哪里，优衣库就把店开到哪里。优衣库坚持直营，2019年，优衣库在中国的150余个城市开设超过700家店铺。直营可以帮助企业牢牢掌握销售端数据，对上下游产业链有较强的把控能力。此外，优衣库积极拥抱互联网，2008年同时上线官方网站店铺和天猫官方旗舰店，打造了微博、微信小程序、官方网站、天猫、京东等多个网络渠道的公域和私域的立体架构，并有助于品牌全面掌握用户数据，优化消费体验。

优衣库能够对供应链端进行直接且严格把控，从而把控价格。专注基础款能够帮助优衣库实现无年龄、性别、身份等的人群定位，产品周转快且有效避免库存积压，降低销售预测带来的减值风险。优衣库通过规模化实现成本控制，采用功能性的优质面料，以此实现低价优质的高性价比竞争优势。

（2）启发二：深耕产品，科技与文化创造品牌附加值。

在产品与文化方面，优衣库采取"爆款驱动、深耕产品"的策略，并融入日本审美文化，赢得消费者认可。

优衣库深谙原材料对服装的重要性，对于基本款来说更是如此。稳定的面料供应能力和优质的面料是产品的本质。优衣库积极同东丽等优质的纤维制造商合作，投入更多研发力量，打造极致爆款产品。例如，摇粒绒以及HEAT TECH等功能性产品。此外，优衣库在研发上投入大量资金，在米兰、巴黎等城市均建立产品研发中心，形成了产品在面料与设计上的优势。优衣库还坚持将高科技运用到服装中，以提高产品面料的舒适度，并增加防水、防静电等性能，增加产品的附加值。

除在产品研发上建立优势外，优衣库还以文化增加品牌底蕴。在日本禅宗思想中，禅即梵语，是安住一心，思维观修之义。对自然的崇拜和审美意识，在优衣库产品设计哲学上体现得淋漓尽致。隐而不显的思想也在深深影响着优衣库极简、自然、简朴的设计理念。

（3）启发三：整合营销，全方位立体传播企业文化理念。

在品牌营销方面，优衣库不仅尝试"破圈对话"的联名合作，也采取"整合营销"的立体传播策略，产生了良好的效果。

优衣库通过丰富的跨界打破固有圈层，同消费者互动对话，传递热情、有趣、充满活力的品牌文化。以优衣库UT（Uniqlo T-shirt）为代表，定位为"集合世界创造力"，涵盖了电影、漫画、游戏、动画、艺术、文化、著名品牌经典元素、艺术家、户外、音乐等。优衣库通过跨界合作，同各圈层的消费者进行对话，为品牌注入热情和活力。

在信息技术不断发展的移动互联网时代，优衣库在整合营销方面的尝试，从品牌形象、定位、价值观到品牌行动层面，全方位立体发声，得到了良好效果。例如，优衣库采用红白鲜明的标志色，向消费者传达其不断探索的精神。又如，全英文的优衣库标志很好地与世界沟通。同其他社交平台合作也是优衣库常用的营销策略。例如，优衣库和小红书发起"优衣库爆款日记"等话题活动，立体传播帮助优衣库在不同流量平台引发关注，更好地传播优衣库的文化理念。

总体而言，优衣库在品牌的设计、战略、运营、市场方面都对中国的服装产业有着至深的影响。中国服装品牌已开始采用SPA的模式，并且在零售运营和供应链管理层面充分重视科技、数据、人的重要性。唯有深刻洞察人性，不断挖掘和构建品牌文化，积极拥抱时代发展的具有创新力的品牌才能够在竞争中取胜。

第五节 当代中国男装设计师代表

一、张肇达：不拘表达对设计的创想

他的成功，源自丰富的文化内涵，同时也源自他始终低调而不懈追求服饰的完美境界。

说到当代中国服装设计师，张肇达无疑是最有代表性的人物之一，曝光率高、影响力大。他曾两获中国服装设计"金顶奖"，在国际时装界是来自中国的大师级人物。身为跨界艺术家，他在书法、绘画、雕塑甚至装置艺术领域也颇有建树，这也为他的服装设计带来了不拘一格、打破常规的色彩感觉（图2-74）。

图 2-74 张肇达

张肇达1963年出生于广东省中山市，任中国服装设计师协会副主席、亚洲时尚联合会中国委员会主席团主席、清华大学美术学院兼职教授，是20世纪80年代走向世界的中国时装设计的拓荒者，也是当今中国最有影响力的时装设计师之一。

几十年来，在时尚与传统之间探索追求，这位极富东方情怀的时装设计大师，让东方韵味与西方技艺相辅相成，彰显其创作追求——典雅、含蓄、简约，体现雍容华贵、精雕细琢的女性美。

他曾经流浪，从南到北，从东到西，从中国到美国，从中东到欧洲。不断地进行绘画创作、旅行积累了张肇达艺术思维的底蕴，增长了他对时装设计的深层次的理解，激发了他的强烈创作欲。

他每年都要旅行，寻找时尚的灵感，把握流行趋势。每年都设计海量时装款式，举办数场个人时装发布会，其设计作品展示了一位时尚才子的天才与灵气。

他表示自己的设计哲学更趋向现代主义和实用主义。他的作品让人感到成熟而冷静、纯洁而即兴。"我忠于我的梦想，我想人们会因此而更加了解我想要呈现的是什么。"

作为本土设计师，他认为："作为一位东方的设计师，在中国崛起的进程中，在对自己的民族的独特性与自信心下，我们应该创作出一套完整的东方理念的服装设计，并期盼着最终能得到与西方理念同样的地位。"

中国要成为世界时装中心，一定要有国际上有影响力的设计大师。张肇达，无论从经历和才华，还是性格、情结、追求，都让人充满期待（图2-75）。

图 2-75　张肇达 2021 年秋冬男装

二、计文波：以中国文化为内核，带领中国设计走向世界

"中华民族传统文化是我创作的源泉。"可以说，计文波在海外的成功源于他植根于中国文化的时尚设计理念和品牌商业意识。

1983年开始从事服装设计工作的计文波，被认为是中国时尚设计的领军人物之一，近40年的设计生涯见证了中国服装原创设计和中国时尚从无到有的过程。值得称赞的是，计文波不仅是中国服装设计"金顶奖"的获得者，还是第一位入选米兰男装周官方日程举行专场发布的中国设计师（图2-76）。

图2-76　计文波

计文波携手同名品牌JIWENBO多次赴米兰进行品牌发布，其作品得到国际时尚人士的高度认可和好评。曾与GUCCI、ARMANI、FENDI、DIOR、DOLCE&GABBANA等一线奢侈品品牌同台，并在首次发布会便力破重围，计文波的一件男装作品入选全球100件奢侈品，14件男装作品入选全球男装流行趋势，这对于中国设计师和中国设计在世界时尚影响力的建立做出了卓越的贡献（图2-77）。

计文波第三次在米兰进行个人时装发布时表示，这次的

图 2-77　计文波米兰时装周作品

发布与此前最大的不同在于欧洲买手、品牌公司以及媒体的态度。他们不单是关注中国文化，关注发布会和作品本身的理念，更重要的是他们对中国设计有了全新的认识，发布会之后发生了实实在在的商业行为，可以说中国男装设计已经走到了全球商业的平台，这让计文波觉得非常欣慰。

计文波始终坚持"中华民族传统文化是我创作的源泉"这一设计理念，可以说，他在海外的成功源于他植根于中国文化的时尚设计理念和品牌商业意识，这也是他能通过意大利全国时尚协会评审团的认可，正式进入米兰男装周官方日程举办自己的专场时装发布会的底气。在采访过程中，无论是谈及自己的品牌还是中国设计师，他都一直提到两个关键词："品牌化"和"商业化"。

计文波认为"一个设计师要像他自己，像他自己的经历，像他自己的行为"。设计的关键在于思想的魅力和细节的表达，同时一个优秀的设计师一定要对工艺和技术有实践、有追求，才能实现从设计理念到作品的完美转化。

计文波曾在利郎、七匹狼、九牧王等男装品牌公司任职，并携手利郎集团从创业起家到成功上市。通过多年对市场的接触，计文波深知服装设计品牌化与商业化的重要性，他坦言：如果一个时装设计师可以称为"设计大师"的话，他背后一定要有一个全球知名的名牌。他的设计可以引领市场趋势，同时被市场所认可。设计师的思想和商业化的结合一定是完美的。他深信，在未来不久，中国的设计力量必将成为世界的中坚力量。中国的设计师品牌未来必将成就自己的影响力，在全球市场打出属于中国设计师的品牌符号。

三、刘勇：致力于创意与实用的兼容

设计师不仅要立身于设计，更要立身于市场与消费者，帮助消费者回答为什么要买的关键性问题。

刘勇，2016年第20届中国服装设计"金顶奖"获得者、2020年第24届中国服装设计"金顶奖"获得者，2014年、2015年两获中国时尚大奖"最佳男装设计师"，2008年获"旭化成·中国服装设计师创意大奖"，2004年、2006年获"中国十佳时装设计师"（图2-78）。

刘勇的设计，善于做减法，不玩花哨，注重实用。一直以来，他作为设计师，与服装品牌企业之间始终保持着良好的合作关系，并在不同角色之间轻松切换。

得益于对"商品企划"运作模式的深刻理解，刘勇对服装设计的真正意义和目的有了与众不同的理解和应用，并在服装设计中秉持着"设计为人"的出发点。

"如果设计只停留在设计师的角度，那这样的设计是高高在上的，无法'接地气'。"在刘勇看来，一个设计师在作品中体现创意与才华是无可厚非的，但对于与品牌合作，就要考虑到商业价值。

图 2-78　刘勇

刘勇曾在七匹狼、劲霸等大众成衣品牌企业有着丰厚的设计工作经历。在他看来，设计需要考虑到消费群体的审美喜好以及品牌的战略需求，只有这样，设计师设计的才是商品，才不再只是作品，才富有生命力。

设计师必须是生活的体验者，着重于实用性。刘勇强调设计师在展示美的同时，还要替消费者回答为什么要买、为什么而穿的问题，抓住商品的主流风格，在此基础上进行品类设计。

在中国服装界，商品企划还处于初步发展阶段，但随着中国时尚消费正在觉醒，男装业也从产品时代、品牌时代，进入消费主权时代，消费审美趋于个性化和细分化，而"商品企划"的重要性也越发凸显，越来越多的企业开始意识到其重要性。正因此，一个有着十余年商品企划实操经验、功底扎实却依然谦逊亲和的设计师，无疑是不可多得的。

在"为他人作嫁衣裳"、运营服装品牌的同时，刘勇时刻没有忘记自己的时尚态度。2014年，刘勇水到渠成地成立了个人同名品牌LIUYONG。除了在私人定制领域持续深耕，个人潮牌系列LIUYONG PLAY也以年轻、朝气与舒适的穿着体验迅速俘获市场认同。此外，刘勇通过操刀童装、亲子装系列设计，将品牌"LIUYONG"的潮流风格拓展到家庭，开启多条产品线并行的设计师品牌之路（图2-79）。

图 2-79　2021 年中国国际时装周春夏刘勇系列作品

四、曾凤飞：人生不被框定

回顾过往，曾凤飞的人生是一部励志篇章，如今的他凭借对中国传统文化与商业市场的深入理解，在中国品牌中独树一帜。

曾凤飞，厦门凤飞服饰设计有限公司创意总监，荣获第16届中国服装设计"金顶奖"，全国纺织工业劳动模范，多次荣获"中国最佳男装设计师"称号，2006年荣获"光华龙腾奖——中国设计业十大杰出青年"，中国服装设计师协会副主席，时装艺术委员会主任委员，亚洲时尚联合会中国委员会委员，曾参与APEC峰会、世乒赛、金砖会晤等国际大型会议服的设计（图2-80）。

图 2-80　曾凤飞

2008年，曾凤飞自创同名品牌——曾凤飞ZENGFENGFEI。在品牌创立之初，虽是一个小众品牌，却有顽强的生命力。作为一个设计师，从之前的单一角色转换到现在的双重角色。国外的大牌设计师品牌也都经历过这种从个人到团队默契磨合的漫长过程。在创业初期，曾凤飞身兼设计师与品牌管理者两重身份，但主要的时间和精力还是献给前者，因为设计师的创意只有通过产品的呈现才能实现更高的价值，否则艺术与创意只能是空中楼阁。

小众品牌的特点就是小而精致，一旦有非常忠诚的客户群做支撑，便会不断发展壮大。相较于大众品牌而言，设计师品牌的特色和优势恰恰在于能满足更多不同人群，因为不同场合的服饰需要不同的设计内涵，需要风格的统一性、连贯性，需要品牌个性鲜明，这也正是曾凤飞想传递的生活方式和着装理念。

在曾凤飞眼中，设计师品牌最重要的就是设计本身。很多品牌都有自己的设计师，设计师关系着一个品牌的生死，一旦方向错了，一季的货品就宣告流产。因此，服装设计师对一个品牌的重要性不言而喻，可以说是这个品牌的掌舵人。

曾凤飞一直把控着品牌的方向，自品牌创立以来，最鲜明的特色就是其一直秉承的中式风格。"我的品牌设计理念就是根植中国传统文化，文化是设计根基。"曾凤飞如是说。

图2-81　曾凤飞（ZENGFENGFEI）系列产品

曾凤飞清晰地认识到，推广中国特色的着装理念，仅仅有高端定制的小众人群是不够的，更重要的是还能得到更多大众消费者的支持，在多年默默地运营中，曾凤飞品牌已经作为独特的现代中式男装品牌昂然进驻了全国多家顶级商场，以一个服装设计师的敬业和执着，凭借中国文化背景资源独树一帜（图2-81）。

五、王钰涛：坚持做"有温度的中国设计"

"守望纯粹，感激生活之美"，王钰涛将观点揉入设计，将设计揉入服装，通过品牌将自身理念完美传递。

王钰涛，第15届、第21届中国服装设计"金顶奖"获得者，2005年度、2010年度、2012年度、2013年度"最佳男装设计师"，2018年度"最佳女装设计师"，BEAUTY BERRY品牌创始人（图2-82）。

王钰涛毕业于天津工艺美术学院，后去日本文化服装学院学习服装设计。2005年，王钰涛创立服装品牌"BEAUTY BERRY"，设计并发布男女装成衣。

图2-82 王钰涛

王钰涛的设计座右铭是"守望纯粹，感激生活之美"。他的风格源于对生活的热爱，发现美，感受美，并收集身边的点点滴滴，汇集整理再结合当下的风尚创造属于自己的品牌格调。

在用色方面，王钰涛常用明亮鲜艳的色彩和细节设计来表达男性的时尚个性。廓型和细节方面，肩型、领口、腰线等局部细节都是王钰涛设计的重点，他认为精致的细节要比鲜艳的颜色更富冲击力。他的设计从面料挑选到制板、剪裁都非常精致，甚至很多明线缝制，从装饰的细节能看出设计师的用心之处。

每个人对作品的理解都是不同的，从整体来看，王钰涛更加侧重于创意，不过分强调可穿性，不刻意追随潮流。而在表现手法上，王钰涛从"形、神、质、爱"的不同角度让观者感受到不同的美：形——绝对完美的设计，神——强调个性的板型剪裁，质——最好的面料结合出众的工艺，爱——始终以人为本，以生活为舞台方向。

在王钰涛看来，男装设计已经发展到一定程度。服装设计的美，不仅是有力量的，更应该是平易近人的。服饰一定要穿上去才能够体会到设计师这份爱和才华，服装的魅力正在于此。

因此，他在设计上的化繁为简、中西交融、大气挥洒形成了独有的理念风格，追求品质与实穿性是他一贯注重的标准。此外，又将对消费市场和生活方式风潮更迭的敏感捕捉投射到服装创意之上，做"有温度的中国设计"，也使王钰涛系列作品的"王范"更为时尚而接地气、广受欢迎。

多年来，王钰涛与很多明星合作，参与时尚设计类综艺节目，成为一位"跨界明星设计师"，也让大众了解到设计师的设计理念。

王钰涛创立的设计师品牌主力消费客群是年轻、时尚、热爱生活，对自己穿着有要求的时尚人士及情侣，同时也包含年轻家庭（图2-83）。

图 2-83 王钰涛设计产品

六、万明亮：茄克领域的拓荒者，因专注而专业

　　茄克设计是一个人精神的产品，具有物质形态和意识形态两种属性，而这两种属性又是互为依存、缺一不可的。物质是有形的，精神是无形的，有形的诉诸技巧，无形的诉诸观念。

　　万明亮，中国十佳服装设计师。曾任职于劲霸男装，因参与"每一款茄克都有一处独创设计"执行过程，享有"茄克先生"之美誉；2003中法文化年，万明亮作为劲霸成员之一赴法国巴黎卢浮宫举办"劲霸茄克"作品专题发布会，名声更盛（图2-84）。

图2-84　万明亮

　　万明亮，毕业于江西服装学院，后南下福建供职于"中国最具生命力100强企业"和"中国500家最具价值品牌"企业——劲霸（中国）有限公司。

　　万明亮从未预想过，自己会从一个普通的服装技师成长为茄克领域首席设计师。他一心致力于茄克设计与服装研发，怀着"一个人一辈子能把一件事情做好就不得了"的人生信条，在设计舞台中央自信表达。

　　长期从事茄克设计，万明亮在兢兢业业和日复一日的

打磨过程中领会到服饰本身的内涵。他说："茄克设计是一个人精神的产品，具有物质形态和意识形态两种属性，而这两种属性又是互为依存、缺一不可的。物质是有形的，精神是无形的，有形的诉诸技巧，无形的诉诸观念"。而万明亮就是这样一个善于用技巧表达观念，从而在物质与精神之间、在艺术与市场之间找到恰当平衡点的设计师（图2-85）。

因技师出身，万明亮不是浮于图纸的"梦想家"，而是亲力亲为的"实干家"。他能够亲手设计、剪裁、制作服装。"我可以见证一件衣服从无到有的诞生过程，完全经由自己的手来创造，那种感觉真的很满足。"

当技巧不再是创作的难题时，态度便成了作品成功与否的关键。万明亮喜欢观察，善于思考，通过观察普通人的言行捕捉设计创意。很多时候，设计灵感竟是来自梦中。"不知道是工作融入了生活，还是生活融入了工作，总之，艺术无所不在，就是这样相互交融。服装设计是一个选择，我希望自己能够坚持到底。"

图 2-85　万明亮男装设计

七、林姿含：专注设计服务，为优秀设计师搭平台

市场才是真正的赛场，销量高才是王道。设计一定要落地，要和市场接轨，要产生市场价值。

林姿含，广东设计师协会副会长、中国十佳时装设计师。作为一个从小就对服装设计怀有热忱的人，林姿含十一二岁时就能挑选布料踩着缝纫机创造别出心裁的新衣。天赋与努力在她身上得到充分体现。大学进入专业科班学习，再到法国学习深造，林姿含在服装设计领域不断耕耘，终将儿时梦想绽放（图2-86）。

林姿含的设计梦想不止于此，她认为"能够转化为商品的设计才能创造价值。"此后，她的身份也从独立设计师向着设计资源整合者的方向转变。

图 2-86　林姿含

"设计一定要落地，要和市场接轨，要产生市场价值。设计师已不再只是画图，还要资源整合及整体规划产品，要对产品有整体的把控。"林姿含说。

2002年，林姿含创立广州市珈钰服装设计有限公司，打造了一个名师领衔的智囊型的职业设计机构。多年来，珈钰设计专注服装设计服务，拥有5家分公司，业务覆盖全国

20多个省市，服务过500多个品牌，为客户创造产值超过1000亿元；作品远销东南亚、欧洲、日本、韩国等全球80多个国家和地区。

多年的设计服务，让林姿含有了更多的积累和沉淀，她希望有更高的平台能够承载。2017年"全球设计家"应运而生，一个面向B端，聚集了3000多个设计师的平台落地广州。让设计师、面料商、品牌商三方在"全球设计家"中实现精准对接，形成纺织服装产业有机闭环生态圈，进而解决设计师缺少平台、面料商缺少价值、服装商缺少优秀设计师的行业痛点。未来，她仍将带领公司继续深耕设计服务、产业服务、多品牌孵化，为产业赋能、为行业创造价值（图2-87）。

图 2-87　林姿含男装产品

" 八、张继成：摘掉光环沉浸在羊绒世界

判断一个设计师优秀与否，不仅要看他的专业，为人处世、社会能力都是考察的重点，成功也不能单看一方面，看看国外大师的成长经历，几乎都是综合能力的集大成者。

张继成，中国十佳设计师，中国服装设计"金顶奖"得主，曾任职鄂尔多斯集团、维信集团等。张继成毕业于天津市职工纺织学院服装设计专业，曾任鄂尔多斯集团首席设计师（图2-88）。

有人说他成名早，受到媒体的追捧和同行的支持，是一件十分幸运的事。作为在羊绒针织特殊领域的设计师，张继成的设计生涯与中国羊绒产业的兴衰紧密相连，我们看到更多的是他身上肩负的那份责任。

图2-88 张继成

张继成对裘皮及羊绒服装的设计、造型、工艺十分熟悉，以极具现代感的款式演绎高贵、优雅的风格。坚持创作的根本在于文化整合，原创不是唯一的追求。

"许多国际品牌的设计之所以能历久弥新，其根本原因在于他们知道如何将各种元素适当地加以融合，他们会吸收世界各地设计师的精华，而把这些元素很好地融合到自

己的风格中。原创的东西在设计中是需要的，但它不是根本，小设计师强调原创，真正的大师是在整合。"张继成说。

设计师是缔造者，优秀的设计师会转变思路，不仅在设计风格上趋向时尚化和国际化，还要将设计与产业相结合。多年来，张继成深入羊绒产业最前端，思考如何通过设计的力量打造具有中国品牌特色的羊绒制品。

透过张继成的作品，我们看到他颠覆了以往羊绒设计传统与稳重的设计风格，赋予了羊绒服装性感、魅惑和时尚的味道，他的作品利用多种制作工艺手法和多种材质间的搭配，设计风格也由保守变得开放。他将中国元素与异国风情进行完美融合，演绎了羊绒现代的时尚与经典（图2-89）。

张继成坚信，做设计一定要有自己的特色和个性，除了保留自己的创意外，还要把握品牌的定位。"借助低碳纺织技术的创新来加快产业升级，改'中国制造'为'中国智造'，培育羊绒国度中代表中国的世界级品牌，确立起中国羊绒大国的世界地位。"

图 2-89 张继成男装作品

九、杨紫明："颠覆流行"自成一派

跨界，其实一直追求的都是生机勃勃又充满希望的生活方式，一个成熟的品牌往往是创始人内心的外化。是特立独行的梦想家，也是脚踏实地的践行者。

杨紫明，现任卡宾服饰艺术总监，中国服装设计"金顶奖"及"亚洲杰出青年设计师时尚大奖"获得者（图2-90）。

颠覆流行，是"卡宾先生"杨紫明的设计风格，也是卡宾品牌的设计理念。曾经的拳击手和赛车手的经历将他塑造成一个主动、有激情、干练的人，而他的作品与他的个性也高度吻合，设计作品中那种挡不住的力量感就是最佳明证。

图2-90　杨紫明

20世纪90年代，杨紫明以"招摇"的男装设计风格引发关注，紧身喇叭裤、色彩夺目的T恤……甚至将女装设计中常见的腰线设计运用到男装中，不仅开创男装设计先河，更奠定了卡宾"颠覆流行"的品牌DNA。

"做生活的有心人"是杨紫明的设计灵感来源，这种创作态度让每一季的设计主题和元素都极具想法和表现力。例如，他擅长将旧的元素赋予新的创造，将传统的铆钉改成飞镖样式、用刺绣镂空的女装面料设计男装衬衫。在杨紫明看来，潮流是永远抓不住的，要么创造它，要么跟随它。而杨紫明并不愿意墨守成规或跟随别人的步伐，他要做的是引领一种时尚的观念。每一季设计，杨紫明都力求与众不同，呈现出个性化的设计，而不是同质化。

在知名时装设计师当中，杨紫明是一个"异类"，从来没有接受过任何服装专业培训，也没有绘画基础。杨紫明出生于家庭服装作坊，从小便生活在母亲一针一线的服装制造环境。他一直认为，如果一开始就把自己定位为一个匠人，那就永远只是一个匠人。2007年，杨紫明成为首个登上纽约时装周的中国服装设计师；2013年，卡宾在香港上市（图2-91）。

杨紫明的时尚原则有三条基准：舒服、尊重和个性。舒服才能带来从容自如，着装代表对出席场合和他人的尊重，而一个人所选择的衣服和配搭无疑最能体现一个人的个性和独特魅力。衣服是设计师的语言，他一直希望以更时尚、更有态度的语言来表达自己对时代的敬爱。杨紫明认为，文化的积累才能爆发出核心吸引力，只有不断突破疆界、发挥中国原创设计力，才能为中国男装注入新的活力。

图2-91 卡宾

十、上官喆:"亚"文化交流中的中国代表

SANKUANZ 被认为是最早将中国青年亚文化与高级时装对接的设计师品牌,也是国内第一批当代意义上的新锐设计师品牌之一。上官喆将滑板文化、说唱音乐、宗教等丰富的元素融入设计,与音乐文化圈长期交好,成为全球青年亚文化交流中的中国代表。

上官喆1984年出生在福建长汀,2003年毕业于厦门大学,修读视觉传达与广告学双学位,2006年成立SANKUANZ品牌。2014年6月,SANKUANZ首次亮相伦敦男装周,此后品牌多次登上巴黎男装周,在全球买手店渠道进行销售(图2-92)。

图 2-92　上官喆

说起上官喆,不得不提的就是他的个人品牌SANKUANZ,经过十几年的发展,SANKUANZ走出国门,并且为时尚圣地所认可,入驻TRADING MUSEUM、OPENING CEREMONY等买手店后,俘获了不少粉丝,在欧美国家也逐渐站稳了脚跟。

早年SANKUANZ的作品戏谑张扬。2017年的设计中,伴以大量改造自美国宇航局(NASA)、空军、太空流行文

化的徽章。2018年，SANKUANZ在巴黎时装周上举办了春夏系列发布会，向来不走寻常路的上官喆，反倒抛弃了前几季中的政治戏谑元素，从抽象派艺术大师CY Twombly的传奇一生汲取灵感，赋予品牌更多浪漫主义色彩和艺术情怀。

不同于国内大部分独立设计师以剪裁取胜、走中规中矩的路线，上官喆的设计会把你带入一个光怪陆离的未来世界，新奇、怪诞、充满冒险和惊喜。以街头风惯用的oversize廓型和不对称剪裁为依托，加入大量的卡通形象、宗教图腾以及多国文字充斥于他的设计之中，因为它们都带着为年轻人的生活态度发声的使命（图2-93）。

在这个人人都追求标新立异，释放个性的年代，选择这样一件单品来表达自己的态度，这很符合年轻人的时尚。

上官喆的设计理念与他对生活的细腻感受、对情绪的瞬间捕捉紧密联系在一起，这令他的作品看似平淡，却表达出只有同道中人才能迅速领会的生活哲学。所幸的是，他的"同类"不在少数，不然他也不会在短短几年间迅速被业界及爱好设计的人们所认可。

上官喆喜欢尝试各种面料的搭配组合，羊毛、棉、亚麻和雪纺都会出现在他的设计之中。他也从未让人们失望，总是带来一个又一个的惊喜之作。

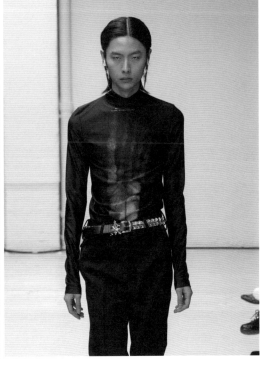

图2-93　上官喆设计产品

十一、乔丹：生动不做作，正能量是男装要义

20世纪80年代"出产"的"小女孩儿"乔丹，SIVICO男装创始人，武汉纺织大学服装学院教师。从韩国中央大学攻读博士毕业后，2013年乔丹归国进入武汉纺织大学任教（图2-94）。

2016年，乔丹的职业设计生涯进入快速发展的三年，在服装设计大赛中拿下铜奖后，又分别获得"中国十佳时装设计师"称号以及两次"最佳男装设计师"提名。作为黑马般崛起的新锐设计师，风头一时无二，与这股力量相匹配的，是她前卫张扬的设计作品。2019年，她开始放慢脚步，不再"逼迫"自己连续出款，而是开始汲取生活养分，让自己的设计重新开始融入现实生活。不追赶潮流，不假装引领时尚，把作品中"做作"的表达删除，让男装生动自然，从内心深处开始迸发对"正能量"的投射。

乔丹是极具敏锐感的时尚设计师，生活中的一草一木、空气、水，甚至雾霾都会成为激发她创作灵感的元素。乔丹会注意到身边每一位男生的外在修饰形式，这是对男装市场的认识基础，也是对客户群体清晰认知的基础。她喜

图2-94 乔丹

欢用"爱意"表达生活中真实存在的感受，让服装有温度，生活才真实。

乔丹无论何时都直率甚至放肆，但也认真纯粹且诚意满满。独立设计品牌SIVICO男装一直在成长，而乔丹所释放的设计力，开始走向成熟而初心不改的正能量气质。乔丹的"放肆"体现在她对服装狂热的喜爱和对设计"过分"的敬畏，这种喜爱让她持之以恒，这种敬畏让她纯粹而充满诚意。了解她的人会发现，她每一季发布会的主题和切入点都跟自己的生活情结有关，她只是在用纯粹的，甚至"童真"的视角和敬畏心捍卫着自己全部生命对设计的崇敬态度。她承认自己的设计也有"不堪回首"的过去，但只要认真坚持下去，自然会"召唤"出属于自己的时代。这种持之以恒的心态映射在作品的性格里，慢慢变化为内聚力，温暖而炙热。

对乔丹来说，每一季时装周都是一次里程碑式的进步与突破，又一次审美与技艺的自我救赎。在完美呈现了"颜色""廓型""剪裁""搭配"之后，她又不遗余力地完成了服饰"细节"的终极描绘。成熟的作品绝不是哗众取宠的形式造就，而是敦厚的内容夯实，用最质朴的语言表达最真切的感情。坚持自我、解决问题、达到共鸣、完成升华是乔丹每一次追逐的目标，她坚信百分之百的诚意集合之后才是纯粹的设计，只有这种纯粹才支撑得起属于设计师的明天（图2-95）。

图 2-95　乔丹 2019 年春夏发布会作品

十二、王逢陈：用创造力赢得世界的尊重

　　王逢陈，2015年取得国际名声斐然的英国皇家艺术学院男装设计硕士学位，是中国先锋服装设计师品牌Feng Chen Wang的创始人（图2-96）。

　　作为中国新一代年轻设计力量中的佼佼者，王逢陈以富有结构功能性的中性设计风格闻名。她用"摩登未来、多元化及真实性"来形容Feng Chen Wang的品牌定位。实用性与设计感兼具之余，又敢于彰显以个人人生轨迹为灵感的私密设计情愫。目前品牌的工作室位于伦敦和上海。

图2-96　王逢陈

　　王逢陈曾凭借毕业设计系列入围2016年LVMH年轻设计师大奖赛半决赛，并作为唯一一位中国设计师入围2020 International Woolmark Prize（国际羊毛标志大奖）总决赛。2017年，王逢陈首次在纽约男装周上展示了第一个独立T台秀（2018春夏系列），重新定义了"Made in China"的概念，在国际时装周上引领国潮。2019年，在伦敦男装周展示了品牌在伦敦的第一个独立T台秀（2019秋冬系列），这标志着她的品牌之旅进入了一个全新的阶段。

　　王逢陈坚持认为，如果没有创造力，舞台的偏斜只会永

远停留在销售的层面上。要赢得世界的尊重，创造力才是第一位。这一想法也确立了她对于设计的独特视角。

在中西方兼具的艺术熏陶下，王逢陈更懂得要有个人独特的设计表达。中国风与中国元素在现代时装中的再创造，成为她不断探索和挑战的艺术命题。

"小的时候，看到一些体现中国传统文化的东西，如一些盘扣和珠饰，不能理解和感受其中蕴含的美。但随着年龄和设计积累的增长，我会越来越觉得这种传统文化底蕴很重要。如果生活方式和态度可以让设计变得很摩登、充满未来感的话，我现在会很享受那种赋予传统元素、传统文化新生命的过程。"王逢陈说。

在男装设计方面，王逢陈打破传统设计思维，大胆的色彩搭配、创造性地运用各类材质，设计中处处彰显着年轻、潮流、时尚的元素，视觉冲击力总能让人眼前一亮。

透过王逢陈的作品不难发现，设计外在充满了探索性和未来感，服饰的表达往往潜藏着细腻的情感。在她看来，服装应该是自由不受限的，在Feng Chen Wang中也可以看到独特的中性柔和之感（图2-97）。

王逢陈表示，一个设计师品牌能走下去其实离不开家人和朋友，还有粉丝、消费者的支持，与此同时我们也要想怎么往前走。在"大浪淘沙"的过程中往前走，这个过程势必会有一些特别优秀的独立设计师品牌走向国际，在更大的舞台上发声。

作为"一个身处激流浪尖的设计师"，王逢陈正在以设计师的创造力打动中国乃至世界，创造一种前所未有的关注与影响。

图 2-97　王逢陈男装作品

十三、周翔宇：品牌表达的新式探索

周翔宇的每一季发布会都将设计概念、整体造型、场景叙事结合在一起，与其说是服装发布会，不如说更像是一场以服装为载体的个人思想表达（图2-98）。

生于1982年的周翔宇，因为登上2013年伦敦男装周而成为国内独立设计师界的新星，玩乐、反叛、青年文化和极具创意的视觉概念，是他极具标签性的设计语言。但成名之后的周翔宇并没有每年围着两季发布会转，他还做秀场造型师、杂志客座主编、摄影师。事实上，从很早以前，周翔宇就决定，不做一个认真遵守时尚规则的服装设计师。

图2-98　周翔宇

2007年，从荷兰Den Haag服装学院服装设计专业毕业回国的周翔宇，先是成为一个造型师，这一决定让他获得了足够的人脉资源，随后在同年年底创立了自己的同名服装品牌Xander Zhou。

Xander Zhou以独特的视觉艺术角度、出众的设计剪裁对男装进行了新的诠释，他多元化的市场理念在中国服装界探索出一个新的商业模式。

从做设计师之初，他就没有把自己局限在一个卖出更多衣服的角色之中，而是做一个明星设计师，他成为自己品牌的最佳模特，频繁在各大时尚媒体上获得曝光，搭建出自己的平台，成为一个"自带流量"的设计师。

周翔宇为自己设定的路线很明确，如果他的品牌不是一个大众消耗品，那么需要一批人持续与他的品牌产生共鸣，形成一个强大的链条支撑。在时尚界，朋友圈决定成败。正是因为他在时装的各个领域的不断尝试，逐渐扩大了他的时尚朋友圈，而参与媒体这个营销链条的终端，最终反刍带动个人品牌的发展，是周翔宇的成功之处。

某种程度上，周翔宇衔接了时装业的两个时代，一个时代的时装设计潮流是由奢侈品行业和时装精英所引领的；而另一个时代的时装风格是千禧一代崛起后，由新的消费势力所主导。因此，他身上有两种特质，一种是对于时装文化传统的坚持，另一种则是对年轻人虚无、叛逆文化的深刻理解（图2-99）。

无论是做时装设计师、造型师还是担任杂志造型总监，周翔宇都在从视觉的角度探索，换言之，他知道设计出什么样的衣服是有视觉冲击力的，也同时知道，获取大众喜好和自我品牌表达的边界在哪里。

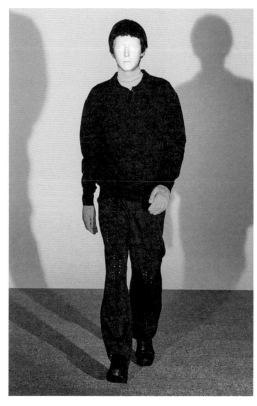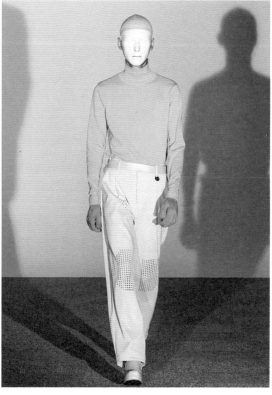

图 2-99　周翔宇男装作品

十四、李东兴：从情感出发，以服装抵达

李东兴毕业于纽约帕森斯设计学院。2016年创立同名品牌 XIMONLEE，仅在第二季作品发布后就被 GQ 新锐扶持计划选中登上了伦敦时装周的舞台（图2-100）。

李东兴说："我的作品重点是从情感出发，怎么用有限的素材，不管是平面还是立体的廓型，不同季节的面料，带给人们一些情感的触动。"

李东兴，韩裔设计师，出生于中国，在中国香港长大，童年成长经历为李东兴带来了多元化的视野，让他能剥离出其他文化的概念，用自己的方式去解读东方文化。其设计作品探讨了包括性别、身份、社会、意识形态和道德在内的各种主题。通过精心处理的服装、充分研究的廓型和新颖的面料开发，展现了他在服装设计领域的见地。他每季发布的前沿作品都获得了国际时尚界的高度评价。在服装制作过程中，他喜欢采用相互矛盾的材料进行拼贴，使服装不再被束缚于标准概念中（图2-101）。

"我希望品牌能够成为我表达故事、传播价值的媒介。一个品牌如果能通过自己的审美系统感染客户，这个品牌

图 2-100　李东兴

图 2-101　李东兴男装作品

就赢了。品牌为生活带来改变，消费者会非常忠诚。"李东兴说。

从新锐设计师到创立个人同名品牌，李东兴认为，自己整个过程都在学习和成长。他将公司形容为"一个正在探索、开拓自己美学系统的工作室"。

"千禧一代通过图像快速的传播与刺激，可以在手机上进行消费，同时大牌通过营销也可以刺激市场。但以上不代表每一位独立设计师都需要迎合这一趋势，并且我本身也没有被时尚博主的审美影响。我自己筛选图像，自己管理社交媒体，自己做平面和视觉，这些不受公关公司控制，对我来说就像是画廊一样自己经营。"李东兴对于设计者的认知清晰而明确。至少从目前来看，李东兴还是专注于他想表达的概念，"从设计出发、以服装表达"或许是最好的诠释。

十五、洪伯明：设计与管理都要从人的需求出发，以衣载道，以人为本

洪伯明，劲霸男装CEO兼创意总监，第26届中国十佳时装设计师。毕业于东华大学工业设计专业，辅修服装设计。洪伯明自幼受时尚熏染，见证着由爷爷创立、父亲掌舵的劲霸男装的壮大，加上年轻视角和国际化视野，沉淀出自己独特的艺术美学见解（图2-102）。

2013年从东华大学毕业后，他并没有入职劲霸，而是从事自己热爱的艺术设计工作，成立创意工作室。后来，洪伯明就职一家咨询公司，忙碌与辛苦的工作让他接触了大量的企业管理案例。也正是这段经历，让他对管理、对家族传承有了更近一步的理解。2017年11月，他主动要求加入劲霸男装，从艺术创作者到企业管理人，洪伯明身份转变既迅速、又果决。

从个人方面来讲，他认为艺术和管理是相通的，都是研究人，难点在于如何让设计师与CEO两种身份和两种迥然的思维模式在一个人身上很好地融合，让一件产品、一个项目的实现达到最佳的效果。"举个例子，当我以设计师的身份去创作、去思考一件产品时，我也需要思考这件产品做出

图2-102　洪伯明

来之后能不能热销，达成商业效益。产品的设计决定是否有市场与消费者的青睐，而商业运营则决定你能在市场中走多远、走多稳。从本质上来讲，我认为它们是一体不可分割、缺一无法成行的，在设计与管理的每一步，都要从人的需求出发，以衣载道，以人为本。"

在设计理念上，洪伯明认为，"有设计出身的基础加上在商业环境中的耳濡目染，我知道服装不仅是自我表达的载体，也是一门生意。所以我在思考设计时，也在思考美学和工业的平衡，不会寻求极致的自我表达，而是结合穿着、社会文化或因何而设计。"在设计实践过程中，更加注重品牌创造力与文化生命力，强调人文情怀在设计中的表达，展现更丰富多元的劲霸男装核心品类——茄克的形态，建立强大而多元的产品叙事空间，为服饰赋予更加高端的艺术形态。

从以中国文化为底蕴的十二生肖贺年胶囊系列、航空文创IP合作，到漫威IP合作的多元文化融合，再到开启集团化多品牌、多品项发展战略，带动劲霸男装创变革新，洪伯明不断探寻工业与美学的极致合一，热衷尝试将中国文化进行当代演绎，考究的面料、工艺、剪裁，并依托劲霸国家级茄克实验室，探寻科技为着装带来的全新体验。

在洪伯明的带领下，2020~2021年，品牌连续两年走出国门，登上世界顶级时尚舞台——米兰时装周官方日程，促进中国时尚文化与世界的交融共振。在他看来，能携带有中国文化魅力的服装站上世界舞台，正是一个中国品牌越来越独立和自信的表现（图2-103）。

"我相信文化底蕴和艺术概念是未来引领品牌往前走的一条必经之路，这也是我的热爱。未来，我们会去尝试更多的艺术表达形式，将他们融入我们的产品设计、品牌推广和一系列品牌建设中。"洪伯明说道。未来他也会从产品、情感、文化、精神四大维度深化链接消费者，显现高端新国货品牌的硬核实力。

从艺术到商业，洪伯明对于每个方面都有自己的思考与态度，不仅在商品创意和产品结构上带来让终端消费者和业界瞩目的创造性革新，更从公司组织结构、发展战略和管理制度等方面进行一系列的革新。脚踏实地的同时，也不忘仰望星空。

图2-103　洪伯明男装作品

第六节 当代男装发展新趋势

　　20世纪80年代，随着改革开放政策的实施，我国同世界上其他国家之间的交流日益频繁，西装再次在我国得到普及。我国的服装产业逐步确立并飞速发展。各类先进的服装生产线被不断引进，合资企业日益增多，服装工艺日渐先进，设计水平逐步提高。改革开放之初，来料、来样加工的服装生产方式逐渐被自行设计、自行生产的形式代替。可供人们选择的服装款式越来越多，人们不再盲从于流行，而是根据不同的环境、场合、地点来选择着装，讲究穿出个性。

　　20世纪90年代，人们的生活向小康过渡，思想观念更为开放，服饰也在急速变化。穿衣打扮追求个性和多变，很难用一种款式或色彩来概括时尚潮流。强调个性、不追逐流行本身也成为一种时尚潮流。

　　21世纪初期，中国服装产业的发展由最初的起飞期、上升期，进入平稳的巡航期。中外合资流水线服装品牌的运作与经营是以前任何时代所无法比拟的。城市里的繁华地区遍布各种品牌专卖店，北京、上海等大都市里的服装营销模式与国际运作基本同步。人们追逐服装品牌的意识逐渐加强，购买服装已经有了明确的线路，或去普通服装商场，或去服装品牌专卖店挑选理想衣裳。服装面料出现返璞归真的现象，棉、麻、丝、毛等天然面料及其混纺织物受到人们的青睐。时装开始五彩缤纷起来，大自然中的色彩，如泥土色、树皮色、岩石色成为新的流行色。中老年人选择服装色彩及图案的范围越来越广泛，儿童流行穿各种卡通图案的T恤衫或套衫，动画人物在童装产业中发挥了不少作用。丹宁服、文化衫等服装开始流行，时装流行周期越来越短。

2000年以来，北京、上海、深圳、武汉等城市陆续把设计师和其作品发布会组织化，从而形成与英、美、法相抗衡的、新的时尚发源地。发源地的多样化，不仅改变了国外时装一统天下的局面，也进一步促使流行的多样化和国际化。

2000~2010年，整个流行仍是多样化的复古倾向，富裕的生活带来的大量消费使人们对巴洛克、洛可可风格很感兴趣，而这种对传统的重新认识又使许多人非常崇拜名牌。于是，兴起一股"名牌热"潮流，设计师不断推出风格各异的作品，以强烈的视觉冲击力在纷繁多彩的社会中寻找自己的位置，培养和捕捉自己的"追星族"和消费群体。与迷信名牌的倾向相反，许多年轻的消费者在强烈的自我表现欲驱使下，完全不顾品牌，只凭直觉和喜好来装扮自己，从不在乎别人是否看得惯，传统型与前卫型同时并存。

另外，自19世纪以来，"时装"二字一直指女装，但进入21世纪，由于许多设计师着手男装设计，使男装一改过去正统的、古板的形象，不断向"中性化"（两性共用）甚至女性化方向发展。到2020年，这种倾向更加明显，男装品种和风格的丰富多彩，使多样化的流行更加令人眼花缭乱。

现当下男装发展的新趋势，归纳起来有如下几个方面。

一、返璞归真

由于战后各国经济的飞速发展，日新月异的工业却带来很多副作用。例如，工业污染对人类居住环境的破坏，促使人们反省人类行为对环境的破坏力。20世纪60年代末至70年代初，一些先进国家出现对地球环境问题的研讨。进入20世纪80年代，在复古思潮的推动下，回归自然的呼声越来越高，特别是1988年人类发现臭氧层被破坏，服装行业对环境的关注也更为深入。1989年联合国召开环境计划会议，对此进行专题讨论。生态环境问题敏感地反映在社会思潮的时装设计中。

Ecology（生态学）成为一个重要主题，服装设计对这一主题的表现有两种方式：第一，对色彩的运用。返璞归真理念得到体现，自然色（沙滩色、泥土色、森林色、天空色、冰川色、麦田色、稻草色以及非洲原始民族的自然色彩）被大量应用。无束缚感、舒适自然的造型，民间的、田园式的、远离现代工业社会的乡土味、古典风重新成为时髦。第二，人类越来越珍视资源。新的节俭意识逐渐兴起,从旧物再利用到故意做旧处理后加工,从暴露衣服的内部结构到有意撕裂的破洞造型,"贫穷主义"成为前卫派设计的象征,影响了许多设计师。

在"保持大自然原味"的思想指导下,在服饰色彩上,人们从大自然的色彩和素材出发,表现人类与自然的依存关系。各种自然色和未经人为加工的本色以及原棉、原麻、生丝等粗糙织物,成为维护生态的最佳素材。在图案花型上,代表未受污染的南半球热带丛林图案,强调地域性文化的民族图案以及各种植物纹样的印花织物、树皮纹路的交织色彩效果、表面起梭略具粗糙感的布料等成为时下新宠。在衣服造型上,人们再次摒弃传统的构筑式服装,开始追求自然性、舒适性,板型不矫揉造作,不加垫肩而采取自然肩线设计。崇尚原始民族服饰中那些自然随意的造型特点和民间的、乡村的、富有诗意的美感。各种不拘礼节的、舒适随意的休闲装、便装在人们日常生活中普及。薄、透、露现象受到关注,出现内衣的外衣化现象。蕾丝等各种网状织物和透明的、半透明的织物大为走俏,这是性感的表现,也体现了对人体自然美的追求。

二、节俭意识

如前所述,伴随生态学同时出现的是人们对资源的珍视。2000年以后与20世纪90年代相比,人们的消费意识截然不同,而20世纪80年代人们的消费观是重质不重量,重功能性不重装饰性,以最低限度的素材发挥最大的效益,反对铺张浪费,强调节约和废物利用。设计师马可、陈安琪、王逢陈等的作品中都出现了类似"贫穷主义"的设计,这一倾向的具体表现如下:

(1)未完成状态的半成品。故意露毛边,或有意把毛边强调成流苏装饰,或不拆衣服的缝撬线,或有意暴露衣服的内部结构,这些设计常出现在现代服饰中。粗糙的大针脚成为富有趣味的装饰,透着浓烈的原始风格和后现代艺术的痕迹。

(2)旧物再利用。这又分为两种情况,一是把从旧货市场上购买的或从旧衣柜中翻出来的旧物创作成新作品;二是故意做旧,即在织造、染色、缝制或后加工处理时,有意通过织、染、缝或后加工处理成破旧的样式,如牛仔装褪色、撕裂、洗磨等做旧处理。

(3)仿毛皮及动物纹样面料流行。由于人们认识到保持生态平衡之重要,许多国家禁止捕杀野生动物。消费者中出现了拒绝穿真皮、真装的倾向,仿毛皮、仿皮革以及印或织有动物纹样的面料很受欢迎。

(4)新面料开发。处在"面料的年代",人们不仅注重节约资源,有一种衣着简化意识,而且在新面料的开发方面取得了许多突破性的进展。山本耀司发表的"木板套装",三宅一生的"纸装",帕苛·拉邦奴向"金属衣"的再进军等,都是对新服装面料开发的一种暗示。在这种意识指导下，国际上新素材不断涌现，彩色生态棉、生态羊毛、再生玻璃、碳纤织物及黄麻、龙舌兰、凤梨纤维等植物纤维都被用来作衣料。连平时不为人注意的蒲公英也可以取代羽绒作填充物。与此相应，无污染的马铃薯粉经过表面加工处理技术形成新型染料。避免染色时使用化学药剂的水染法、有机染色法，也都是为了加强环保效果（图2-104）。

三、叠搭

时尚有轮回。20世纪90年代流行的叠搭方式再次受到青睐。一般以内紧外松、内短外长或内长外短的方式进行组合搭配，如里面穿紧身的、富有弹性的针织类衣服，以强调性感的女性曲线。裙长较短，表现一种轻快的造型，外套叠搭宽松肥大、有体积感，但并不显笨重的长茄克或长大衣；长长的衬衣外边罩一件短马甲，追求放荡不羁的内外衣对比效果。整体外形以H型和A型等宽松修长的造型为主（图2-105）。

图 2-104　植物染亚麻外套

四、新古典主义与中国风结合

新古典主义与中国风结合是把中世纪、文艺复兴、巴洛克、洛可可、新艺术派、装饰艺术、中国风等各种艺术样式无秩序地组合在一起，形成戏剧性的、富有幻想和神秘色彩的浪漫设计（图2-106）。

五、同一配色

在色彩搭配上，服装设计中倾向同一颜色或者相邻色组合搭配。或者是把色相环上60°~90°的对比色组合在一起，形成富有年轻朝气的大胆配色（图2-107）。

六、可持续服装设计

经济发展、资源消耗、环境恶化，人们开始反思与自然的关系。可持续发展理念得到越来越多的认同。可持续服装设计作为一种低碳环保的设计理念，已成为时尚界的发展方向。

在现代高科技发展背景下，未来科技感的设计正成为流行。以各种合成纤维、高弹力织物为素材，轮廓分明的造型，加上击剑、滑雪、摩托车运动员那般富有速度感的设计越来越多见。设计师以尖端技术感觉的图解解读未来印象。

20世纪90年代早期，"生态设计""绿色设计"的概念腾空出世，可持续服装设计受到了各界的广泛关注，很多学者针对可持续服装设计做了大量的理论研究和社会实践。

图2-105 叠搭

图2-106 不同风格的混合

图2-107 同色系服装色彩设计

如今，可持续理念正不断渗入消费者对时尚的理解，"科技""时尚""可持续"已成为中国纺织服装行业的新标签，可持续服装设计带来设计发展的新机遇，推动我国可持续时尚的发展。

科技变革推动行业进步，可持续时尚成为行业探讨的新课题。中国服装人在信息技术、人工智能、智能制造与时尚结合方面，不断探究探索，希望寻找到一条具有创新性的发展之路。首先，3D 打印、DPOL 技术、生物时装技术成为可持续服装发展的热门词汇。这些技术的发展将极大促进中国纺织工业的发展。其次，可持续服装设计的基础是对中国文化精髓的传承。中国哲学与可持续性的概念相一致，如果将传统文化精华与时尚设计工艺相结合，突出环保思想，凸显中国特色，相信这样富有科技感和文化性的设计将会赢得世界消费者的喜爱，成就无法替代的中国时尚。

第三章

场景篇

现代生活中，不断细分的服饰品类和风格赋予士着装以多元化选择，而不同的时节、地域、场则越发影响着男士着装的选择与习惯。

本章着重梳理中国近现代男士着装的基本场景基本品类，分析男士在各种场合及时节下着装要虑的重点、难点，并通过案例分析，为男士的场着装、穿搭提供建议和参考。

消费者的着装需求决定着行业发展，男装市场长足发展也反过来影响着男士们的着装方式。本义此为出发点，探索男士着装与中国男装产业发的相关性，分析中国本土品牌的发展现状和"国兴起"的新特点、新趋势，同时作为延伸，分析为男装定制市场的发展现状和动向。

中国男士
第一节 着装分类

当代男士消费者的着装需求越来越丰富，而这种需求决定着男装行业的发展，男装市场的长足发展也反过来影响着男士的着装方式。

因此，男士着装需要根据其不同的场景穿着符合该场景的服装。总结归纳中国男士着装大致可分为三大类别：商务男装、休闲男装、运动男装。

放眼现代生活中，不断细分的服饰品类和风格赋予男士着装以多元化选择，而不同的时节、地域、场景则越发影响着男士着装的选择与习惯。

一、男士职业着装

职业装也称为制服、工装、行政事业装。职业装与日常生活装或时装不同，它具有一定的目的、特定的形态、着装要求，加上必要装饰、具备功能性特色并与材料、色彩、附属品等结合，既有职业区别又有相对统一的服装。它既是职业人用于标明职业特征，又是适应特定环境便于工作的专用服装。

职业装按其着装用途可分为职业制服、职业工装和行政事业装三大类。

（一）职业制服

制服，顾名思义，意味着严明制度与自律服从。它以西服、中山装、茄克为基本型，具有明显的功能与形象体现双重含义，并有别于其他行业而特别着装。这类职业装不仅具有突出的标志与识别的象征意义，还具有规范人的行为并使之趋于文明化、秩序化，体现出威严、肃正、文明的职业形象。例如，武警、公安、检察院、法院制服；民航、铁路、航运、海关制服；工商、税务、城管、保安制服，以及学校制服、酒店制服等。

（二）职业工装

相比于制度的严谨与统一，职业工装更强调实用性能，以符合人体工学和护身功能来进行外形与结构设计。工装以连体式茄克、背带裤等为基本型，一般为套装，并随工作环境的改变而适当改进，强调服装与鞋帽包等配件的协调搭配，以体现防护功能，多简洁实用、美观大方。例如，工程类工装、医疗防护类工装等。

（三）行政事业装

行政事业装不像职业制服那样有很明确的穿着规定与要求，但需有一定的穿着场合，特别是它还有着很明显的流行性与时尚性。造型上以套装为主，包括西装、马甲、茄克等基本型制与时装流行元素结合的设计创新，以突出其职业标识，追求品位，强调简洁、文雅与端庄。行政事业装配色协调，用料考究；注重体现穿着者的身份、文化修养及社会地位。例如，政府机关、社会团体、银行、证券等行业人员需要体现庄重感的服装；IT产业和高新企业等需要体现智慧的服装；商贸、保险、房地产、咨询等需要体现职业化的服装；新闻、广告等需要体现个性化的服装，这些服装兼具职业与时装特点。

二、男士着装穿搭分类

（一）商务男装

商务男装是男装中的一个重要组成部分，受穿着场合和环境的影响，它并不包括男装中的所有品类。国际上对商务男装尚无准确定义，本文所指商务男装是指以服装TPO（时间 time，地点 place，目的 object）为原则的、适合男性商务人士在各种商务场合的服装。商务男装分为四个基本类别：商务礼服、商务常服、商务外套、商务户外服。表3-1按照国际礼仪级别的不同将其进行归纳。

表3-1　商务男装分类归纳表

礼仪等级	商务礼服			商务常服		商务外套	商务户外服	
正式场合	董事套装（Director's Suit）	塔士多礼服（Tuxedo）	中山装			柴斯特菲尔德外套（Chesterfield Coat）		
	黑色套装（Black Suit）					巴尔玛肯外套（Balmacaan Coat）		
商务场合				西服三件套		波鲁外套（Polo Coat）		
				西服两件套		堑壕外套（Trench Coat）		
				调和套装	布雷泽西装（Blazer）		巴布尔茄克（Barbour Jacket）	
休闲场合				茄克西装（Jacket）			高尔夫茄克（Golf Jacket）	斯特嘉姆茄克（Stadium Jacket）
							艾森豪威尔茄克（Eisenhower Jacket）	

1.商务礼服

在商务社交过程中，职业人士往往会接受重要活动的出席邀请，如公司年会、签约仪式、新品发布等。请柬上往往会注明着装要求，"In Black Tie"（系黑色领结）意为穿塔士多礼服前往，而"No Dress"（请穿着便装）则意为穿便装入场。因此，为了避免在商务社交场合着装失误而导致自己处于尴尬的境地，人们必须了解商务礼服的组成要素。

而今的商务礼服通过对标准礼服进行删减，保留了适合在商务场合穿着的董事套装、塔士多礼服、黑色套装、中山装。其中董事套装、塔士多礼服及中山装的礼仪级别相同，高于黑色套装。

（1）董事套装：商务场合最高级别礼服。

董事套装作为晨礼服的简化形式，是当今日间商务场合最高级别的礼服。它的诞生来源于工业革命时期，为了方便大兴实业的董事们出席日间的商务聚会、谈判、仪式等场合应运而生。传统董事套装的上衣款式借鉴了塔士多礼服，基本构成是：单门襟、戗驳领、一粒扣、加袋盖双嵌线口袋；下装依然采用的是晨礼服的灰色条纹裤。董事套装作为晨礼服的简化形式，最初仅是把晨礼服的上衣替换成类似于塔士多的上衣，而配服、配饰仍保持晨礼服的基本风格和习惯。但是在简约思潮下，选择简化的配服、配饰已经成为董事套装的新经典（图3-1）。

（2）塔士多礼服：使用率最高的标准礼服。

塔士多礼服是世界范围内使用率最高的标准礼服。不过，我国商务男士并不习惯穿塔士多礼服，即便出席的是正式商业晚宴、典礼等场合。但塔士多礼服更多地出现在登台亮相的歌唱家、综艺性节目的主持人等人的装束上，常被人们误认是职业礼服。很多男士即使穿着塔士多礼服也经常出现搭配不当的情况，容易在重要场合使自己陷入着装不当的尴尬境地。塔士多礼服是商务社交场合最高级别的晚礼服，因此商务男士必须学习和掌握。

塔士多礼服的标准款式为戗驳领、一粒扣、双嵌线口袋，这和董事套装基本相同，所不同的是塔士多礼服的驳领、口袋的双嵌线和裤子的侧章均用同色的绢丝面料制作。除了驳领，塔士多还有一种特殊形式为青果领造型。戗驳领塔士多和青果领塔士多可以说是塔士多礼服的"双胞胎"，它们只有风格上的差异，没有级别上的区别，这取决于它们有着级别上的共同语言：一是黑白色搭配对应一致；二是翼领与立领礼服衬衫通用；三是上衣除了戗驳领和青果领的区别外，其他构成元素相同；四是配服、配饰相同，两种上衣交换搭配没有禁忌（图3-2）。

塔士多礼服一般与胸前带褶裥衬衫搭配，衬衫的领有两种基本形式——翼领和企领。一般情况下翼领衬衫多与戗驳领塔士多搭配，而企领衬衫多与青果领塔士多搭配，但交换没有禁忌。

图 3-1 董事套装

图 3-2 塔士多礼服

塔士多礼服裤的款式介于西服裤和燕尾服裤之间，更接近西服裤。与燕尾服裤一样都有侧章，但塔士多礼服裤的侧章只有一条。

（3）黑色套装：灵活多变的明智之选。

目前社交礼仪变化越来越表现出趋同性，同时礼服随着国际政治、经济、文化的交往也表现出更多的通用性。简洁化的礼节和全球化的交往越来越需要简洁通用的礼服语言。因此原属半正式晚礼服的塔士多礼服和全天候通用的黑色套装已成为现代男装礼服的主流。

黑色套装在国际社交界有两种不同的提法，一是 Black Suit（黑色套装），二是 Dark Suit（深色套装）。中国人对于黑色套装的概念很难理解，通常认为这里的"黑色"就是黑颜色的意思。从第二种提法不难看出，这里的"黑色"其实是抽象的概念，并不是单纯指黑颜色。尽管在色彩学上深色的范围比较宽泛，如深蓝、深红、深绿等都属于深色，然而在礼服的定义里它们大部分都被排除在外，仅保留了深蓝色。因此这里所指的黑色套装（或深色套装）特指黑色和深蓝色两种颜色的套装。

黑色套装的"套装"本身是指同色同质的三件套或两件套的西服，非同质同色虽然也成套，但不属于这个范畴。黑色套装有两种标准款式：戗驳领、双排四粒扣或六粒扣；平驳领、单排两粒扣。单排扣黑色套装可以说是套装中的最高标准，又是礼服中的最低级别，因此灵活性比双排扣黑色套装更强。是否是黑色（深蓝色）就是识别它是不是礼服的唯一标准，国际社会因为其灵活性公认它为"国际服"。凡是对礼服没有做出任何限定又很讲究的邀请，即使有日间和晚间的区别，选择黑色套装也是最明智的。

黑色套装的标准搭配方式为深蓝色或黑色三件套、两件套，搭配企领白色衬衫、黑色领带或领结、黑色漆皮牛津鞋。除此之外，黑色套装的搭配方式非常灵活，没有特定的时间倾向。因此当穿着者需要表现时间性时，可以借用塔士多或者董事套装的礼服元素。例如，当它借用塔士多的元素，就产生了晚装的味道；但当它借用董事套装元素时，就产生日间礼服的格调，但两种时间元素不能同时使用。

（4）中山装：传统而庄重的国之礼服。

世界性礼服虽然是以西方文明为主体而兴，但对任何一个国家或地区的礼服都不排斥，而且兼容并蓄。中山装兴于我国，具有最高的礼仪级别。但是目前在大众心中或服用上，中山装没有西服普遍。但中山装的形制比西服更加传统而庄重。

如今，国际交往与合作越来越广泛和深入，面对国人并不能完全接受西方服饰礼仪的现实，在有些要求穿着塔士多礼服的正式商务场合，中山装成为商务人士最得体的选择。北京服装学院刘瑞璞教授给出中山装与世界性礼服的对应关系：黑色中山装可以作为晚礼服，与包括燕尾服和塔士多礼服在内的晚礼服对应；而灰色（包括黑色）中山装可以与包括晨礼服和董事套装的日间礼服对应。

中山装根据款式的不同，可以分为传统中山装与新式中山装。传统中山装的标准款式为关门企领、明贴袋、倒山形袋盖、五粒扣，第二粒扣与左右胸部贴袋上端持平，第五粒扣与大袋上端持平，口袋为箱式，三粒袖扣。中山装的裤子配合了中山装的箱式造型的特点，裤子筒状明显，采用后口袋加袋盖，裤脚用翻脚口形式。可以看出中山装将平稳的要素表达到了极致，这是一种中庸思想的渗透。

传统中山装的搭配方式也非常固定，上下装同质同色、搭配白色企领衬衫，脚穿三接头牛津鞋，其搭配的专一性甚至超出了世界性礼服。但在配服方面，中山装与衬衫的搭配存在一些结构上的困难。因为两者都是企领，而且中山装的风纪扣是不解开的，衬衫领还要沿中山装领上边缘露出约3mm，这就需要衬衫领和中山装领的结构、尺寸非常匹配。由此看来，将传统中山装作为我国男士的最高级别礼服有些难度。

新式中山装（立领中山装）在这种情况下孕育而生，其在传统中山装的基础上进行改良，结合了西装的设计元素，更符合现代社会审美需求。其标准款式为：立领、五粒扣、左胸口有手巾袋、明贴袋。同时与之搭配的衬衫也进行了相应的改革，将企领衬衫变为立领衬衫，两者在匹配度上有了很大程度的提升。这为中山装成为我国的最高级别礼服扫清了障碍（图3-3）。

传统的中山装颜色非常固定，黑色、深蓝色和灰色几乎成为专用色，而这三种以外的任何颜色都很难让人接受。改良后的立领中山装不再局限于这些色彩，而呈现出更多的选择。但是作为礼服穿着时，黑色与灰色是礼仪级别最高的服用颜色。

2.商务常服

按照礼仪级别，常服体系从高到低可划分为三类，分别是西装套装（Suit）、布雷泽西装、茄克西装。西服套装有两件套和三件套。而在我国布雷泽西装通常称为运动西装，茄克西装则被称为西服便装，布雷泽西装和茄克西装同被归为休闲西装。

（1）西服套装：人生中拥有的第一套西装。

西服套装在常服体系中礼仪级别最高，通常是指上衣、背心和裤子同料同色组成的三件套。18世纪英国工业革命之后，西服套装的标准三件套形式才被最终确定下来，两件套的形式是其简易版。西服套装中西服上装的标准款式与单排扣黑色套装中的款式相同：平驳领；单门襟两粒扣；袖扣三粒；左胸有手巾袋；衣身两边各一有袋盖口袋；后开衩分为中开衩（美式）和两边开衩（英式）两种。目前市场上的西服套装，除了标准款式以外，按纽扣的数量包括一粒扣、三粒扣、四粒扣三种。

套装背心的面料应该与上衣一致，其标准格式为V领、五粒或六粒扣、左右上下各有两个口袋。

　　裤子按照不同的裤型可以分为窄脚裤、喇叭裤、直筒裤三种。也可以根据裤子前片褶数分为无褶、单褶、双褶三种。或者按照裤脚的造型，分为翻脚裤与不翻脚裤。

　　西服套装的标准搭配为：西服套装搭配企领衬衫、领带，脚穿黑色或者棕色三接头或者无接缝牛津鞋。

　　除了标准的西服套装，还有一种调和套装。如果在常服中打破同色，同质面料搭配的三件套或者两件套，就被称为调和套装，其礼仪级别要低于同色同质的西服套装，但比休闲西服礼仪级别略高（图3-4）。

　　（2）布雷泽西装：兼具贵族式优雅与时尚。

　　布雷泽西装也被称为运动西装，其标志性元素是金属纽扣和盾形徽章。它拥有历史悠久的英国血统，因此具有一定的礼服性质，属于礼服型运动西装。很多政要在出席一些相对较为正式的场合时会选择穿着布雷泽。

　　按照款式结构布雷泽西装可划分为两类：一是单排三粒扣（金属扣）贴袋型，也称常春藤布雷泽；二是双排四粒扣（金属扣）挖袋型，也称水手布雷泽，后者更接近布雷泽的原型。

　　常春藤布雷泽如今依然能找到传统牛津校服的影子，其标准款式为：平驳领、单排三粒扣、袖扣两粒，左胸为不加袋盖的贴袋，两侧分别有加袋盖的贴袋，后中开衩。水手布雷

图3-3　新式中山装

图3-4　西服套装

泽的标准款式为：双门襟、四粒扣、嵌线口袋、双开衩、明线处理。

传统布雷泽有自己的搭配法则，深蓝色布雷泽搭配浅色苏格兰小格呢裤被视为黄金搭配。现代的搭配早已不局限于传统的黄金搭配，逐渐发展出种类繁多的搭配方式。如布雷泽既可以与正装元素搭配（正装衬衫、领带、西服长裤）在较为正式或者日常的商务场合穿着，也可与任何休闲元素搭配（Polo衫、T恤、牛仔裤、休闲裤）在参加商务休闲聚会时穿着（图3-5）。

（3）茄克西装：休闲时尚文化的代表。

茄克西装也称猎户茄克，是西服家族中最具休闲风格、搭配最随意的一类。与布雷泽西装相同，上衣也是单独购买的，俗称休闲单西。不同的是，由于茄克西装完全休闲化，是纯粹意义上的便装，因此它一般不接受礼服级别的设计元素。现代茄克西装可以说很大程度上延续了苏格兰传统，并且成为适应任何季节的休闲西装。

茄克西装的标准款式为平驳领、单门襟三粒扣、袖扣二至三粒、左胸有手巾袋，下摆左右有夹袋盖的嵌线口袋，明线处理。经典款式常采用以苏格兰呢为代表的粗纺织物。而今茄克西装可以选择的面料非常丰富，如麻、棉、棉毛混纺等。其搭配方式与布雷泽一致（图3-6）。

（4）内穿衬衫：西装必备搭档。

内穿衬衫（Patterned Shirt）是一种穿在内衣和西服之间的衬衫，也就是目前商务人士通常选择的比较正式的企领衬衫。其标准形制为企领、前门襟、左胸口有贴袋、单层袖口、小弧形下摆或者直摆。内穿衬衫的形制比较固定，变化集中

图3-5　布雷泽西装

图3-6　茄克西装

在领口和袖口。主要的领型有温莎领、标准领、方领、尖领、圆领、立领等。目前内穿衬衫借鉴了礼服衬衫的袖口，除了传统的单层袖口，法式袖口也常出现在正装衬衫设计中。

内穿衬衫适用面非常广泛，既可以与西服套装、领带搭配出席正式商务场合，也可与茄克外套搭配出席商务休闲场合。

3. 商务外套

商务场合常见的外套大衣有柴斯特菲尔德外套、巴尔玛肯外套、堑壕外套、波鲁外套。

（1）柴斯特菲尔德外套：外套中的最高礼仪级别。

柴斯特菲尔德外套简称柴斯特外套，19世纪开始逐渐流行起来，是外套中具有最高礼仪级别的礼服，适合在正式场合穿着。柴斯特外套的标准款式为胸口有手巾袋、门襟两侧各有一个带有袋盖的嵌线袋。柴斯特外套按照领型又分为三种：标准式、中庸式、传统礼服式。标准式的柴斯特外套为单门襟、平驳领结构；中庸式的柴斯特外套为双排扣、戗驳领结构；而传统礼服式的柴斯特外套则为单排扣、戗驳领造型，翻领部分采用天鹅绒面料。

最高礼仪的搭配方式为燕尾服与柴斯特外套和白丝巾搭配。此外，柴斯特外套还可以与晨礼服、董事套装、塔士多、黑色套装等礼服搭配（图3-7）。

（2）巴尔玛肯外套：最受推崇的国际化外套。

巴尔玛肯外套是当今国际社会最受推崇的外套，几乎和西服一样被社交界视为最具国际化的服装。巴尔玛肯外套的标准形制为：巴尔玛领、暗门襟、插肩袖、剑型袖襟、复合型斜插袋、后开衩隐形搭扣、前门襟隐形襟。其礼仪级别根据颜色的变化而变化，如果采用黑色或者深蓝色，巴尔玛肯外套则可以与柴斯特外套同时出现在正式场合（图3-8）。

巴尔玛肯外套通常与西服套装搭配出席各种正式场合。同时它也可以与茄克西装、布雷泽、毛线衫等搭配出席日常工作场合或者休闲商务场合。

（3）波鲁外套：绅士出行的经典外套。

波鲁外套在20世纪初由美国引进英国，成为一款贴有绅士出行标签的经典外套。波鲁外套的标准色是浅褐色。其标准形制虽然有戗驳领和双排六粒扣这些较为正式的元素，但因为其有特殊的复合式贴袋、包袖、一粒扣半截式袖克夫、后腰带等，结构线用明线缉缝等休闲元素的加入，使之被赋予了休闲的味道（图3-9）。

波鲁外套可以与西服套装、布雷泽、茄克西服搭配，出席日常工作场合，也可以与毛线衫、衬衫搭配出席休闲商务场合。

（4）堑壕外套：从战地制服到世界风行的经典。

堑壕外套即人们熟知的品牌BURBERRY的经典外套，原型是世界大战中士兵穿用的制服，其细节设计和使用的材料具有防风、防雨、防尘甚至防寒的效果，可以说是外套中实用主义集大成者。堑壕外套的风行与世界著名品牌BURBERRY有着深厚的渊源。在1914年第一次世界大战期间，BURBERRY的这款外套获得了战争部门的官方支持，使用了超过50万件风雨衣。此后堑壕外套成为BURBERRY最经典的款式。其标准结构有：双搭门、拿破仑翻领、插肩袖、肩背挡、肩襻、袖带、腰带、防雨斜插袋、后开衩等。

作为风雨衣，堑壕外套的搭配没有固定的形式，既可以与西服套装搭配，出席比较正式的日常办公场合，也可以与毛衫等自由搭配出席商务休闲场合（图3-10）。

4. 商务户外服

茄克是指一种衣长大致到臀围的开襟上衣款式。茄克的款式种类繁多，多数属于休闲类型，其中适合商务男士穿着的茄克有很多，这里介绍几款经典茄克，主要有巴布尔茄克、艾森豪威尔茄克、斯特嘉姆茄克和高尔夫短茄克。

（1）巴布尔茄克：遮风挡雨，经久不衰。

巴布尔茄克又称打蜡茄克（Waxed Jacket），由英国最古老的服装制造企业——Barbour Firm制造而得名，具有遮风挡雨、防寒防尘的功能。巴布尔在西方代表一种国际化的生活方式，意味着财富和品位。时至今日，巴布尔仍然为英国王室青睐，英国女王、爱丁堡公爵和威尔士公主喻其为"轻质外套"。由于倍受英国王室的推崇，如今的打蜡茄克不再仅是恶劣天气里的风雨衣，还是欧洲大陆经久不衰的流行款式。

巴布尔的标准款式为：翻领、袖口收紧，背后有大型口袋，衣身两侧腰部各有一个插袋，下摆上两侧各有一个口袋，长度一般过腰，但未及膝。款式上巴布尔的诸多细节都有其功能性：内口袋拉链上的挂襻可以有效防盗，口袋空间足够放置如手机、钱包等大多随身物品。外口袋的空间足以放下外出时所需的各种物品。巴布尔茄克使用一种特殊的面料，它是将埃及长绒棉用一种独特的工艺在蜡中浸透，因而不易撕裂并且可以防雨，适合在恶劣天气时穿着。巴布尔茄克可以与休闲西服、毛线衫、衬衫、马球衫等搭配。

（2）艾森豪威尔茄克（Eisenhower Jacket）：散发英雄气概的军装茄克。

艾森豪威尔茄克是由艾森豪威尔于1943年创新设计的军装茄克。在他做盟军司令时期一直穿着，之后风靡整个欧洲大陆。如今这款茄克因为散发着军人的气质而成为男性衣橱里必备的款式。其款式特点为衣长较短，在腰部左右。艾森豪威尔的标准款式为翻领、可设计肩襻，胸口左右各有一个带有袋盖的大贴袋，下摆、袖口收紧，结构线用明线装饰（图3-11）。

艾森豪威尔茄克搭配范围很广，如休闲衬衫、毛线衫、POLO衫、T恤等休闲服饰。

（3）斯特嘉姆茄克：青藤学院风。

斯特嘉姆茄克原型是高校和学院常见的运动茄克。其标准形制为：小圆立领，领口、袖

图 3-7　柴斯特菲尔德外套　　　　图 3-8　巴尔玛肯外套　　　　图 3-9　波鲁外套

图 3-10　堑壕外套　　　　图 3-11　艾森豪威尔茄克

图 3-12　斯特嘉姆茄克

图 3-13　高尔夫茄克

口与下摆均为罗纹织物，前开襟，金属纽扣，衣身两侧腰部各有一个斜插袋，衣长及臀，左胸与后背均可设计字母或图案装饰，袖子与衣身的颜色反差较大，暗示着它的社团制服本质。目前适合在商务场合穿着的斯特嘉姆茄克，一般是采用拉链门襟、无字母或图案，并且袖子与衣身采用同色同质面料的款式。与牛仔裤是经典组合（图3-12）。

（4）高尔夫茄克。

高尔夫茄克是当时人们为了打高尔夫球方便，借鉴了斯特嘉姆茄克的结构特点设计而成的。其结构特点为：立领、拉链门襟，衣身两侧腰部位置各有一个拉链插袋，袖口收紧，下摆有松紧，长度一般在腰部左右。

高尔夫茄克一般与马球衫、休闲衬衫、毛线衫、休闲裤、运动裤等休闲服饰搭配。现在高尔夫茄克除了可以在球场上穿着，也非常适合在休闲商务场合穿着（图3-13）。

5.休闲衬衫

休闲衬衫产生于美国早期西部拓荒时期，当时只有牛仔才会穿着粗斜纹棉布制作的僵硬衬衫。在其面料经过砂石打磨得柔软舒适以后才慢慢流行开来。目前，休闲衬衫与牛仔裤一样，成为无时令、无年龄、无性别的万能休闲服。休闲衬衫的特点为：造型宽松，采用大条格粗斜纹棉布制作，其标准形制为翻领、前开襟、左右胸口各有一个带袋盖的大贴袋、下摆为大圆弧形。

除了标准形制的休闲衬衫，目前市场上还有一种休闲风格的内穿衬衫（后简称休闲风格衬衫），也可以归为休闲衬衫这一类。主要有以下几个特点：面料花型比较休闲，如格纹、大条纹、抽象图案、印花图案等；颜色较为鲜艳，跳出传统白、蓝等色彩；面料比较柔软，没有正式内穿衬衫挺括；板型比宽大的休闲衬衫修身。

标准形制的休闲衬衫一般与茄克、背心、T恤、牛仔裤、便鞋等休闲服饰搭配。而休闲风格衬衫则可以与休闲西服、毛衫等搭配。

6.领带

现在常用的系扎式领带出现于19世纪30年代，首先在英国盛行开来。最初的领带只是简单的长矩形直角条带，英文为necktie，后来发展为活结领带，英文为long tie，系结方式呈多样化。至1926年，纽约的耶西鲁道夫把领带切割成为现代的等钝角款式。由此，现代的领带款式得到定型，这也意味着领带简化为直接打活结垂挂在胸前的系结方式得到固定。

领带按风格分大致可分为保守型与张扬型。保守型领带主要指采用亮度较低、色调偏冷的颜色，或者传统保守的花型；张扬型领带主要指采用亮度较高、色调偏暖的颜色，或者夸张时尚的花型。保守型的领带可以让人产生值得信赖的心理暗示。美国的形象设计大师莫利做过一个实验，他拿了几张照片，上面是戴着不同领带的男士，让几百个在商业环境工作的人们来判断哪些是勤奋工作、有责任心并且诚实的人；哪些是强势、自信、有侵略性的人。人们几乎百分之百地认为那些戴保守领带的人是前者，而戴张扬领带的是后者。

领带是商务人士重要的装饰物之一，商务人士应该根据不同场合、各自的身份和性格选择适合自己的领带（图3-14）。

图 3-14　领带

（二）休闲男装

有别于职业装、礼服等服饰，休闲服装体现出人们在现代社会高压环境下，享受当前生活的安逸性，也同样向外界传达了人们追求舒心宁静的生活环境的意愿。

休闲服装，根据《世界服饰词典》的解释是"是下班业余时间以及闲暇时穿用的服装总称，包括以乡村服、海滨服为代表的度假服，观光用旅行服、健身运动服等广泛的轻便服装，这类服装通常以轻松、欢愉的设计为特征，富有闲情逸致。"休闲服饰具有各种系列划分，如商务、运动、家居，或古典、民俗、乡村、浪漫等系列。

休闲服装近年来倍受中国消费者的青睐，穿着休闲服装的人在不同国度中出现都不会有违和感，在性别、年龄、季节、地域方面的差异性往往不明显。休闲服装所体现的休闲意味，并不仅在于穿着者的生活方式，同时也集中传递出人们的生活态度，那是对淳朴自然的向往，是缓解当前社会压力的主动追求。随着社会的发展，未来休闲服装更注重环保化，是提升审美价值、文化赋值的方式，能更好地展现社会与艺术的发展。

1.休闲男装的特征

现代休闲男装主要指男士在上班以外的空闲时间穿着的服装，是针对男性在公务、工作外，各种闲暇活动时的需求所设计的服饰，是深受广大男士喜欢的服饰之一。男士休闲服装品牌众多、设计款式多样，往往设计较为精简，面料舒适。休闲男装的基本属性与重要特征表现在以下几个方面：

（1）随意性与舒适性。

现代社会人们为了获得更好的生活而奔波，因而精神方面容易产生职业化的工作压力，同时受到各种场合服装要求或职业需求的影响，服装的穿着选择过于约束。穿着休闲服装，可降低心理压力，在社交活动中变得随意自由，体现出更亲近、舒适、自然的健康生活方式。为了增强人体舒适的着装感受，在服装面料选择上，休闲男装重视面料手感的柔软度，关注透气性及舒适性等性能。同时，人们还注重考察面料的悬垂性、抗皱性以及熨烫性能等，努力优化面料的综合影响因素，实现面料选择的实效性。此外，随着人们对着装要求的提高，休闲服装面料逐渐创新研发新功能，不断提升休闲装的舒适度。

（2）实用性与功能性。

休闲服装与其他服装一样，具有御寒遮体的普通功能，此外还具有更多的实用功能。职业化服装常用于正式的工作场合，礼服常会出现在特定仪式、活动等专用场合，而休闲服装则可能出现在生活生产的不同时间段，因而其使用功能更加完善。例如，在衣领后设计连帽，可在风雨天挡风遮雨；变换宽松样式，增加服装与人体之间的舒适自由度；将传统的排扣设计为拉链，更便捷灵活；在服装隐蔽处设计口袋，可增加衣物的存物量，而且不会影响整体外观。在未来，将会有越来越多的休闲服装设计以实用性和功能性开发作为重要因素来考虑。

（3）青春感与年轻态。

随着时代的发展和社会的进步，休闲服饰的功能、面料更加优化，款式、色彩、工艺等方面更加丰富，同时越来越注重精神文化内涵，休闲服饰的设计更注重给人们的心情带来更多的愉悦感，从而让人们始终保持放松的心情，彰显年轻化的心态。通过不同材质的研究，休闲服装的设计既保留了纯棉面料的吸汗性与舒适性，同时加强对涤棉等混纺面料的探索，看重其防皱、易洗易干的特性；不同面料的混用，能够消除因单一面料所带来的服装沉闷感，更贴近时尚；而在休闲装的色彩处理上，多元的色彩搭配，让服装更有洒脱活泼的韵味，设计中积极融入更多时尚元素，使休闲服装的青春感与年轻态特征更加吸引消费者。

2.休闲男装的分类

（1）商务休闲型：时尚而不张扬，正成为潮流。

主要为高级人才，如社会中高收入人群选择，事业上取得一定的成就，有着稳定的高收入且购买能力较强，他们又想摆脱正统的职业装，非常渴望能够改变现在的商务正装形象，转变成休闲化的商务新形象。

商务休闲型装扮可以给予穿着者充分的自由度。例如，强调个性突出，穿着舒适，行动方便，搭配要简洁大方，面料要以纯天然、易打理为主。最大的特点是可穿着的场合更宽广，在任何商务活动场合以及休闲场所都适合穿着，是非常合体、大方的着装方式。随着人们工作方式的转变，工作时的服装也可以转为一种休闲化的形式，工作中过分约束人们服饰的方式已被摒弃，取而代之的商务休闲装成了一种潮流。

商务休闲男装的特点即在开发设计过程中，非常注重款式设计、面料选择、板型、色彩乃至工艺。要求流行且便于搭配、时尚但不夸张、设计元素鲜明但不怪异，色彩明快但不张扬。

（2）时尚休闲型：以朝气活力彰显独特个性。

显而易见，时尚休闲型会比商务休闲男装更具时尚感。现在年轻的消费者会更加注重与众不同且时尚的着装方式。如当季的流行色、条纹印花、夸张或娱乐性的卡通图案、撞色拼接、棒球茄克、彩色卡其裤等，这些都是时尚休闲型男装的设计使用元素。

（3）运动休闲型：感受自然，享受生活。

在现在高负荷的都市生活中，人们都非常注重休闲运动及健身，运动意识也无形中影响着人们的消费选择。其中健身和旅游已成为人们工作之余放松身心、感受自然和享受生活的休闲方式，运动休闲服装的出现就得益于这种生活方式。甚至不同的运动休闲活动都有其相对应的服装。

运动休闲型服装根据不同类型运动的特点和需求进行相应的功能性设计。在兼具了舒适和功能性的同时加入一些流行元素和流行色，进而使服装具有时尚感。

（4）优雅休闲型：注重优美感和高雅感。

优雅休闲型男装注重优美感和高雅感。这种服装一般在高雅的网球运动或高尔夫球运动时穿着。这类休闲服装更多地倾向于便装形式，如针织套装、宽松得体的外套、松紧有度的短茄克、休闲裤和鸭舌帽。

3.时尚休闲男装代表品牌（表3-2）

表3-2　时尚休闲男装代表品牌

品牌	成立时间	发源地	品牌简介
太平鸟	1996年	浙江宁波	时尚品牌零售公司，以"让每个人尽享时尚的乐趣"为使命，秉持"活出我的闪耀"的品牌主张，致力于成为中国青年的首选时尚品牌
美特斯邦威	1995年	浙江温州	本土休闲服品牌，主打休闲系列服装，受众大多是青少年
森马	1996年	浙江温州	以"虚拟经营"著称的中国知名休闲服企业和无区域集团，消费者对象主打16~25岁的时尚年轻族群；产品追求个性化和独特的文化品位，打破传统，款式新颖、前卫，深受消费者的青睐
以纯	1997年	广东东莞虎门	定位在时尚休闲的青春男女一族，走时尚、优质、平价路线；款式、花样、品种时尚、多样，销售方式灵活性，价格大众化，是广大消费者的首选

4.运动休闲男装代表品牌（表3-3）

表3-3　运动休闲男装代表品牌

品牌	成立时间	发源地	品牌简介
特步	1987年	福建晋江	要从事运动鞋、服装及配饰的设计、研发、制造、营销及品牌管理，定位大众的专业体育用品
安踏	1991年	福建晋江	专门从事设计、生产、销售运动鞋服、配饰等运动装备的综合性、多品牌的体育用品集团
361°	2003年	福建晋江	集研发、设计、生产、经销于一体的综合性体育用品公司

（三）国潮化品牌男装

当下服装设计发展中，一股新兴的潮流之风受到广大青年追捧、喜爱，他们挖掘传统的中国文化元素进行创作和改编，形成了一种与时俱进的、与当下社会所契合的中国潮流。这股"国潮"为服装设计领域带来了一股清风，留下了极具时代特征的时尚烙印。例如，运用宽大廓型设计；在图案纹样上大胆创新，打破以往设计师提炼元素时的"老式"手法，而是直接翻找出沉淀了千年的戏剧脸谱、窗花皮影，放大图案与纹样，以非常直接的方式，甚至提升其色彩纯度、明度的方式"强加"在设计作品上。这些看似强硬的设计理念，走出了以往设计师们的舒适区，虽不合乎常规，却又意味深长，符合时下年轻时尚消费者的品位与态度。

"国潮"的主力军是"80后""90后""00后"，其中不乏明星、艺人等，作为设计师或品牌主理人，他们更懂得时尚潮流，不愿一板一眼地继承上一辈的设计模式、生产销售模式，而是在接触国际潮牌文化的同时，将中国元素与潮流相结合，从而演变出属于中国本土的"国潮"。

国内的潮流文化始于21世纪初，20年来国内的潮流品牌数量节节攀升，但依然难形成对社会主流文化的影响力。2018年，国产运动品牌李宁在纽约时装周上的惊艳亮相，我国"国潮"进入全新时代。

1.李宁：新国货进化史

李宁公司的发展最早可以追溯到1990年，由"体操王子"李宁先生创立。三十而立的李宁品牌如今凭借自身深厚积淀和对潮流趋势的敏锐嗅觉，不断探索运动与时尚、原创与经典、中国文化与创新设计的更多可能，广受年轻消费者青睐。

最具代表性的是，2018年2月，李宁作为第一家正式亮相纽约时装周的国内运动品牌，以"悟道"为主题，在世界顶级秀场上完美演绎了20世纪90年代复古、现代实用街头主义以及未来运动趋势三大潮流方向。由此，李宁也开启了品牌在国际时装周舞台上的新征程。

2018年6月，李宁品牌初战巴黎时装周，将"中国李宁"的形象通过服饰及鞋履产品中的丰富图形及美学语言完美表达。服饰及配件上"中國李寧"繁体字、橄榄绿、淡紫色、柠檬绿和代表中国特色的鲜红和亮黄将李宁传奇与中国骄傲相结合。当时的秀场作品运用了oversize廓型、创新面料、有冲击力的撞色设计，街头感十足、大胆前卫、充满现代感。

2019年6月，李宁在巴黎时装周发布李宁2020年春夏系列新品，以"行至巴黎"为主题，从乒乓球等运动中汲取灵感，以溯源的手法和融合的心态，将李宁品牌的运动DNA和潮流文化相结合，创造出具有当代质感和品牌个性的服饰产品系列。

此外，李宁品牌大胆跨界，用对世界的好奇心为品牌注入源源不断的活力，激发无限可能。2018年10月，李宁品牌与红旗汽车跨界合作，推出联名系列产品，共同致敬中国制造。

这场"国货"之间的合作堪称国产顶配时尚。2019年5月，李宁品牌联名人民日报新媒体，设计上双方贡献各自的经典元素，让整体设计更有标识性。作为两家相识已久的老品牌，在新时代以联名产品形式"重聚"，引发消费者的热议（图3-15）。

紧接着，2019年8月，李宁品牌携手《国家宝藏》推出"鱼跃""君子""汉甲"三款联名产品，致敬中国传统文化。溯源千年，匠心造物，此次联名以发扬中华传统文化精髓为核心，将国宝精神注入产品内涵。

此外，李宁品牌还与故宫、红旗等跨界合作推出联名产品（图3-16），与OG SLICK、XLARGE等国际潮牌合作推出限量产品进一步吸引消费者目光，提升产品力和品牌力，也见证了其在发掘和传承中国文化道路上的用心，成为当之无愧的新国货代表。

2.波司登：羽绒服的"潮"变

1976年起步的波司登集团，如今依旧稳步前行，并从国内市场走向国际舞台，成为国货崛起的典型代表之一。

对于羽绒服其销售主要集中在秋冬且极易受到天气波动影响的服装品类，波司登通过提升产品时尚性，在保证其功能性的同时，通过产品设计丰富其应用场景，弱化了天气和季节变化对于羽绒服销售的影响。早在1995年，波司登就率先把时装化设计理念引入羽绒品类，变羽绒服的"厚、肿、重"为"轻、美、薄"，引领防寒服休闲化、时装化、运动化的消费潮流，从而步入发展快车道。

如今，在时尚性的塑造上，通过充分与国内、国际知名设计师沟通合作，2019年波司登发布了"极寒""星空""地表"三个系列新品，将艺术与羽绒服结合，使产品拥有"高颜值"。这些举措都让公司产品的关注周期被延长，消费频次有所提升。

与此同时，波司登还重点推出了高端户外系列、设计师系列等，依托户外滑雪、登山等场景，赋予产品更好的功能性、时尚性和潮流性。

在突显专业羽绒服的功能性层面，波司登发布了"登峰系列"羽绒服，该系列集众多行业领先的设计理念、新兴科技和创新工艺于一体，经过489道工序制作而成，以"极致保暖、无惧极端环境、专业级防护"三大核心功能，重新定义了专业羽绒服。

波司登表示，以消费者需求为发力点，才能打破品牌与用户的鸿沟。波司登产品研发团队的设计师会亲自到门店，与消费者零距离接触，收集第一手消费者反馈信息，反复推敲产品设计、推广及呈现方案，以期最大化满足消费者的需求和对产品的希望。

此外，波司登还活用中国传统元素，紧跟现代流行时尚，让代表中国窗格文化的"牖"跃上波司登羽绒服，也敲开了传统与现代碰撞的灵感之窗。波司登的纽约时装周走秀款拼接印字羽绒服，其超大廓型加之以古汉字元素点缀，完美结合了东方韵味与现代工艺（图3-17）。

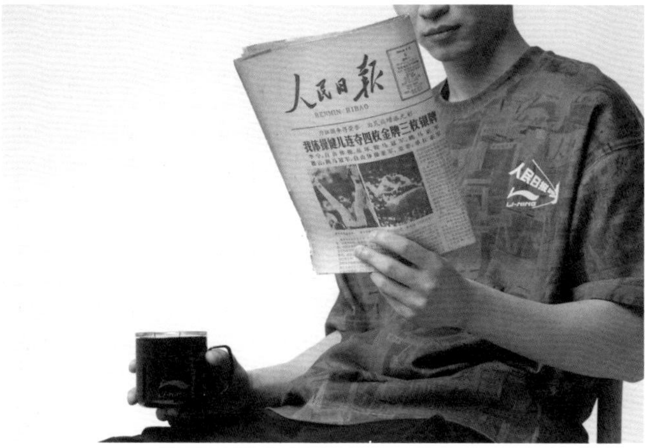

图 3-15　李宁联名人民日报新媒体

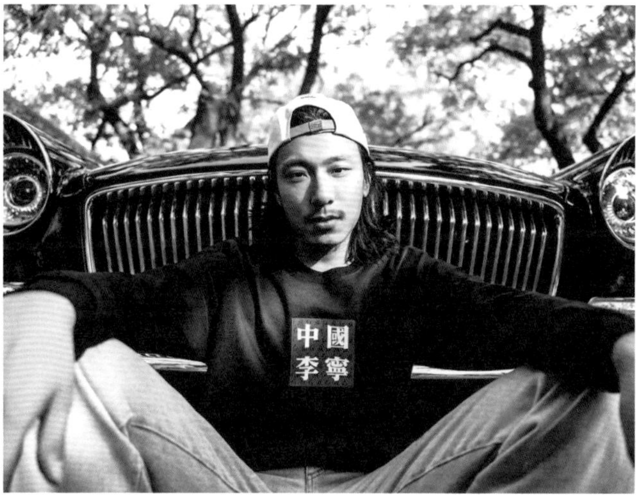

图 3-16　李宁联名红旗

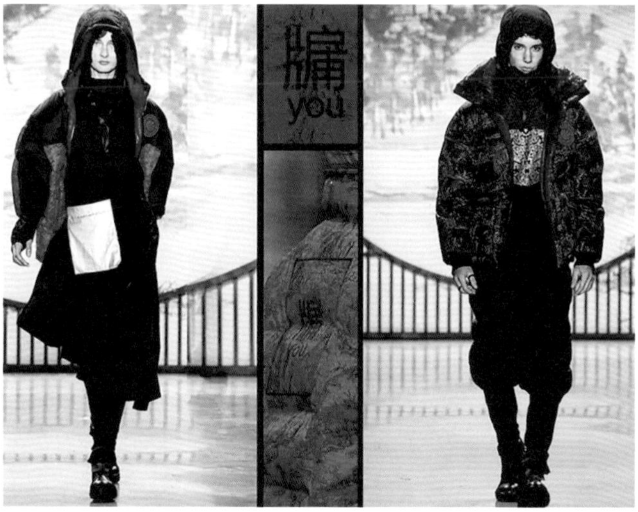

图 3-17　“牖”系列

3. 劲霸："高端新国货"的新征途

从1980年，劲霸男装创始人洪肇明拆下家中的两扇门板，裁制出第一件茄克，开启了劲霸男装的创业之路；到"劲二代"掌门人洪忠信以异于常人的魄力实施"出江入海"战略，将劲霸男装总部从福建晋江迁至上海，让公司焕发出直达基因的蜕变；如今，"劲三代"掌舵人洪伯明开启"多品牌多品项"时尚集团化战略发展，全方位满足消费者对品质生活的着装需求。三代传承，永远创业，不断创新。2022年，站在42年发展的历史节点面向未来，在开启百年劲霸未来60年新征程之际，劲霸男装誓以卓然的品质基础与丰沛的人文精神力量共筑高端新国货的实力内核。

高端市场最核心的是产品品质，40余年坚持的高品质、高价值是劲霸男装的底气。明确以茄克为核心的商务休闲男装定位、全国统一零售价、全球首创茄克品类专场秀、国家级茄克实验室、中国茄克色彩研发基地……劲霸男装持续创新，打造具有创造力、生命力的产品，引领消费者的审美，用新设计、新技术、新材料焕发茄克魅力。

随着国家实力的增强、经济实力的强大，人民生活和心理越来越富足，有了民族自豪感、文化自信，国货不断崛起。现任劲霸男装CEO兼创意总监洪伯明表示，顺应趋势，劲霸男装与消费者的链接正随着消费意识的升级同步持续精进，劲霸希望以更高品质，更具文化、精神、艺术内涵的"高端新国货"之姿来吸引和满足消费者，向世界展示中国品牌的力量。

应对全新的消费趋势与市场环境，2020年，劲霸男装"多品牌多品项"时尚集团化战略发展落地，呈现更丰富的多元化发展，"守正"与"出奇"并举。主线品牌劲霸男装继续深耕茄克领先的商务休闲男装，适时孵化出劲霸男装全新的子品牌，向上开创劲霸男装高端系列KB HONG，向下创立轻时尚商务品牌随简，全方位满足不同人士的着装需求，提升品质生活，为消费者创造精神层面的愉悦感受（图3-18）。

2020年1月13日，以"门见万象 INTO THE MIRAGE"为主题，劲霸男装登陆米兰国际时装周官方日程，全球首发高端系列KB HONG。KB HONG依托劲霸男装40余年的匠心积淀展示出的中国男装品牌对设计、品质、板型的匠心坚守，对东方艺韵与意式优雅的把握融合，以及对可持续时尚的思考，引发了国际时尚界、专业服装领域对于中国高端新国货的关注。

2021年1月18日，以"昇•音 NEW DAWN"为主题，劲霸男装再次登上米兰国际时装周官方日程。通过线上视频发布的形式，向国内外时尚权威媒体和大众呈现高端系列KB HONG 2021年秋冬臻品。在劲霸男装CEO兼创意总监洪伯明领衔下，新季秀款造型满足追求精致且有品位的男性衣橱需求，以外放和创造力为启发，依旧保持着精致的设计和对细节的考究，通过对各种高级进口面料的剪裁运用，刚柔并济的色彩搭配，缀以KB HONG代表性的格纹和典型的东方印花，以及考究的服装结构和制作工艺彰显品牌的时尚、创新与奢华

图 3-18　KB HONG 2020 秋冬新品

的核心理念，以自然而现代的方式重新诠释了传统文化在服饰上的运用，也向世界时尚舞台
展现中国高端品质与匠心。

　　从中国制造到中国创造，劲霸男装发展至今积淀深厚，40 余年专注茄克制造的实力与
定力，不随波逐流，一直笃定地前行在难而正确的发展道路上，多维度彰显高端新国货之力。

中国定制男装
第二节 发展概述

定制服装的定义为：基于顾客的个人诉求、体型特征、气质类型，以顾客需求为驱动和导向，依据顾客对设计、裁剪、工艺、服务、价格、销售方式等方面的要求制作的属于顾客独享的服装。

一、中高端商务男装定制市场格局

男装定制源于伦敦萨维尔街（Savile Row），自国际顶级男装在中国布局定制业务后，国内中高端商务男装也开始涉足定制市场，推出自己的定制子品牌或定制业务。

以高级定制为代表的中高端商务男装，其特点是一对一的私人管家式服务，其唯一性使服装承载独特的文化和内涵，区别于机器生产的纯手工制作具有不可替代性，体现着精致与舒适的穿着体验，且每件定制服装都独一无二，不可复制，力求完美，精益求精。

国内服装定制品牌多源于品牌上延，基于价值链延伸的中高端商务男装推出个性化定制业务，寻求品牌转型升级新路径，以满足近年来消费升级和需求个性化的发展趋势。如沙驰（SATCHI）、威可多（VICUTU）、卡尔丹顿（KALTENDIN）、博斯绅威（BOSS sun wen）等品牌，用合理的价格，让消费者享受到接近高定的服务，拥有轻奢侈品式的定制服装。相对于高端男装品牌原先的产品系列，定制化能令顾客满意度最大化，成为中高端商务休闲男装寻求可持续发展的一种新途径。

二、商务休闲男装定制市场格局

商务休闲男装作为男装的一个细分，与整个服装产业同属于完全市场化竞争，企业和品牌数量众多，竞争激烈。互联网新经济时代，商务休闲男装的消费者在选择服装消费时，对品牌、品质、面料、款式、工艺、细节等个性化需求不断提高，催生商务休闲男装品牌转型定制业务，形成以成衣为主、定制为辅的良好的品牌发展态势。

主流的商务休闲男装转型定制业务有报喜鸟、雅戈尔、波司登、七匹狼、虎都等。此外，电商平台亦推出定制服务，如阿里巴巴通过天猫＋服装定制在报喜鸟、九牧王、法派等商务休闲品牌实现个性化定制；京东携手EVE de CINA、Kevin Kelly亮相伦敦时装周，正式上线"京·制"。定制市场群雄逐鹿，尚处于发展成长阶段的商务休闲男装定制市场竞争日益激烈。

三、职业装定制市场格局

职业装品牌主要产生于1970~2000年，以乔治白、宝鸟、雅戈尔、圣凯诺等为代表，职业装除了求职所穿的着装外，还具有行业特点和职业特征。自2012年受互联网的影响，一批借助互联网技术的单品类职业装品牌兴起，导致职业装市场竞争进一步加大。

职业装定制是一个新兴概念，强调满足客户的个性化需求，体现其具有识别性的着装形象，甚至客户可参与到设计过程，完成职业装的量身定制，以适应群体间差异的商业行为，个性化识别更明确。

职业装定制品牌主要包括以下三类：第一类是纯职业装定制品牌，以正装出口为主的企业，如宝鸟（报喜鸟旗下职业装定制品牌）、圣凯诺（海澜之家旗下职业装定制品牌）等；第二类是西服面料生产的跨界转型职业装定制企业，如青岛红领、江苏阳光、际华三五零二、宁波罗蒙等；第三类是以单品类定制为主，如量品、良衣。

四、互联网男装定制市场格局

中产消费阶层的兴起，打破服装业旧有的天花板，依靠互联网技术创造消费新需求，"互联网＋定制"应运而生，众多IT企业进入服装产业，借助服装这个销售载体，实现互联网个性化定制转型，受到资本市场的热捧。

"互联网＋服装定制"建立在信息化网络3.0时代，在线上流量成为重要流量入口的智能化终端普及时代，互联网平台作为网络的核心构成元素之一，搜索引擎捕捉信息并呈现给屏幕前的用户，利用竞价广告、优化站点晋升排名等方式形成强者越强，越易获取流量的状况，是品牌向市场展现知名度、专业度、影响消费者的重要渠道。基于长尾理论的互联网市场范围效应，互联网定制品牌强势崛起，大多是共持股份的合伙人合作模式的创新创业型企业，如衣邦人、埃沃、帝楷、AND wow、量品等以IT为切入点，充分利用自带的互联网基因，嫁接服装定制成功进行转型，不断推广挖掘潜在顾客群，在商务休闲男装个性化定制市场占得先机。

互联网定制除了要在产品上满足消费者个性化需求外，还要利用移动互联网，实现定制互联网化，构建一个面向所有人的透明数据工厂。通过互联网链接商务休闲男装品牌、产业电商和第三方平台，企业生产由订单驱动，数据高效赋能，做到商务休闲男装C2B个性化定制透明协同、制造场景可视化。工厂和品牌商（企业）利用互联网信息技术链接整条定制生产线，消费者只需输入订单编号，即可实时查看订单详情，以立体视觉效果实时反馈服装定制的设计、制作、物料配送等方面的进度。通过定制互联网化，重新链接消费者，实现商务休闲男装个性化定制商业模式变革。

传统商务休闲男装由于忽略消费者在价值链中的重要地位，致使传统的价值创造模式日渐失效，因此，当下的商务休闲男装定制需淡化设计成分，放大消费者个人性格和需求，通过移动端让消费者以不同的形式参与服装设计和缝制的过程中，更加注重用户体验，让消费者感知更多的体验价值，让产品成为专属于消费者个人，甚至让消费者参与定制的各个环节，深化定制体验，提升消费者对定制服务的满意度。

互联网信息技术推动数字化制造，数字化智能化定制加速推进商务休闲男装C2B个性化定制转型。随着工业化与信息化的深度融合和应用，商务休闲男装品牌应加快定制数据库建设，完善数据信息实时共享，创建数字化定制服务平台，加强定制服务管理体系的统一应用，鼓励推动商务休闲男装智能制造水平的提升，构建智能化供应链体系和数字化智能化生产设备，通过线上定制系统下单，工厂接收订单后通过订单管理系统将生产流程直达消费者，实现量体、打板、排料、柔性供应链的无缝对接，实现定制流程改造升级，实现"互联网＋智能制造＋柔性化生产＋数字化服务"高效规模化服装定制。

第四章

色彩篇

　　色彩作为时尚风向之一，是中国时尚产业、时
设计发展的重要推动力，也是男装潮流的重要构
因素。色彩篇主要介绍了色彩的基本概念、流行
的时代特色和趋势演变，男装配色中的流行色应
技巧，以色彩调和理论为基础，分析了不同肤色
男士的着装配色思路，并根据不同场合和身材提
男装配色建议。

PANTONE
18-1555 TCX
Molten Lava

PANTONE
18-1555 TCX
Molten Lava

PANTONE
18-1555 TCX
Molten Lava

PANTONE
18-1555 TCX
Molten Lava

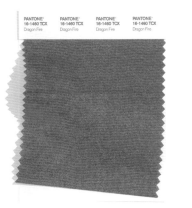

PANTONE
16-1460 TCX
Dragon Fire

PANTONE
16-1460 TCX
Dragon Fire

PANTONE
16-1460 TCX
Dragon Fire

PANTONE
16-1460 TCX
Dragon Fire

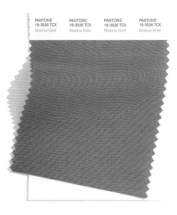

PANTONE
19-3526 TCX
Meadow Violet

PANTONE
19-3526 TCX
Meadow Violet

PANTONE
19-3526 TCX
Meadow Violet

PANTONE
19-3526 TCX
Meadow Violet

PANTONE
18-6026 TCX
Abundant Green

PANTONE
18-6026 TCX
Abundant Green

PANTONE
18-6026 TCX
Abundant Green

PANTONE
18-6026 TCX
Abundant Green

PANTONE
14-0952 TCX
Spicy Mustard

PANTONE
14-0952 TCX
Spicy Mustard

PANTONE
14-0952 TCX
Spicy Mustard

PANTONE
14-0952 TCX
Spicy Mustard

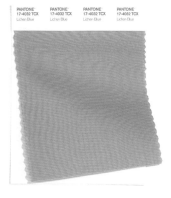

PANTONE
17-4032 TCX
Lichen Blue

PANTONE
17-4032 TCX
Lichen Blue

PANTONE
17-4032 TCX
Lichen Blue

PANTONE
17-4032 TCX
Lichen Blue

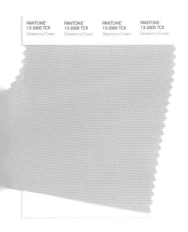

PANTONE
13-2005 TCX
Strawberry Cream

PANTONE
13-2005 TCX
Strawberry Cream

PANTONE
13-2005 TCX
Strawberry Cream

PANTONE
13-2005 TCX
Strawberry Cream

PANTONE
14-4618 TCX
Waterspout

PANTONE
14-4618 TCX
Waterspout

PANTONE
14-4618 TCX
Waterspout

PANTONE
14-4618 TCX
Waterspout

PANTONE
16-0436 TCX
Pickled Pepper

PANTONE
16-0436 TCX
Pickled Pepper

PANTONE
16-0436 TCX
Pickled Pepper

PANTONE
16-0436 TCX
Pickled Pepper

第一节　色彩概述

　　色彩是能引起我们共同的审美愉悦的、最为敏感的形式要素。色彩是最有表现力的要素之一，因为它的性质直接影响人们的感情。

　　在再现艺术中，色彩真实再现对象，创造幻觉空间的效果。色彩研究以科学事实为基础，要求精准和明晰的系统性，人们将考察色彩关系的这些基本特征，看看它们怎样才能帮助艺术作品的题材创造形式和意义。

一、色彩基础

（一）色彩文化

色彩可划分为自然色彩和人文色彩，前者属于"第一自然"，后者属于"第二自然"。自然色彩是指不以人的意志为转移的客观存在；人文色彩是指色彩人化的结果，即在人的实践过程中产生异化的色彩。两大色彩领域相互依存，互为支撑。前者有了人的发现和观照才具有意义，后者有了自然的对比才能显示其演进和内涵。

人文色彩的本质特征是在色彩呈现中赋予了人的影响。从人文色彩的发展看，人类干预色彩的行为几乎贯穿了人类发展的全程。从概念上细分，自人类有意识运用色彩和改造色彩以来，所有留有人类实践痕迹的色彩都被赋予人化色彩的特征。只有色彩被人为赋予了符号、含义或其他应用价值，通过参与实践、信息交流后，真正具有了人文色彩的性质。

色彩文化具有哲学色彩，其哲学性渗透着中国古老的"道器观"思想，即讲究形而上之思想与形而下之应用合而为一，和合相生的哲学观。原始的色彩只具有物质属性，为器。在过去，人类发现色彩、使用色彩的过程中，由于一些偶然事件，人类对某一类色彩产生了宗教类的情感。色彩文化因此成为政体文化或者宗教文化的一部分，体现出其社会属性或者文化属性。现代社会中，色彩文化与政治、经济、民生的联系更加紧密，尤其是色彩经济产业的快速发展，色彩元素在人们消费行为中作用越来越明显。色彩作为热点文化被越来越多关注，这也成为新时期色彩文化的显著特征。

（二）色彩审美文化

色彩审美文化作为审美文化的一个分支，除具备审美文化的基本特征外，还具有自身独有的特征，如色彩的视觉性、符号性。从表象看，色彩拥有丰富的表情属性，具备细腻的情感素质。从互动关系看，色彩可能是世界上最能触发观众审美情感的元素之一。一个人色彩审美观的形成，以及审美水平的高下，会在其日常工作和生活中自然反射出来，如人们习惯用自己喜欢的色彩去表达情感甚至思想，喜欢用自己钟爱的色彩组合美化个人生活空间，按照自己喜好进行服饰配色等。与此相似，一个民族或者族群因为长期独特的生产方式或者生活方式，会形成独特色彩审美观念和审美习惯。

世界服饰色彩大类分有清冷色系和鲜艳色系。这些色彩风格的形成和完善与人们的生活与工作环境息息相关。一般而言，喜欢清冷色系的人群一般是生活在凉爽地带或者城市空间；喜欢艳鲜色系的族群多数生活在阳光充足的地区或者乡村地带。

（三）现代色彩观

色彩观念经过百年演变，内涵日趋丰富，风格逐渐鲜明，形成了极具时代特色的现代色彩语系。与传统色彩观相比，现代色彩观更加重视对比色、互补色及色彩心理的研究和表现。从色彩学研究的视角观察，西方色彩研究将色与光整合研究，从科学的角度透射出"色"的本质，从而引导研究者将视角切入色光效应下的视觉色彩印象和色彩心理映射的研究区域，进而对"色"的研究由感性艺术上升到科技加艺术的高度。从此，"色"的研究不再是对一种纯物质性的介质研究，而是发展成一门融合了感觉、知觉和逻辑分析于一体的现代应用性学科。在色彩语言方面，更加强调对比色和互补色的运用，注重色彩与肌理、材质的结合。同时，色彩参与人类活动的广泛性和深入性大幅增加，成为人类社会发展的中轴线之一，在社会经济、文化及人类日常生活中的作用越来越明显。现代色彩观在男装配色中体现为大胆扩大配色范围，增加对比色、互补色的应用比例，给男装色彩增加时尚和文化元素。

（四）色彩三要素

色彩三要素包括色相、纯度和明度。其中，无彩色纯度为零。色彩三要素是色彩设计或色彩搭配中三个必须思考的内容。其实，色彩设计或色彩搭配就是根据目标主题合理调配色彩三元素的比例，使之达到最佳的视觉效果（图4-1）。

1.色相

色相，即色彩的相貌，是一种颜色区别于另一种颜色的表象。色彩是某种物质对光线反射的结果，色相的识别与感受者的识别能力有直接关系。虽然人类及计算机识别的颜色与自然界颜色的数量不可同日而语，但有一条规律已经明确：随着电子技术的发展，人类识别和应用色彩的能力越来越高，这将有助于对色彩的研究和开发。目前，孟塞尔色立体的色相环有100个色相，常用的色相环有24色、36色。色相环中的蓝绿色区为冷色区，红橙色区为暖色区，黄色区中性偏暖，紫色区中性偏冷，黑白灰为中性色区，其中黑色中性偏暖，白色中性偏冷，灰色则根据其色彩倾向趋于中冷或中暖。

男士衣着色彩的使用会因服装类型不同而不同。正装用色以黑白灰及清冷色系为主，领带等配饰可选择对比较强的鲜色或暖色，起点缀作用；服务业的职业装用色较暖，色相鲜亮；休闲装或商务装的用色较活跃，会出现类似大地色系中的暖色元素；运动和户外装的色相一般较明亮，充满活力。

2.纯度

纯度，也称彩度或饱和度，指色彩的鲜艳程度。纯度根据鲜、灰程度划分为高纯度、中间纯度、低纯度三部分。目前，孟塞尔色立体的纯度轴最多有14个纯度阶（红色），其他一

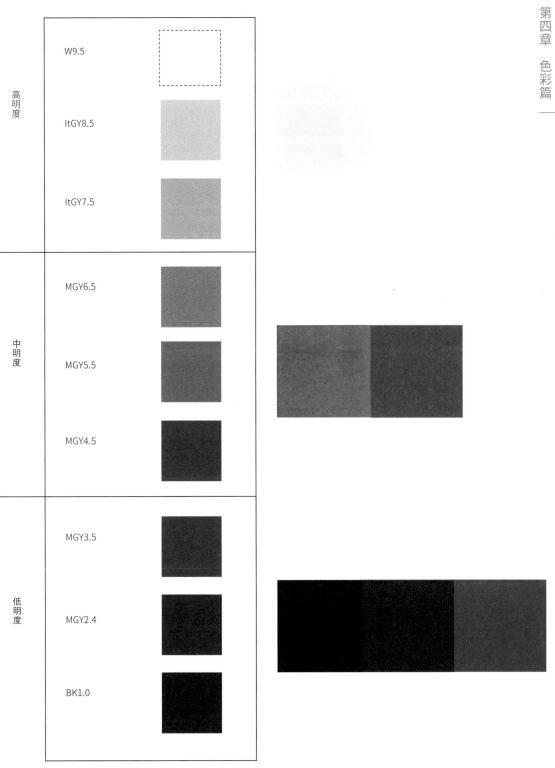

图 4-1

色相

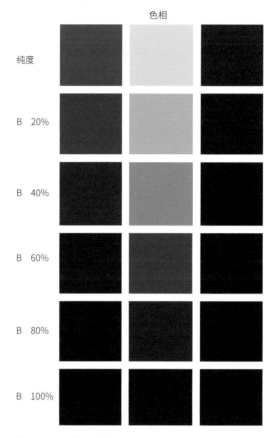

纯度

B 20%

B 40%

B 60%

B 80%

B 100%

图 4-1　色彩三要素

般为12个纯度阶，最少是黄色，有8个纯度阶。黑白灰为零纯度轴。就色彩应用而言，零纯度的颜色一般不会直接被应用，而要有一定的色彩倾向。即便是白色或黑色，也会混入少量的其他颜色，从而成为浅色区或深色区，这样混合而来的颜色更有品质感。高纯度的色彩冷暖意象强烈，灰度越大，冷暖性能越弱。男士职业装色彩的纯度大多集中在中、低色域，以低纯度为主；男士商务装和休闲装的纯度适当高一些；男士运动装和户外装纯度最高。

3.明度

明度，即色彩的明暗程度。孟塞尔色立体自上而下设置了高、中、低9个明度。除黑和白之外，色相中黄色区明度最高，蓝紫色区明度最低，红色区和绿色区明度相同。同一类颜色混入黑色明度降低，混入白色明度升高。混入高明度色明度升高，混入低明度色明度降低。同明度色相混，纯度降低，明度理论上不变，因为颜色质量的稳定性有差异，所以明度会稍有降低。传统男装色彩的明度集中在深色区和浅色区。随着染色工艺的提高，灰色的观感和质感有大幅提高，从而被广泛应用，成为职业装的主流（图4-2）。

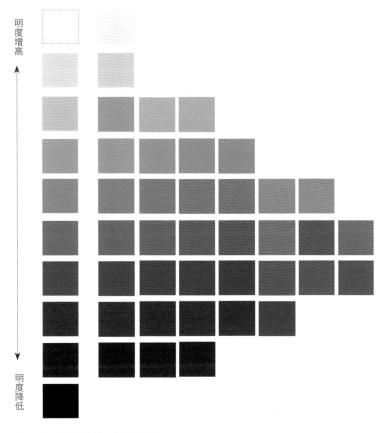

明度增高

明度降低

图 4-2　孟塞尔色立体剖面图

（五）色彩空间混合

色彩的空间混合是指一定空间环境下，不同色块在色光或空气影响下所产生的色彩效果。

空间混合与环境光线及空气纯净程度相关。首先，空混与光线环境联系紧密，强光或者弱光环境下所产生的色彩空混效果更加明显。这方面会对晚宴服装的掩色性及空间混合后的色彩差提出要求。其次，距离和空气透明度是产生色彩空间混合效果的另一个必要条件。色彩并置产生的空间混合效果与视觉距离有关，必须在一定的视觉距离之外才能产生混合，距离越远，效果就越显著。例如，大型发布会或服装展演活动中，效果尤为明显。

值得注意的是，在色彩视觉空间混合的过程中，还会受到多种因素的影响。例如，混合色双方或多方的面积比例不同，会使混合色的明度、色相或纯度均接近面积比例大的色块的颜色倾向。在确定视距之后，点小与线细的混合色显得安定、平均，而点大与线粗的混合色闪耀不定。在确定色点的大小与色线的粗细之后，距离偏远的色彩混合显得安定、平均，而视觉距离偏近的混合色显得闪耀不定；在色点大小、色线粗细与视距都确定之后，色差小的混合色显得安定、平均，色差大的混合色就显得闪耀不定。因此，空混时的色块、色点、色线的面积是有限度的，并置的距离越密，空间混合的效果越明显。

（六）色彩心理与意象

人对色彩的视觉判断并非一种简单的纯客观记录，而与人主观的审美心理体验存在密切相关的活动。

从社会和文化层面讲，色彩的心理始终受到社会文化的制约。文化开放程度越高，人们的色彩意识越强烈，运用色彩语言的能力也就越强。

随着人们对色彩研究的深入，色彩越来越具有世界通用语言的功能。作为世界上最为感性的语言之一，色彩对人类心理刺激以及衍生情感日渐丰富，逐渐成为服装设计与着装诉求表现的惯用手段。

1. 色彩的冷暖

色彩的冷暖主要是视觉色彩带来的一种心理反应，它与人们的生活经验相联系，是联想的结果，如红、黄、橙往往使人联想起阳光、火焰，从而与温暖的感觉联系起来；青、蓝会使人联想起蓝天、大海、夜晚，从而与清凉的感觉联系起来。色彩的冷暖感觉与生理也有关系，如蓝绿色能使血液循环速度减慢，体温降低；红橙色能使血液循环速度加快，体温升高。

色彩的冷暖主要由色相决定，红、橙、黄为暖色系；青绿、青、蓝为冷色系；绿、紫为中性色系。不同色相的冷暖以含有红橙和青蓝的比例而定。另外，在同一色相中，明度的变化也会引起冷暖倾向的变化，凡混入白色而提高明度的色性趋向冷，凡掺入黑色降低明度的色性趋向暖。色彩的冷暖性质不是绝对的，它往往与色性的倾向有关，同为暖色系，偏青光之色倾向于冷，偏红光之色倾向于暖。

2. 色彩的轻重与软硬

色彩的轻重感与明度有直接关系。高明度色、含灰色，感觉轻、柔软；低明度色、高纯度、纯色，感觉重、坚硬。浅色软，重色硬；弱色软，强色硬；白色软，黑色硬。轻色、软色给人柔美、轻盈、敏捷的感觉。一般作为女装色或男性上装、衬衣色。低明度、高纯度色感觉重，下沉，一般作为外衣色或夏装色。有时候为了改变观感，在休闲或户外装的配色中也有"上重下淡"的颜色配置，以创造与众不同的色彩印象。

3. 色彩的平静与兴奋

色彩的兴奋、沉静感与色相、明度、纯度都有关，其中以纯度的影响最大。在色相方面，偏橙、红的暖色具有兴奋感，偏蓝、青的冷色具有沉静感。在明度方面，明度高的颜色具有兴奋感，明度低的颜色具有沉静感。在纯度方面，纯度高的颜色具有兴奋感，纯度低的颜色具有沉静感。因此，暖色系中明度高而鲜艳的颜色具有兴奋感，冷色系中深暗、浑浊的颜色具有沉静感。强对比色调具有兴奋感，弱对比色调具有沉静感。

针对男装而言，整体以沉稳、冷静、平和的色彩风格为主，户外、休闲、舞台装会有一些兴奋、活力的色彩存在，因此，要依据服装诉求确立相关色彩。

4.色彩的华丽与朴素

色彩的华丽与朴素与色相、纯度有直接关系。无论哪种颜色，只要纯度够高，颜色鲜亮，与丝绸或其他贵重材质搭配都会显得贵气。从色彩呈现看，红、黄等暖色以及鲜艳、亮丽的色彩易产生华丽感。褐色、土色、青、蓝色等纯度低一些的色彩具有朴素感。色彩品质好的容易产生华丽感，包括黑、灰等色系。只要成色品相好，也能形成高贵的色彩形象，呈现低调奢华质感。此外，色彩的华丽与否还与色彩组合有关，运用对比配色易形成华丽印象，以金、银色为色调的易产生华丽感。

二、服装色彩

服装色彩包含广义和狭义两方面：广义上，是指一件或一套服装的色彩印象。狭义上，是指服装附着人体后的色彩印象。服装色彩美不美的判断标准，应聚焦在着装后的形象表现力。如果服装色彩脱离了着装效果，就容易失去其根本性，成为一种纯艺术的色彩符号。

服装色彩不能脱离时代审美而孤立存在。在当今社会中，大众的色彩意识日益增强。色彩不仅成为人类美化生活、塑造形象的重要成分，也成为影响消费选择的关键因素。

现代服装色彩观与传统相比较，更加注重个人色彩风格，强调互补色、对比色的应用，尤其喜欢探索"撞色"的冲击力和艺术效果。

男装色彩涵盖男装和男装着装色彩效果两部分。男装色彩是指某一件或一套服装的色彩印象。着装色彩效果是指服装和人结合后的整体效果，这是男装色彩研究的重点。

从历史发展轨迹看，除了基本的装饰功能，男装色彩与时代、身份甚至权利结合得更加紧密。在封建社会，男权地位高，为了稳定男性的统治秩序，对服装色彩制订了一系列严格的专色制度，特别是涉及皇权或宗教神职人员等级的用色，任何人都要以律着色，不可逾越。进入现代社会阶段，男装色彩逐渐趋稳，纯度逐渐降低，明度逐渐集聚在明、灰、暗的主要区域，色相逐渐减少。男装服色开始凸显色彩的细节和品质，注重对经典色的反复开发，强调一种稳定、成熟且有内涵的特征。随着符号学的研究更加深入人心，服装色彩作为符号应用的现象越来越普遍。因此，人们在社交礼仪中，经常以服装色彩表达身份、观念、个性，甚至是态度。

第二节 男装流行色

与社会上流行的事物一样，流行色是一种社会心理产物，它是某个时期人们对某几种色彩产生共同美感的心理反应。所谓流行色，就是指某个时期内人们的共同爱好，带有倾向性的色彩。

一、流行色基础

（一）概念

流行色的概念源于西方，英文译为fashion color，又名时尚色。它是指特定时期在世界范围或者某些区域特别受消费者欢迎的几种或几组色彩。这些色组或色彩经过推广后，成为某些产品的主销色。流行色既是国际时尚的动态展示，也是世界新潮流与文化热点的风向标。

（二）属性

流行色的本质属性是流行，因此，流行性是其显著特征。流行色的覆盖面、影响人群、对行业经济的促进等因素，是判断流行色运行是否成功的主要方面。

根据流行色的特点，可划分为新增流行色和常用流行色两类。新增流行色带有明显的季节性和年代性，对当季产品的销售有直接影响。同样一件产品，流行季的产品与过季产品价格差别很大，有时甚至相差数十倍。常用流行色是指该色源自某一个品牌的畅销色，又刚好契合了当季的流行趋势，所以上升为流行色。在流行色运行的过程中，新增流行色如果与产品设计深度结合，销路一直看好，有可能由短期流行色变成常用流行色。

从流行色的运行规律看，流行色并不是个人对色彩的喜好，而是人们在时代与社会发展的大环境里对色彩的共性选择。生活在同一个社会环境中的人，自然会在某一个特定时间里，顺应大众对某些色彩的喜好，以获得他人的认同，便形成了某些色彩的普遍流行。

（三）流行色发布

每年2月和8月，国际流行色委员会协同各国的流行色协会联合推出未来24月的流行色趋势。考虑到世界范围很大，每个国家和地区的文化和需求不尽相同。国际流行色委员会每次发布的色组较多，供各个国家参考。发布的色卡一般分5个色组，鲜色区2组，灰色区3组。或者以核心色、时尚色、点缀色的形式发布（图4-3）。

1.时效性

色彩在现代产品流通领域具有很强的时效性特征，即在不同的时间段，受社会大环境或者其他因素的影响，产品的设计者、生产者、经销者等针对消费者或市场需要，有组织、有目的地开发、主销不同的颜色。

总体上，流行色的时效性主要与流行周期关系紧密。在20世纪50年代，一种色调的流行生命周期大约是5~10年。到20世纪末，一种色调的流行生命周期缩短为3~5年。进入21世纪，随着信息化进程的不断提高，新媒体在传播内容和形式上的不断发展，流行信

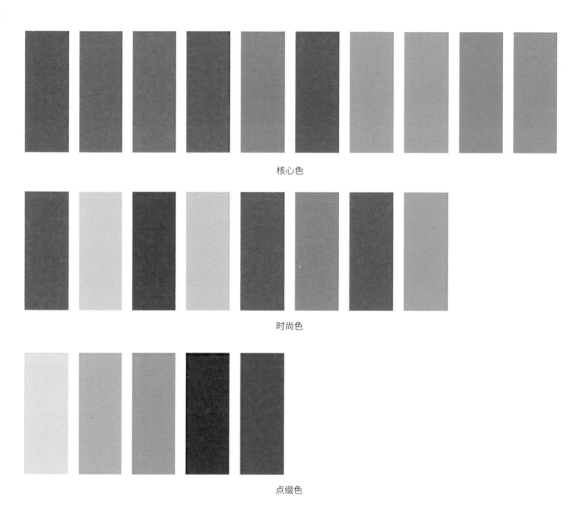

核心色

时尚色

点缀色

图 4-3　2018~2019 年秋冬流行色发布色组图

息的传播与应用的速度变得越加迅捷。作为时尚产业和时尚设计中的重要组成部分，流行色的生命周期势必也会在时代发展的大背景下变得更加短暂，甚至是昙花一现。

2.空间性

如果说时效性是指流行色的阶段性特征，那么空间性则主要是指流行色具有的区域特征。大多数流行色的发展与应用都是在特定区域条件下展开的。例如，欧洲人喜欢米色、咖啡色、褐色；非洲人喜欢鲜艳的颜色和明度较高的色彩，常使用对比色。

20世纪80年代，明黄色系曾经在中国流行过一段时间，同一时期的日本则黑白灰人气最旺，美国却流行绿色调。进入21世纪后，随着国内市场的开放以及全球化进程的加快，不同区域国家和地区交往的不断频繁，流行色的区域性特点逐渐削弱，而不同国家和地区的色彩差异变得越来越小，色彩逐渐趋于全球化。

3.周期性

流行色具有很强的周期性规律。每种颜色轮回流行时，都会于其内涵、面貌赋予全新的演绎。研究者通过对20世纪80年代至90年代期间流行色的周期性规律发现，流行色每3~5年会发生一次明显的冷暖周期转化。美国预测专家博特（Porter）通过对19世纪末到20世纪末的流行色研究，总结出两大周期性规律：一是每个周期都是从高彩度色彩到复合色彩，再由柔和的色彩向自然色彩过渡，然后到无彩色的过程（图4-4）。

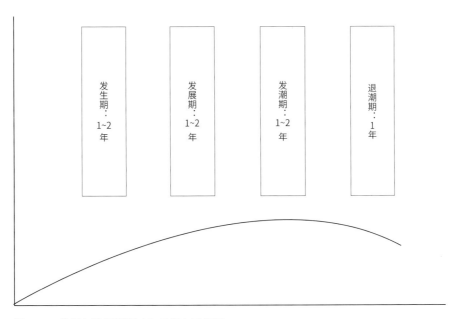

图 4-4 流行色流行周期（3~7 年）示意图

　　根据潘通所发布的流行色，自2000年至2021年之间，按照三年为一个周期可以看出，每个周期都是从高彩度色彩到复合色彩，再由柔和的色彩向自然色彩过渡，最终到无彩色的过程。每年的流行色运行规律既连续又呈现变化（图4-5）。

PANTONE®
ULTIMATE
GRAY
17-5104

PANTONE®
ILLUMINATING
13-0647

PANTONE®
CLASSIC BLUE
19-4052

PANTONE®
LIVING CORAL
16-1546

PANTONE®
MARSALA
18-1438

PANTONE®
RADIANT
ORCHID
18-3224

PANTONE®
EMERALD
17-5641

PANTONE®
TANGERINE
TANGO
17-1463

PANTONE®
CHILI PEPPER
19-1557

PANTONE®
SAND DOLLAR
13-1106

PANTONE®
BLUE
TURQUOISE
15-5217

PANTONE®
GREENERY
15-0343

PANTONE®
ROSE QUARTZ
13-1520

PANTONE®
SERENITY
15-3919

NTONE®
EYSUCKLE
2120

PANTONE®
TURQUOISE
15-5519

PANTONE®
MIMOSA
14-0848

PANTONE®
BLUE IRIS
18-3943

PANTONE®
AQUA SKY
14-4811

PANTONE®
TRUE RED
19-1664

PANTONE®
FUCHSIA ROSE
17-2031

PANTONE®
CERULEAN BLUE
15-4020

图 4-5　2000~2021 年度流行色轨迹

4.仿效性

流行色的仿效性主要表现在设计仿效和消费仿效两大方面。纵观百年国际时尚发展历程，大多数时尚潮流，包括流行色都是率先由在国际时尚领域拥有权威地位的顶级品牌，如迪奥（DIOR）、路易威登（LOUIS VUITTON）、香奈儿（CHANEI）等率先发起，后经中小品牌效仿和传播，从而形成特定流行趋势。这就是流行色的设计效仿性。

5.细分性

市场细分化趋势明显体现在流行色上。流行色适应市场发展规律和细分原则，根据消费者的个人因素，如性别、年龄、生活方式等，分为男装、女装、童装，或者分为生活装、运动装、职业装等。细分化是消费者个性化需求的反应，对企业的市场定位具有重要意义。

6.延续性

延续性是指流行色在连续的一段时间内，在某些色彩倾向上具有惯性的特点。该特点建立在市场统计的理论基础之上，从前一季的消费市场中总结规律。根据流行色在市场中的反应和接受能力，某些色彩的流行寿命会延长，从而构成下一季的流行色谱元素。这就是色彩的流行带有延续性的表现。

（四）流行色的价值

1.传达着装观念

流行色是一个时代文化热点的反映，旨在用时尚元素诠释时代文化潮流，展示着装风范。男士着装形象是其自我展示观念的常用途径，其选择流行色的角度、方法及流行色在全身服装色彩中的占比，往往代表其观念与态度。可以于无声中传达男士内在价值观和时尚观。

2.引领消费趋势

目前，世界流行色趋势发布具有全球性的影响力。每年2月和8月，国际流行色委员会协同各国流行色协会综合利用媒体渠道隆重推出24个月之后色彩流行趋势，包括春夏和秋冬。世界各大服饰品牌会在同一时段发布新产品趋势。为抢占先机，企业把时尚趋势作为重要方向进行研究和运营，每季都会投入大量的人力和物力。此外，企业利用世界知名展会、名人代言、时装发布会等形式推广产品，吸引大众目光，引领和带动消费。

3.专业角度的审美推广

时尚审美与传统的着装美有较大差异，既有传统意义的和谐美、风度美，也有体现现代风格的个性美、风格美。如今的审美标准和审美判断更加趋于多样化。这些变化容易造成大众着装行为的盲目性。因此，流行色趋势的发布由专业协会、专业人士组织发布和管理，能够从专业角度对流行色进行诠释和推广，从而规范和引导大众的服装配色。

二、男装流行色的发展

从现代流行色发展的历程来看，任何时期或者任何领域流行色彩的产生都绝非偶然，而经常是以一定广阔而深层的社会动向、经济状况、文化思潮、科技进步、时尚潮流、市场诉求等背景因素为导向。

在中华人民共和国成立初期（1949~1979年），受政治因素影响，国人在色彩使用上，尤其是着装色彩方面几乎没有脱离过蓝色、灰色、黑色和绿色四种颜色基调。由于蓝色不仅具有大方、朴素、中性、耐脏的特点，还象征着工人阶级和劳动者的形象，因此很长一段时间，国内着装崇尚朴素的蓝色。而后，全国人民为了表达"向解放军学习"的思想和对领袖的敬爱，开始大面积流行红色与绿色这对对立色。红色物品包括红旗、红领巾等，绿色物品包括绿军装、绿挎包、军绿球鞋等。

改革开放以后，明快、时尚的色彩成为中国人日常生活中的重要用色。随着与不同国家或地区交往的频繁、交通愈加便捷、网络快速扩张、国内市场逐步开放，使时尚打破原有的国界限制，变得越来越全球化。

（一）女性化色彩

在"女权运动"兴起的20世纪60年代，传统意义的鲜艳、亮丽的女性服装色彩逐渐受到热爱时尚的都市青年的追捧。一时间，鲜明的原色、彩色衬衫以及五彩缤纷的太阳镜等成为西方潮男的标准装束。亮绿、湖蓝、浅黄、粉红、丁香紫等浪漫柔美的粉彩色，深受不同年龄段和阶层时尚男性的欢迎。当时还被许多商家和时尚界人士认为是拯救男装长期低迷消费状态的突破口。

（二）自然色系

20世纪80年代，随着环境保护主义兴起，人们对环境保护、维护生态平衡有了新的认识，并倡导使用"再生材料"，使带有重金属成分制成的艳丽色彩在西方国家受到冷落。那些代表着再生、天然的含灰颜色，代表大自然色彩的土地色调、岩石色调、树木色调等，则成为人们寄托"环保"情结的重要载体，如米色、褐色、橄榄绿、本白、石灰等颜色。在国内外色彩趋势预测中，以自然色系为代表的环保颜色和相关主题越来越多地出现在各种趋势提案会议上和色彩趋势报告中。

（三）奢华色彩

21世纪初，全球掀起"奢华风暴"，人们越来越多地追求设计考究、制作精良、风格华贵、价格不菲的名牌或者时尚产品。那些璀璨、贵重的黄金、珠宝、钻石等的颜色，很快受到人们的追捧。例如，闪耀着钻石光泽的银色，轻盈和明亮的金属色，象征奢华生活的金色，以及宝石蓝、紫色、酒红等低明度的颜色。此外，国际上许多时尚预测公司为了迎合大众对"奢侈"的心理需要，纷纷发布了诸多以此为主题的流行趋势及色彩预测。

（四）科技色彩

19世纪末以来，科学技术的突飞猛进对流行色发展起到重要的推动作用。例如，在20世纪50~60年代，随着人造卫星成功发射、载人飞船美国阿波罗号成功登月，月球、航天器和宇航服等表面呈现的带有光泽感的银白色、银灰色等，被富于想象力和浪漫情怀的时尚界命名为大气磅礴的"宇宙色"或者"太空色"。这些色彩演绎为"未来主义"设计风格的经典色，时至今日还影响着时尚领域。

21世纪以来，各种PVC、硅胶等新材料在时尚领域兴起，那些具有敏锐时尚触觉和市场意识的国际顶级品牌，如香奈儿、路易威登等陆续在各自的时装发布会上展示过新材料的服装设计。新材料的发展，极大地丰富了色彩的种类与效果，打通了色彩挖掘的新渠道。

（五）"中国风"色彩

21世纪初，以中国、印度为代表的东方大国经济不断崛起，以及西方对东亚文化兴趣的持续升温，使"东方风"成为继"波希米亚风"后的"民族风"的潮流风格。事实上，由于中国、印度、日本之间在文化上各具传统，所以在色彩表达上，同样各具特色。

"中国风"在西方的流行要超过其他"东方风格"，最早可以追溯到公元前2世纪张骞开启的"丝绸之路"。进入21世纪以来，伴随着中国经济的高速发展，"中国风"在2008年北京奥运会、2010年上海世博会等具有世界影响力的大型活动上精彩展示，吸引了全球关注的目光。"中国风"再度复兴，迎来了历史性机遇。总体而言，西方人认同的"中国风"色谱主要是由象征皇家气派的漆红、朱红、明黄、瓷蓝和碧绿等彩度较高的颜色构成，而漆红、朱红和明黄等暖色调颜色当仁不让地成为核心色。

（六）运动色彩

21世纪以来，随着人们强体健身需求高涨，时尚设计概念不断引入体育运动领域。国际上开始流行充满动感的橙色、黄绿色、桃红、天蓝等色彩。例如，2004年雅典奥运会使用的色彩系统，主色调由蓝色、白色组成，象征着雅典文化；辅助色则为富于动感的橙色、桃红、果绿等，给人留下了深刻的印象。奥运会举办过后，这些高频率出现的颜色就成了时尚调色板上的主打色，引领了新一轮的全球性时尚色彩风潮。2008年北京奥运会色彩系统的制定者大胆引用了渐变式色彩，并将其作为整个奥运会色彩系统的特定表达方式。而2012年伦敦奥运会的色彩系统是由当年国际时尚领域走红的紫色调、桃红色调、蓝色调和红色调构成，赢得了各界的广泛赞赏。

三、当代男装色彩的美学特征及发展动向

40年改革开放，在中国流行色协会、各地流行色研发基地及企业共同努力下，我国男装色彩在观念、配色及色彩产能方面均取得了巨大的成绩。

21世纪以来，中国流行色协会作为国际流行色委员会的分支，通过定期举办色彩国际学术会议，设立"色彩中国"研究主题、大力推动色彩搭配师培训、在各地开设色彩研发基地等措施，在流行色研究和应用方面发挥了巨大的推动作用。当前，我国男装配色审美观念已经发生了质的改变，彻底摆脱了"蓝黑"模式，显现出时尚化、多样化、品质化发展的特征。

在时尚化配色方面，男装不仅是在休闲装、运动装方面凸显了观念性、个性化的配色特点，配色手段较以前更加多样化，而且在正装、制服方面也有了明显的时尚意识，无论是在色彩品相方面，还是在搭配方面都有明显改善。尤其是在衬衣、领带、围巾等服饰的设计和配色方面，时尚意识更加突出。

男装色彩多样化主要体现在男装风格和面料色彩两方面。近20年来，男装在传统品牌基础上增加了很多新的品牌，如独立设计师品牌、潮牌等，这些以年轻人为主的设计师以一种更加前卫、独立的设计行为为男装设计和配色增添了活力。在面料产出方面，随着我国面料生产能力的提高以及货源的高端化发展，男装面料的色彩、材质、品相等更加多元化。

品质化主要体现在面料、色彩方面。一方面，随着大量新型面料的诞生，我国面料在着色、染色及固色效果上有了显著的改善；另一方面，传统天然面料如棉、麻、丝、毛等的印染和固色能力也在不断优化，这有效保障了我国面料的产出质量。同时，当大量西方优质面料进入中国以后，更加刺激和引领我国面料市场的繁荣发展，主要体现在面料、服装、配色方面的意识和技能，如精品意识、时尚意识、身份意识及主题环境意识等。目前，我国男装色彩形象越来越凸显主题意识，服装色彩与人物自身形象、环境特征、着装主题的契合度也越来越高。

四、运用流行色凸显男装色彩意识

流行色具有较强的时代感，常常与时代前沿信息及文化热点相关。在男装配色中融入流行色元素，一方面可以点亮男装配色，另一方面可以显示个人的时尚观、审美观和价值观。男装流行色的应用技巧包括以流行色为主色调、以流行色为辅助、以流行色为点缀色等。其中，以流行色为主色调的服饰配色形象风格大胆、攻击力强，使人显得锐意进取。以流行色为辅助色的服饰形象沉稳而不乏时尚、温和中显出态度，是一种中和式的风格策略。以流行色作为点缀色的服饰形象表现男性的沉稳和信念，既不随波逐流，又显示出对时尚变化的洞察能力。

（一）以流行色作为主色调

采用流行色作为男装形象的主色调是一种主动展示着装态度的方式。主色调面积需要占全身70%以上，一般采用套装形式，如西服、风衣、中山装等。也可以采用单件衣服加鞋子、帽子、围巾、手包等方法。从服用规律看，夏装及春秋装的流行色应用更明显一些，冬装相对较弱。因为男性冬装的使用期一般较长。有时为了彰显时尚色彩，又不至于太过刺眼，可以选择外穿大衣或风衣采用常用色，里边套装采用流行色。这样既方便展示，又可以兼顾室内、室外环境的转换。相比较而言，快时尚类男装、户外男装更喜欢采用流行色作为主色调，而西服、大衣等高档男装在选择流行色时相对慎重一些。

图4-6中的亮红色、暖调橘色是2020年秋冬的男装流行色，色调温暖鲜亮，在配色中分别占据主色调的位置，使着装形象充满活力。以流行色作为主色调的服饰形象，能够倾情展现着装者的审美爱好和气质。

（二）以流行色作为辅助色

以流行色作为辅助色，搭配常用色的形象策略，可以保持一种稳定、连续的服饰形象，又可以显示着装者与时代文化、时尚前沿的紧密联系，用服饰传递一种传承与创新相结合的价值观。辅助色通常在全身的占比为30%左右，因此，常用方法是以西服套装常用色，搭配衬衣、领带、帽子或配饰的流行色。流行色作为辅助色，要做到恰如其分，进退有度。

图4-7中的绿色是以辅助色的角色出现。左图是以打底衫的形式出现，因为有外套覆盖，所以在配色面积上呈现辅助色的比例；中间图淡绿色出现在裤子上，与上衣颜色形成对比，右图中的淡蓝色作为辅助色，可以强化配色对比，使配色显得有生气，又没有造成强烈的冲撞性。

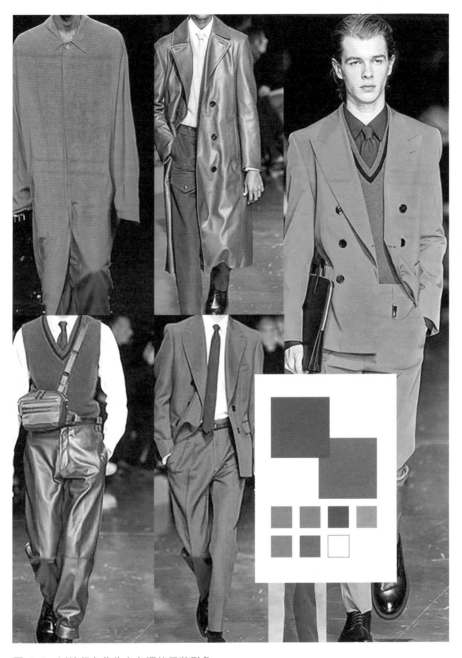

图 4-6 以流行色作为主色调的男装形象

PANTONE 17-1147 TPG

PANTONE 13-0535 TPG

PANTONE 19-1327 TPG

PANTONE 19-4205 TPG

PANTONE 11-0535 TPG

PANTONE 19-1103 TPG

图 4-7　以流行色作为辅助色的男装形象

（三）以流行色作为点缀色

　　以流行色作为点缀色的色彩策略在男装中很常见。点缀色的面积在5%左右，一般采用领带、帽子、眼镜及其他小配饰作点缀。这些物件体积较小，便于携带，无论是出外考察还是参加会议都能够从容应对。更重要的是，仅仅使用一些流行色做点缀，就可以显示身份，彰显态度，因此，成为大多数人的选项之一。图4-8中，都是以点缀色出现的配色案例。其中，左图是出现在袜子上的黄色；中间图是以黄色包的形式出现，增强了与灰色西服的色彩对比；右图是以领带和手帕的形式出现。三幅作品中流行色的点缀作用均较明显。

　　总之，男装色彩形象需要综合考虑自身与色彩的适合度，流行色与服装面料、款式、工艺的整合效果，强调服装色彩形象与自身气质、身高及肤色搭配等，凸显服装色彩的统一和品质，兼顾服装色彩风格与审美形象。只有深入理解流行色的内涵，洞悉时代服装的审美内涵，将流行色与着装者的身份、性格深度结合，才能真正体现流行色的价值。

图4-8　以流行色作为点缀色的男装形象

第三节　男装色彩搭配

对男装色彩进行搭配，可以取得更好的视觉效果。"色彩搭配"咨询这一理念在20世纪末才开始传入中国，对于大多数中国人只敢穿黑、白、灰、蓝来说，这无疑是个很大的惊喜。对于人们的穿衣打扮指导，促进商业企业的新型营销，提高城市与建筑的色彩规划水平，改善全社会的视觉环境都起到了重要的推动作用。

一、男装色彩基本特征

时尚不断变化，但男装的色彩、款式相对稳定，依然追求简洁明晰的线条、修剪得体的款式、沉稳的色调及舒适的面料，从而塑造出男性活力、热情、智慧、谦逊等品质。在色彩方面，男装强调沉稳、大气和品质感，体现持续性和稳定性。男装色彩的开发集中在几个常规区域，如藏青、卡其、灰色、黑色等西服的经典色，橄榄绿、深蓝、驼色、砖红、土黄等休闲装的常用色。对经典和常用服色反复打磨，凸显品质感，使着装者的形象更具内涵，经得起反复推敲和细细品味。

二、男装配色依据

（一）服装色彩调和理论

色彩调和理论是指各种色彩配合在统一和变化中表现出的和谐效果。一方面，色彩调和是配色美的一种形态，一般认为"好看的配色"能使人产生愉悦、舒适。另一方面，色彩调和是配色美的一种手段。色彩的调和是就色彩的对比而言的，没有对比也就无所谓调和，两者既互相排斥又互相依存，相辅相成，相得益彰。

色彩调和理论同样适用于服装色彩搭配。色彩对比与调和是服装色彩美感对立统一的两个方面，互为存在的条件。服装色彩对比失去调和就失去服装和谐的美，对比过强则产生刺激，对比过弱则易模糊。服装色彩对比只有在既不刺激又不模糊的程度时，才称为调和。服装色彩的调和如果失去对比，也将显得毫无吸引力和个性，甚至毫无意义。在实际搭配中，服装色彩美应该立足于追求总体的协调，根据服装的特点把对比与调和两者统一起来加以处理。

从狭义上看，服装色彩调和理论着重研究衣服、配件的色彩如何搭配才能获得调和美感，并且把色彩对比与调和统一在创造某种特定的服装色彩效果上。从广义上看，服装色彩调和理论把服装色彩的美感，与服装的款式、材质及穿着对象、使用场合、环境、实用功能等方面联系起来，取得综合一致的和谐效果。广义的服装色彩调和，不仅要求服装与配件的色彩组合具有调和美感，更要求色彩与款式、面料、纹样的情感效果相一致，并与特定的穿着对象、需求心理相协调，与穿着的场合、环境、时代、社会相适应，同时体现一定的功能作用。

（二）肤色对服装配色的影响

人体的色调是服装配色时最首要考虑的因素之一。人体的色调由肤色、发色、瞳孔色等构成。而肤色是色彩配色的基础，其明亮程度决定了服装用色的明暗程度。

男性肤色大致可以分为以下几个系列：从明度上可分为白皮肤、黑皮肤、处于灰阶的黄皮肤；从色相上可分为偏红、偏黄、偏白、偏棕、偏黑等；从健康程度上可分为健康有光泽的亮肤色，健康有质感的暗肤色，苍白病态的浅肤色，以及干糙灰暗的深肤色等。

服装配色源于肤色、终于形象，根据肤色的冷暖、明度、纯度的用色范围选择适合的服饰色彩，达到完美协调的最佳着装效果。

三、男装配色思路及案例分析

（一）偏浅色皮肤配色

男性偏浅肤色的皮肤以冷暖划分，包括浅偏冷和浅偏暖两类。

1.浅偏冷皮肤配色

总体来说，浅偏冷肤色配色宜采用冷色调、中性偏冷色调。例如，冷色调或者中性偏冷的雅灰色系下显得干净清爽，人也较精神，能够凸显文艺气质。暖色调一般要慎重，防止对比太弱而显得没精神。

（1）色相上选择季节色。

春季可以选择一些代表春天或具有青春气息的颜色，尤其是年轻人，可以选择一些含粉的色彩配色，如粉蓝、粉绿、粉紫等。另外，米色、驼色、嫩黄色、嫩绿色等也是可选颜色范围。只是在面积、纯度等方面需要注意变化和调和。冬季可搭配以灰绿、橄榄绿、军绿色、驼色为主色系的服装，显得肤色较明亮、干净。中灰、雅灰或暖灰也是冬季不错的选择，能够凸显着装者的修养和审美，与肤色的协调度较高。图4-9中的浅咖或灰绿搭配，显得沉稳而有气质。图4-10中的配色较稳妥，中性微暖的格子外衣搭配棕色裤子显得低调、温暖、随和。图4-11中，果绿色的外衣与黄色衬衣的搭配显得时尚而有活力。

（2）突出层次，注重同色系、邻近色系的对比。

浅偏冷皮肤在配色时可应用同色系、邻近色系对比，注意运用纯度和面积对比，使配色显得有层次。其中，明度深、对比强一些的冷调使人显得较硬朗。例如，可选择蓝色系、藏青色系，突出蓝色的优雅、彰显男性风度。图4-12整体为中性灰偏蓝倾向，内搭黑色裤子显得稳重优雅。图4-13中，绿色与蓝色渐变，高调但不张扬，醒目但不低俗。图4-14中，棕灰加土黄，显得朴实、耐看。

（3）在淡雅色调的基础上点缀元素。

淡雅色调容易显示出男性儒雅的气质、平和的心态。例如灰色系，尤其是灰色西服、灰色风衣、灰色套装等，可将浅偏冷皮肤衬托得洁净，使人显得文雅、干练。如果色调过淡，可能造成对比较弱，使人显得不精神。可通过衬衣、围巾、礼帽、胸花等色彩元素点缀，增加一些活跃元素。蓝灰或蓝白是经常搭配的色系。图4-15中，暖灰色外套舒适和谐，但对

图 4-9　浅咖 + 灰绿

图 4-10　格子 + 棕色

图 4-11　果绿 + 黄

图 4-12　蓝灰 + 黑

图 4-13　渐变

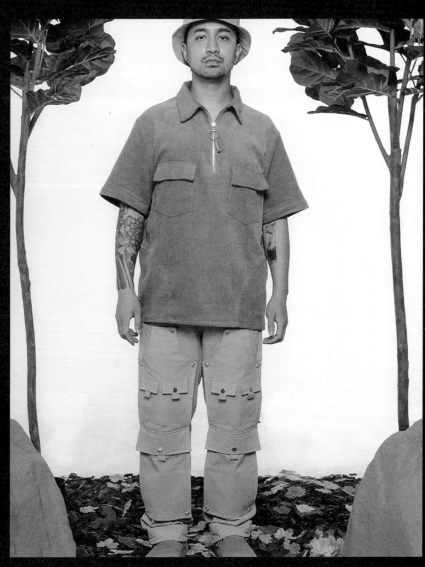

图 4-14　棕灰 + 土黄

比不够，褶皱围巾在视觉上有颜色加深的作用，起到了加强对比的作用。图4-16中，黑灰搭配表现和谐，增强对比。

2.浅偏暖皮肤配色

浅偏暖皮肤健康、色泽光鲜、充满朝气，给人以年轻、活泼、富有活力之感。由于浅偏暖肤色是理想肤色，配色禁忌不明显，只要符合基本的服饰配色规律，做到整体不杂乱，就可以突出皮肤优势，彰显精英气质。色相深沉、色调统一、质地优良的服装形象是浅偏暖肤色男性的最佳选择。可适当采用一些鲜艳、明亮的颜色，强化季节色。但要注意控制色彩的整体明度、纯度对比，避免色彩单调或杂乱。

（1）采用彩度较一致的搭配思路。

由于浅偏暖肤色是理想的肤色，在服装搭配上，可采用上衣下衣彩度较一致的搭配思路。图4-17中，暖棕格子上衣搭配淡灰色宽松裤，纯度较低，明度有一定的对比。图4-18纯度很高的蓝色上衣与亮紫色裤子搭配，显得富有朝气。图4-19中，雅灰西服套装显得温和而儒雅。

（2）注重整体色彩结构。

浅偏暖肤色的男性因为皮肤健康有光泽，服色搭配注意控制色彩的整体明度、纯度对比即可，避免色彩单调、杂乱。对于商务男装，色相深沉、色调统一、质地优良的服装形象是浅偏暖肤色男性的最佳选择。中深明度色调稳重，有内涵，但配色容易流于单调、沉闷。因此，在搭配时可以考虑揉入一些鲜艳色。同时，为了提高服装搭配的形象和着装档次，凸显着装者的身份，需要注重服装的款式、面料和工艺。图4-20中，略带暖味的黑色、灰色加上迪奥的标识形成一种高级舒适的感觉。图4-21中，着装属于低纯度色系，米色休闲风衣内搭深棕色西服和卡其色休闲裤，显得时尚而又有青春气息。

（3）选择亮色单件配色。

浅偏暖皮肤可以挑战亮色搭配，包括撞色。为不至于显得轻浮，往往不选用套装搭配，而选择单件配色。但高反光面料一般在商务或正式外交场合中规避使用。图4-22中，粉、白色上装搭配黑色裤子，显得时尚而不落俗套。图4-23中，橘色与湖蓝色相搭配，冲击力强又不失整体。图4-24中，白色上衣搭配橘色裤子、深色丝巾，凸显时尚气息。

（二）偏深色皮肤配色

男性偏深肤色的可分为深偏冷和深偏暖两类。深偏冷如黝黑色，一般来说，黄种人经过太阳晒后的颜色呈黝黑或黑红色。深偏暖如黑红、黑黄、古铜色、小麦色等。古铜色和小麦色颜色均匀，光泽好，是近些年国际上被追捧的健康肤色。其基色一般偏白，经过阳光照射所形成。

男性偏深肤色只要光洁、有光泽就显得健康。因此，首先要摆脱对于偏深肤色的自卑或

图 4-15 暖灰

图 4-16 灰 + 黑

图 4-17 淡灰 + 暖棕

图 4-18 亮紫 + 蓝

图 4-19 雅灰

图 4-20 黑灰

图 4-21 米 + 棕

图 4-22 粉 + 白 + 黑

图 4-23 橘 + 湖蓝

规避心理。无论是偏冷还是偏暖，配色的方法都是合理采用配色规律，突出着装人的优点。

一般来说，偏深色皮肤适合以暖调为基础的配色，如金色、驼色、牡蛎色、棕色、苔绿色等颜色。服装色彩与皮肤对比适当强一些，效果会更保险。过于黑暗或对比过弱都会感觉人没精神。但是鲜艳色，如橙、黄、大红、大蓝以及一些花哨的颜色需慎用。

1. 深偏冷皮肤配色

深偏冷皮肤视觉上显得较深暗，可以选择衬托性强的颜色。原色、黑白色、粉色系相对应用较多。

（1）增强服装和皮肤的对比度。

深偏冷肤色相对幽暗，在配色时应尽量增强服装和皮肤的对比度。图4-25中拼接棕色上衣与亮棕色裤子搭配，与深色皮肤产生整体对比，色调和谐。图4-26牛仔渐变风格显得格外突出，蓝色渐变与铁红色渐变构成了一个完美的整体。图4-27中宝蓝与浅蓝图案搭配彰显简洁、清爽，能够衬托皮肤的完美质感。

（2）注重服装与肤色的整体感。

低明度、冷色系外衣与局部鲜艳色相搭配是偏深皮肤男性的一种选择。整体上给人以硬朗、沉稳的印象。图4-28中，深灰与灰色搭配时强化了服装的整体感，与深色皮肤加强了对比，显得稳重、整体。图4-29中，驼黄色风衣与黑色毛衫搭配，色彩对比很明快，凸显型男气质。图4-30中，黑色外套搭配粉色毛衣打破了肤色与衣服的沉闷感，很有创意。

（3）搭配灰色调、冷色调、中性偏暖色调。

从色彩调性的和谐度来看，灰色调、冷色调、中性偏暖的服装与冷色皮肤和谐。图4-31中，蓝白灰组合色调轻快，与深冷肤色对比强烈。图4-32中，灰色绿调显得稳重、体面，

图4-24　白＋橘

图4-25　亮棕

图4-26　渐变色牛仔

图 4-27　蓝 + 白

图 4-28　灰色系

图 4-29　驼黄 + 黑

图 4-30　黑 + 局部鲜艳色（粉）

图 4-31　蓝白灰对比

图 4-32　灰绿对比

有绅士风度，冷灰色系与中冷肤色相搭配很和谐。图4-33中，绿色搭配蓝色裤子的调性很强，色调与皮肤的对比更明显，适合中等深度的肤色。

2.深偏暖皮肤配色

深偏暖肤色包括小麦色、古铜色等。配色可以选择暖色调、中性微暖、中性微冷等一些强衬托色，如棕色、大地色、灰度低一些的自然色系等。当然，黑、白、灰永远是服装的宠儿。无论是作为基调色，还是作为点缀色都经常出现。

（1）搭配黑、白、蓝等基础色调。黑色调是男性常用色调之一。

黑色西服、白色衬衣与黑色蝴蝶结是传统礼服的经典配置。对于深色皮肤的男性是非常适合的，尤其对于小麦色的男性，黑白搭配是非常稳妥的选择。如果是参加一般性政务或商务活动，可以在黑白的基础上改变领带、裤子的颜色，以显示潮流或季节的信息。蓝色系是偏深肤色的常选之一。一般来说，西服外套常以深蓝或藏青色系为主，衬衣可以根据肤色变化。图4-34中，黑色西服搭配白色衬衣、深色领带，显得稳重、锐气。图4-35中，宝蓝色茄克搭配天蓝色衬衣、黑色裤子增强明度、色相对比，改变服装的整体气质，显示一种活力和个性。图4-36中，深咖色风衣搭配灰绿色毛衣、深色裤子，整体色调强，凸显服装与肤色的对比。

（2）采用灰色系或暖色系。

对于深偏暖中的偏黑、偏红肤色，在配色中一般采用灰色系或暖色系。一方面强调对比，另一方面突出皮肤的优点，弱化缺点。暖色系如咖啡色、驼色、棕色容易搭配，也是日常生活中经常见到的服装配色。灰色系、中性色是很好的衬托色，适合皮肤偏深的男性。如果深色服装与深色皮肤搭配会显得沉闷，可在衬衣、领带和鞋子上适当协调。图4-37中，浅灰色外套搭配灰色毛衫、雅灰西裤显得自然、中和，有一种儒雅之感。图4-38中，灰色西服搭配紫色毛衣、帽子可以把皮肤衬亮。

（3）适当降低色彩纯度，形成整体对比。

为了使服装色彩的调性更加温和，有时也会调低纯度，采用如茶色、土色、灰绿色等，装扮出如莫兰迪色彩一样的美感。黄种人肤色一般偏黄或偏棕，大部分皮肤质感细腻。深偏黄皮肤驾驭鲜艳色、多种色的能力不足，纯蓝灰又过于灰暗，因此，在配色时尽量形成整体对比。图4-39中，黑色大衣内搭粉色很大胆。图4-40中，中性暖灰搭配黑色衬衣很稳重，与肤色对比良好。图4-41中，黄色风衣搭配灰色套装、白衬衣，显得很有层次。

（三）偏黄色皮肤配色

肤色偏黄人群的配色要适当矫正偏黄的印象，增强肤色与衣服颜色对比度，让着装者显

图 4-33　绿蓝对比

图 4-34　黑 + 白

图 4-35　蓝 + 黑

图 4-36　深咖 + 灰绿

图 4-37　中性偏暖

图 4-38　中性偏冷

图 4-39　粉 + 黑

图 4-40　暖灰 + 黑

图 4-41　黄 + 灰

得有精神，皮肤更显健康。

1.以浅色、柔色、中暖色系为主要配色

肤色偏黄的男性在进行服装配色时，建议以浅色、柔色、中暖色系为主。如棕灰色、浅灰色、酒红色、蓝灰色、灰绿色等，黄色、橘色、墨绿色、深紫色等颜色慎用。无彩色系、灰色系、雅色系以及深色系可重点考虑。这些色系比较温和，衬托能力强，能够凸显肤色，彰显气质。图4-42中，深咖啡色外套配印花衬衣、黑色裤子、棕色包很时尚，与男性浅色偏黄皮肤较协调，使皮肤显得偏亮一些。图4-43中，淡灰色中夹黄灰色搭配，加上衣服的造型和闪光感显得很和谐，适合年轻人或皮肤干净的人群。

2.以深蓝色、灰色和酒红色为主的配色

深蓝色、灰色和酒红色可作为偏黄肤色男性的常用服装配色。深蓝色与偏黄色皮肤的对比较强，适用于浅色偏黄肤色。图4-44中，藏蓝色与休闲鞋结合具有动感，使人显示出健康、休闲的状态。图4-45中，灰格子呢搭配绿呢上衣塑造了一种中性风，使服装和肤色很和谐。图4-46中，亮红搭配白色、紫色很显精神，也很有塑形性，可以使偏黄肤色更明亮，又不失稳重。

3.采用绿色调进行调和

黄皮肤在绿色调的调和下会减弱黄色倾向，绿色系、大地色系是秋天服装常选的颜色。同样偏黄皮肤，在深蓝色调下皮肤的倾向会更明显（图4-47），在绿色调下会减弱这种黄色倾向（图4-48），而灰绿色与黄色皮肤的协调性会更好（图4-49）。

（四）偏红色皮肤配色

偏红色皮肤健康有活力，较适合暖色调、偏暖色调、中性偏冷、中性偏暖等干净优雅的色调，如乳白、雅灰、中灰、淡灰、浅暖灰、驼色、卡其、灰米色等。要避免鲜绿色系、鲜紫色系、鲜黄色系等，这些颜色会使肤色显得更红变暗。

1.搭配黑白灰基础色调

黑白灰是红色皮肤最好的衬托色之一。图4-50中，多种暗色拼接是深色偏红皮肤的常规选项，与肤色对比强，使人显得精神。图4-51中，粉色外衣与灰色休闲装搭配，使肤色呈现出一些金色，更加耐看。图4-52中灰色套装使皮肤更有质感。

2.搭配雅灰、蓝灰、紫灰等中性色调

浅偏红肤色适合雅灰、蓝灰、紫灰或其他中性色调，能够最大限度地突出肤色优势，彰显人的儒雅气质。图4-53中，雅灰西服、白衬衣、黑白条纹领带，使皮肤显得白亮，透射出职场精英的气质。图4-54中，蓝灰西服搭配驼色外套，多了一分随和，休闲又不失稳重。图4-55中，淡灰西服显得简约、整体，是年轻人的首选。

图 4-42　深咖色 + 印花　　　　　　图 4-43　中灰色　　　　　　　　　图 4-44　藏蓝

图 4-45　灰格子呢 + 绿　　　　　　图 4-46　亮红 + 白 + 紫　　　　　　图 4-47　蓝 + 白

图 4-48　墨绿 + 红格子　　　　　　图 4-49　灰绿　　　　　　　　　　　图 4-50　暗调拼色

图 4-51 粉+灰+灰

图 4-52 灰

图 4-53 雅灰+白+灰

图 4-54 蓝灰+驼

图 4-55 淡灰

3.利用对比色彩进行调整

　　浅偏红肤色显得健康、光洁，配色时可以凸显肤色，深偏红肤色显得灰暗一些，配色时需要适当调整，可采用局部色彩进行调整、点缀。图4-56中，绿色拼色加明黄强化了对比，显得活泼，把面部衬托得更清晰。图4-57中，橘色上衣与绿色迷彩裤、白色卫衣搭配显得协调而明快。图4-58中，深色外衣与淡蓝、黑色裤子搭配很有层次感，服装面料、廓型及内搭都很讲究，显示着装者的品位。

图 4-56　绿 + 黄

图 4-57　橘 + 绿

图 4-58　淡蓝 + 黑

第四节　色彩的妙用

色彩的明度、纯度、色相等因素产生膨胀或收缩功能，因此，服装色彩对于身材的修饰主要体现在利用视错觉心理改善对着装者的体型印象。男性服装形象塑造以稳重、成熟、干练、绅士为目标，色彩表现以人物气质、性别、身型为基础，塑造契合人物特征的服装色彩形象。

色彩的视错觉理论源于色彩心理。在服装色彩修饰的功能中，最常用的方法是采用色彩的膨胀或收缩作用修补身型，凸显优点，弱化缺点。从色彩心理角度分析，高明度色、高纯度色、暖色有膨胀感，其视觉印象看起来比实际大；低明度色、低纯度色、冷灰色有收缩感，其视觉印象看起来比实际小。从色彩衬托原理看，低纯度色、低明度色、中性色具有较好的衬托作用。明度越低，衬托越强，明度、纯度越高，对皮肤的干扰作用越明显。服装色彩对身材的修饰作用就是综合运用涨缩、衬托功能进行色彩塑形。

男性形体从基本型看，可分为倒梯形、正梯形、长方形、椭圆形等。以体型轮廓分，可分为标准型、瘦高、胖高、矮胖、矮瘦等。从上身与下肢的比例关系看，可分为黄金比例（肚脐为界上下身比例5：8）、上下身"五五开"、上身长下身短、上身短下身长等。虽然大家都希望拥有黄金比例体型，但在实际生活中，完美体型或倒梯形身材少之又少。绝大多数人的身材都会有各类缺点。服装色彩可以在一定程度上弥补这些缺点，调整着装者的外在视觉形象。

一、根据人体身材特征搭配服装色彩

（一）标准型身材男装配色

标准型身材服装色彩搭配应以突出男性的完美体型为核心，色彩根据肤色可选择不同的明度、纯度及色相。配色以同一色、邻近色为主，强调整体色调，表现男性的伟岸、稳重、成熟。配色时应注意以下细节。

1.主色调呈绝对优势

突出主色调，色彩尽量清爽，凸显人物气质。为了表现着装者的观念、态度、爱好，可采用领带、皮带、领结或围巾等进行小面积点缀，增加一些审美元素。

2.配色不宜层次过多，一般不超过三种

配色忌讳色彩过多。过多会导致色块支离破碎，而破坏身材比例。而着装层次过多会显得男性不够干练，破坏男性标准身材的基本线型。服色形象应以简约、清雅、庄重为主。

3.注意肤色与服装的对比关系

配色强调色彩与肤色、气质的整体关系。注意面部周围颜色的搭配，脖子周围的色调对于面部颜色的衬托更明显。图4-59中，淡蓝色风衣搭配鸭蛋绿衬衫、灰白裤子突出青春气息与理想身材。图4-60中，橘色印花衬衣搭配白色裤子很有张力。图4-61中，水绿色衣裤配色既能彰显身材，又能突出着装者独特的气质。

图 4-59　淡蓝 + 鸭蛋绿

图 4-60　橘 + 白

图 4-61　水绿

（二）偏瘦型身材男装配色

消瘦型身材较易着装，特别是瘦高型着装效果较好。偏瘦体型的服装配色主要根据色彩的涨缩搭配规律，突出优势，弥补缺陷。

1.瘦高型

瘦高型身材是天然的衣服架子，只要头的比例适当，不削肩，身板挺直，就没有太多禁忌。当然，因为每个人体型都不会十全十美。服装色彩针对这些不完美进行搭配，或突出、或弱化，最终达到与人物神形相合的境界。

瘦高身材一般要避免太过深色、灰暗的色调，如黑、灰色、深蓝、深棕、紫色等，因为这些颜色在视觉上具有收缩感，穿这样的颜色会产生干瘦、单薄的印象，从而缺乏男性的气概。如果皮肤有些灰暗，对灰色、橘色、橙色、黄色、闪光色等要相对谨慎，因为这类颜色会加重皮肤的弱点。从黄种人男性的肤色特征看，男装配色一般选择中性偏冷、中性偏暖的雅灰色调，中灰或深灰色调较合适。尤其是春夏之际，更要注意整体服色的明度不要过低，纯度不要过高。米色、粉色等浅色系较适合，因为色彩膨胀，色调柔和，搭配起来体型会显得壮实一些，与肤色更和谐。针对削肩的男性，一般选择硬肩类服装，如西服、风衣等，避免外穿软料服装。如果上下身比例均衡或上身长下身短，避免穿齐臀上装，上装下摆尽量越过臀线。同时，避免鞋子与裤子颜色的反差太大，以延伸下肢的长度。

图4-62整体为灰色调，款式使人物体型更整体。图4-63中，印花衬衣搭配宽松休闲裤使人有一种膨胀感，彰显着装者驾驭服装的能力。图4-64中，粉绿色西服与中性灰裤子搭配有效减弱了身板的单薄感。

2.瘦小型

瘦小型身材的男性服装颜色以中性灰、浅灰为主。明度适当偏高、纯度中度以下。衣服一定要合身，色彩运用要强调整体身型。同时，外装强调肩宽及造型，上身色彩可适当选择膨胀色，下身选择收缩色或膨胀色。相对来说，收缩色更容易修正体型，使身材更加有型。图4-65中的灰色套装凸显男性的气质。

图4-62　灰色调

（三）偏胖型身材男装配色

男性体型偏胖，则肩膀变厚、腰部变粗、肚子凸起。这样会造成身体或多、或少的变形。无论是高胖型还是矮胖型，共同的特点是身体变圆，腰线外扩，脖子、下巴处赘肉增多。针

图4-63　印花

图4-64　粉绿+中性灰

图4-65　灰

对这样的体型，配色策略是以中性色、收缩色为主，明度、纯度都不宜太高。色彩要简洁一些，凸显服装配色的整体性。

1.高胖型

高胖型男性以白种人为代表，身型庞大。服装搭配以西服、风衣、大衣为主。配色方面，外衣色彩不宜采用强膨胀色，以清冷色系为佳。闪光色、亮色、纯度太高的颜色慎用。从色彩风格分析，深色、纯色、宽暗条纹、暗格都可以选择。因为比较高，所以上深下浅，上浅下深都可以，当然，也可以融合时尚元素，提高自信，彰显快乐、健康、开放的心态。

2.矮胖型

矮胖型男士的服装色彩一般以冷色系、中性色，如灰色系、暗黑色系为稳妥。高明度、高纯度的颜色要慎用。一般来说，硬挺衣料、正装款式会人显得更有精神。因为这类服装的质地相对好一些，比较有型，能够提升人的精气神。服装剪裁一定要合身，注意利用肩部、腰部造型进行塑形。要注重服装细节，注重工艺、面料、染色品质，包括一些点缀物，如帽子、领带、皮带、手表、眼镜等。如果选择西装外套，上衣不要款式太长，西装下摆的落点应在双手自然下垂后大拇指上方三四厘米的位置，这个位置可以将上、下半身身长调整到最好的比例。

二、根据人体外形搭配服装色彩

男性躯干由于体型、年龄、胖瘦不同而呈现正三角、长方形、椭圆形、倒梯形躯干四类特征。其中，最理想的是倒梯形。如果没有身高问题，选择款式、色彩也较容易。对于其他三类，都需要通过款式、色彩等进行修补（图4-66）。

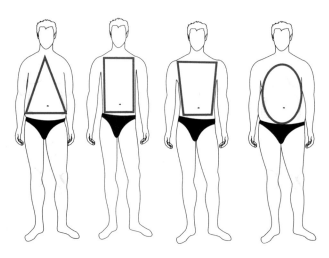

图 4-66　男性躯干分类示意图

（一）正三角躯干服色搭配

因缺乏锻炼、久坐办公，男性容易肩部肌肉萎缩，臀部脂肪增多，腰部有赘肉，从而造成正三角形身型。针对这种情况，一般采取肩部修饰、色彩修补等方式改变体型。肩部修饰是指改变服装肩部结构以改善肩部造型。色彩修补是上身颜色尽量采用膨胀色，裤子采用收缩色，改善体型视觉印象。在款式方面，尽量选择西服、风衣或硬料茄克，腰线宜简洁、流畅。或者上衣硬挺、宽松，下身适当贴身，也会有所改善。具体搭配还要根据身高、肤色、气质而定（图4-67）。

（二）长方形躯干服色搭配

长方形躯干是指肩宽与臀宽大致相等。这类体型如果高大就会显得硬朗、稳重，有力量感。腰线流畅、有型。如果单薄或干瘦，就会有一些问题，需要采用服色搭配进行改善，避免形象过于单薄。针对这类情况，具有高大长方形躯干的男士需要强化肩部造型，突显肩宽，可选择垫肩、硬挺面料的服装，款式宜简洁、流畅，突出长腰线。色彩适当选择收缩色，以清冷色系、中性色系、深色系为主。干瘦或矮瘦的长方形躯干男性，应避免穿过于单薄、柔软的面料，应强调服装的外部轮廓，色彩适当选择膨胀色（图4-68）。

（三）椭圆形躯干服色搭配

由于身体发胖、缺少锻炼，导致腰腹部脂肪外凸，这是男性形成椭圆形躯干的成因。这类躯干的矫正需要硬料造型改善。如果具有身高优势，男士可以采用硬挺面料服饰。正装如西服、风衣等，选色不太受限制，只要色调统一、沉稳即可。如果个子较矮，则应该追求色调、情趣、凸显乐观情绪。避免松松垮垮、横纹以及过于颜色花哨

图 4-67 正三角躯干服色搭配

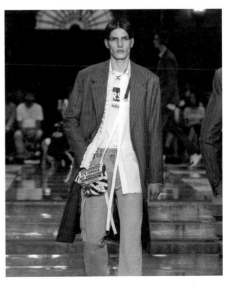

图 4-68 长方形躯干服色搭配

图4-69　椭圆形躯干服色搭配

图4-70　倒梯形躯干服色搭配

（图4-69）。

（四）倒梯形躯干服色搭配

梯形是标准的男性身材。因此，服装色彩应选择整体化，突显体块、强化男性特征。款式选择宽泛，追求简约大气、成熟之风，彰显绅士风范（图4-70）。

三、结语

随着社会文化发展及女装的兴盛，男装配色与审美风格由奢华高调转向低调沉稳，甘愿充当女装的绿叶和陪衬。与女装的绚丽和多变相比，男装色彩形象近百年来一直非常稳定，特别是正式场合，服装的规制和要求没有太大的变化。黑白灰在男装礼服中依然占有绝对优势。潮流和技术只是帮助设计者把有彩灰的范围和品相做到极致。西服套装的规范虽有所变化，新形成的规范依然不容逾越。因此，与女装的色彩相比，男装色彩像是让人经久回味的经典名吃，花样不多，却经得起推敲。

参考文献

美学篇

[1] 黄能馥，陈娟娟. 中华历代服饰艺术［M］. 北京：中国旅游出版社，1999.
[2] 周汛，高春明. 中国历代服饰［M］. 上海：学林出版社，2002.
[3] 兰宇，祁嘉华. 中国服饰美学思想研究［M］. 西安：三秦出版社，2006.
[4] 周锡保. 中国古代服饰史［M］. 北京：中国戏剧出版社，1984.
[5] 蔡子谔. 中国服饰美学史［M］. 石家庄：河北美术出版社，2001.
[6] 沈从文，王㐨. 中国服饰史［M］. 北京：中信出版社，2018.
[7] 沈从文. 中国古代服饰研究［M］. 增订本. 上海：上海书店出版社，1997.
[8] 华梅. 中国服装史［M］. 北京：中国纺织出版社，2007.
[9] 宗白华. 美学散步［M］. 上海：上海人民出版社，1981.
[10] 李泽厚. 美的历程［M］. 北京：中国社会科学出版社，1984.
[11] 祁嘉华. 中国历代服饰美学［M］. 西安：陕西科学技术出版社，1994.
[12] 温克尔曼. 论古代艺术［M］. 邵大箴，译. 北京：中国人民大学出版社，1992.
[13] 威尔科克斯. 西方服饰大全［M］. 邹二华，刘元，译. 桂林：漓江出版社，1992.
[14] 卞向阳. 中国近现代海派服装史［M］. 上海：东华大学出版社，2014.
[15] 包天笑. 上海春秋：上册［M］. 上海：上海古籍出版社，1991.
[16] 屠诗聘. 上海市大观［M］. 北京：中国图书编译馆，1948.
[17] 卞向阳，马晨曲，等. 百年时尚——海派时装变迁［M］. 上海：东华大学出版社，2014.
[18] 费志仁. 摩登条件［N］. 时代漫画，1934（1）：19.
[19] 邓娟. 南京国民政府时期上海米荒及其应对研究（1927—1937）［D］. 武汉：华中师范大学，2009：36.
[20] 竺小恩. 中国服饰变革史论［M］. 北京：中国戏剧出版社，2008.
[21]《上海日用工业品商业志》编纂委员会.《上海日用工业品商业志》［M］. 上海：上海社会科学院出版社，1999.
[22] 茵芯. 西服王子许达昌机器培罗蒙西服号［J］. 浙江纺织职业技术学院学报，2011（1）：48.
[23] 余玉霞. 西方服装文化解读［M］. 北京：中国纺织出版社，2012.
[24] 孙世圃. 西洋服饰史教程［M］. 北京：中国纺织出版社，2000.
[25] 卞向阳. "百年时髦——海派服饰历史回顾［J］. 上海国际服装节会刊，1995.
[26] 新闻日报出版委员会. 街道里弄居民生活手册，新闻日报馆，1951.
[27] 王圭璋. 男装典范：裁剪［M］. 景华函授学院，1952.
[28] 陈祖恩. 上海通史：第11卷［M］. 上海：上海人民出版社，1999.
[29] 覃卫萍. 20世纪90年代上海女性服饰流行［D］. 上海：东华大学，2003.
[30] 沈吉庆. 上海街头看西装［N］. 文汇报，1984-4-15.
[31] 佚名. 服装款式的三"快"［N］. 文汇报，1982-12-17.
[32] 於琳. T恤的历史及文化研究［D］. 苏州：苏州大学，2007.
[33] 张贵东. 服装：充满变数无限可能［N］. 中国纺织报，2019-12-27.
[34] 卞向阳. 论当代中国风格服饰设计的文化逻辑与设计思维［N］. 服装设计师，2020：（C1）：94-95.

发展篇

[1] 陈茂同. 中国历代衣冠服饰制［M］. 天津：百花文艺出版社，2005.
[2] 杨丹辉. "后配额时代" 的中国纺织服装业［J］. 经济管理，2005（1）：22-26.
[3] 周汛. 中国古代服饰大观［M］. 重庆：重庆出版社，1994.
[4] 伍魏. 政治制度与中国古代服饰文化［J］. 消费经济，2004，20（4）：48-51.

［5］邓启耀.民族服饰：一种文化符号：中国西南少数民族服饰文化研究［M］.昆明：云南人民出版社，1991.

［6］程惠芳，余杨."走出去"战略与中国纺织服装业［J］.国际贸易问题，2005（5）：83-86.

［7］倪洁诚，钱欣.中国传统服饰文化元素对欧洲品牌服装的渗透［J］.纺织学报，2006（7）：44-47.

［8］Eckhardt J. The Evolution of EU Trade Policy Towards China：The Case of Textiles and Clothing［J］. Prospects and Challenges for EU-China Relations in the 21st Century-The Partnership and Cooperation Agreement，2009，151-172.

［9］滕新才，刘秀兰.明朝中后期服饰文化特征探析［C］//第八届明史国际学术讨论会论文集，2001：132-138.

［10］沈从文，王孖.中国服饰史［M］.西安：陕西师大出版社，2004.

［11］高春明.中国服饰名物考［M］.上海：上海文化出版社，2001.

［12］丁锡强.中华男装［M］.上海：学林出版社，2008.

［13］沈雷.针织服装品牌企划手册［M］.东华大学出版社，2009.

［14］陈霞.当代中国风格服饰探究［D］.西安：西安美术学院，2015.

［15］华梅，董克诚.服饰社会学［M］.北京：中国纺织出版社，2005.

［16］费泳.论南北朝后期佛像服饰的演变［J］.敦煌研究，2002（2）：82-85.

［17］王东.吐蕃移民与唐宋之际河陇社会文化变迁［J］.敦煌学辑刊，2012，4（4）：27-39.

［18］包铭新，等.国外后现代服饰［M］.苏州：江苏美术出版社，2001.

［19］留晞.基于情感化设计理论的服装设计研究［J］.艺术研究，2011（11）：166-167.

［20］梁军，王超.服装设计艺术与技术的灵动［J］.设计艺术研究，2011，5（5）：36-39.

［21］许家岩，匡才远，刘国联.基于体表形态角度的青年男体分类研究［J］.国外丝绸，2008，23（3）：15-17.

［22］程朋朋，陈道玲.福建18~25岁成年人体体型的研究与分析［J］.武汉纺织大学学报，2016，29（6）：57-60.

［23］缪海霞，尚笑梅.基于人体特殊体型服装的补正措施与研究综述［J］.现代丝绸科学与技术，2018，33（5）：36-38.

［24］卜向阳.中国近现代海派服装史［M］.上海：东华大学出版社，2014.

［25］颜春.中国服装三十年—新时期中国服装发展史之一（1978—1992）［D］.北京：北京服装学院，2008.

［26］盘建英.几十年代访谈录［M］.北京：生活·读书·新知三联书店，2006.

［27］秦方.20世纪80年代以来中国服饰变迁研究科［D］.西安：西北大学，2004.

场景篇

［1］西姆斯.男装经典52件凝固时间的魅力单品［M］.曹帅，译.北京：中国青年出版社，2014.

［2］张剑峰.男装产品开发［M］.北京：中国纺织出版社，2015.

［3］郭建南，孙虹，朱伟明.时装工业导论［M］.2版.北京：中国纺织出版社，2016.

［4］刘笑妍.男装款式设计1688例［M］.北京：中国纺织出版社，2016.

［5］许才国，刘晓刚.男装设计［M］.2版.上海：东华大学出版社，2017.

［6］中国常熟男装指数编制发布中心.中国男装产业发展报告2017［M］.北京：中国纺织出版社，2017.

［7］中国服装协会.2019—2020年中国服装行业发展报告［M］.北京：中国纺织出版社，2020.

［8］周丽洁.多层次商务休闲男装C2B定制模式差异研究［D］.杭州：浙江理工大学，2018.

［9］朱迪.中国商务男士着装习惯及指导性方案研究［D］.上海：东华大学，2010.

［10］全辰永.基于街拍分析的中、韩休闲男装风格研究［D］.上海：东华大学，2014.

［11］吴爱萍.现代商务休闲男装设计方法探索［D］.天津：天津科技大学，2017.

［12］龚迎.东方禅意风格的现代休闲男装设计研究［D］.桂林：广西师范大学，2017.

［13］周静.地域差异对休闲男装设计的影响［D］.西安：西安工程大学，2013.

［14］罗燕波.消费升级背景下中高端休闲男装品牌传播策略研究［D］.广州：华南理工大学，2018.

［15］余梦晨.福建知名商务休闲男装品牌文化的研究［D］.福州：福建师范大学，2015.

［16］刘婧瑞.中国传统男装品牌轻资产运营模式典型案例研究［D］.北京：北京服装学院，2018.

［17］王涓.中国男装自主品牌发展探析［J］.现代商业，2017（2）：75-76.

［18］邓祖勇，谢建平.广东男装的快速崛起模式及思考［J］.纺织服装周刊，2007（47）：90-91.

［19］朱伟明，彭卉.中国定制服装品牌格局与运营模式研究［J］.丝绸，2016，53（12）：36-42.

［20］朱伟明，卫杨红.互联网+服装数字化个性定制运营模式研究［J］.丝绸，2018，55（5）：59-64.

［21］李明.从"将就"到"讲究"看职业着装的文化提升［J］.科教导刊，2012（11）：136-137，179.

［22］杜明慧，陈慧慧，郑广泽.基于现代化视角下现代汉服的现状研究分析［J］.服装设计师，2020（11）：107-111.

［23］2020年中国汉服发展现状及前景分析：汉服产业作为汉服文化传播的重要途径，传统文化博大精深，源远流长［J/OL］.https：//www.chyxx.com/industry/202004/853499.html.

色彩篇

［1］张康夫.色彩文化学［M］.杭州：浙江大学出版社，2017.
［2］海勒.色彩的性格［M］.吴彤，译.北京：中央编译出版社，2008.
［3］小林重顺.色彩心理探析［M］.南开大学色彩与公共艺术研究中心，译.北京：人民美术出版社.2006.
［4］金容淑.设计中的色彩心理学［M］.武传梅，曹婷，译.北京：人民邮电出版社，2011.
［5］克拉尔姆.色彩的魔力［M］.陈兆，译.合肥：安徽人民出版社，2003.
［6］费雷尔.色彩的语言［M］.归溢，等，译.南京：译林出版社，2004.
［7］阿恩海姆.色彩论［M］.滕守尧，译.北京：人民美术出版社，1987
［8］藤沢英昭.色彩心理学［M］.北京：科学技术文献出版社，1989.
［9］伊顿.色彩艺术［M］.杜定宇，译.上海：上海世界图书出版公司，1999.
［10］诺曼.设计心理学［M］.梅琼，译.北京：中信出版社，2010.
［11］潼本孝雄.色彩心理学［M］.成同社，译.北京：科学技术文献出版社，1989.
［12］贾京生.服装色彩设计学［M］.北京：高等教育出版社，1993.
［13］黄国松.色彩设计学［M］.北京：中国纺织出版社，2001.
［14］阿格斯顿.颜色理论及其在艺术和设计中的应用［M］.北京：纺织工业出版社，1987.
［15］崔唯.当代欧洲色彩艺术设计［M］.福州：福建美术出版社，2004.
［16］李广源.色彩艺术学［M］.哈尔滨：黑龙江美术出版社，2000.
［17］金晓明，熊玲林.色彩新思维［M］.武汉：武汉理工大学出版社，2005.
［18］赵勤国.色彩形式语言［M］.济南：山东美术出版社，2002.
［19］下川美知馏.色彩营销［M］.陈刚，屠一凡，译.北京：科学出版社，2006.
［20］席跃良.色彩与设计色彩［M］.北京：清华大学出版社，2006.
［21］姜澄清.中国人的色彩观［M］.南京：江苏教育出版社，2000.
［22］杨建吾.中国民间色彩民俗［M］.重庆：重庆出版社，2010.
［23］崔唯.色彩构成［M］.北京：纺织工业出版社，1996.
［24］胡蕾，等.服装色彩［M］.北京：高教出版社，2009.
［25］张康夫.装饰色彩［M］.沈阳：辽宁美术出版社，2005（10）.

图片

后　记

　　书稿付梓之际，作为著者之一，并没有如释重负，反倒意犹未尽。确乎，一部《中国男士着装美学集》，关乎朝代更迭、家国兴衰……改革开放以来，中国服装行业的发展一路高歌猛进，不断刷新中国大众对于男装服饰美学的定义。其时间、空间和政治文化的跨度，实难容纳于这样一部著作中。

　　整个社会对于女士着装的定义仿佛更加的多元，华贵、优雅、休闲、高贵等。但相较于男士着装的定义却不是那么被受到关注，在款式、色彩及面料方面永远是经典的永恒不变。鉴古知今，以史明鉴。通过研究将这些线索一一比对、梳理和解释清楚，是我们撰写本书的目的之一。在此过程中，感谢同行、专家、领导的帮助，正是他们的支持和鼓励，才使本书几易其稿、日臻完善。

　　整个成书阶段历时两年多，内容跨越了十朝十三代3000年的时间。我们期望通过历史总结梳理以往的男装美学规律；选取了近现代30家中国服装品牌，设计师代表15人。通过30余万字，500多幅图画详尽佐证当代男装演变及发展过程。当代男装的特点在于，无论在高端市场还是在高街时尚中，都越来越多样化，但依然有很大的扩展空间。全球范围内数字化、网络化的出现，以及其创造出的男性时尚的在线社区，引发了话语的扩散。所有的这些都有助于增强男装在整个服装市场的活力。

　　最后，特别感谢参与本书编撰的中国服装协会、中国流行色协会、东华大学、江南大学、北京服装学院、《纺织服装周刊》杂志社等单位的领导和专家们。感谢劲霸集团的全力支持，感谢在成书过程中提供帮助的各方企业单位和朋友们！

沈雷

江南大学教授、博士生导师